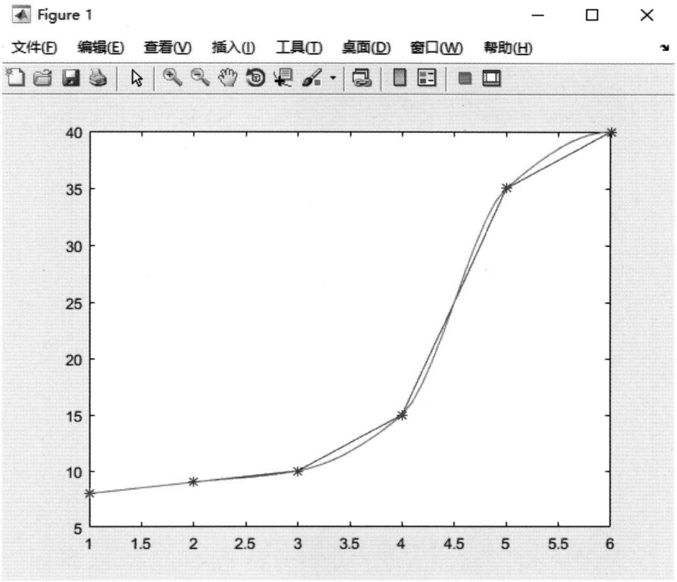

图 2.4　利用 Plot 函数绘图

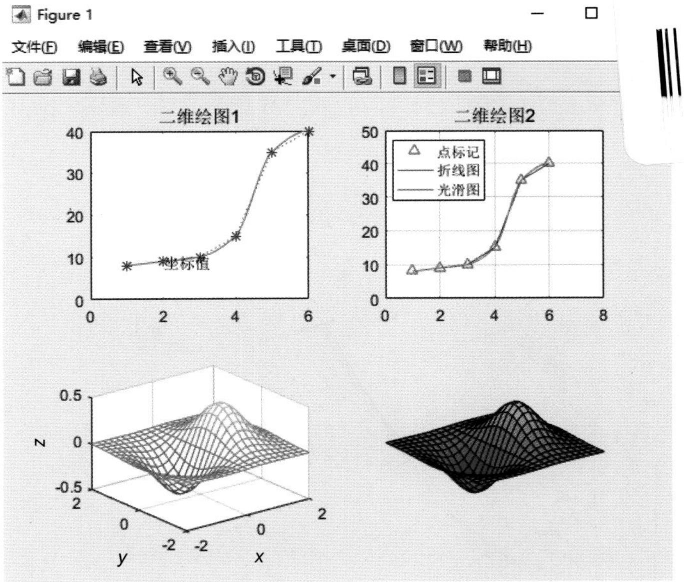

图 2.7　综合绘图实例

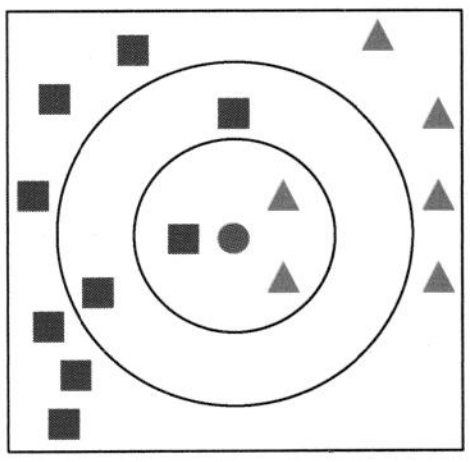

图 4.1　k 近邻算法实例图

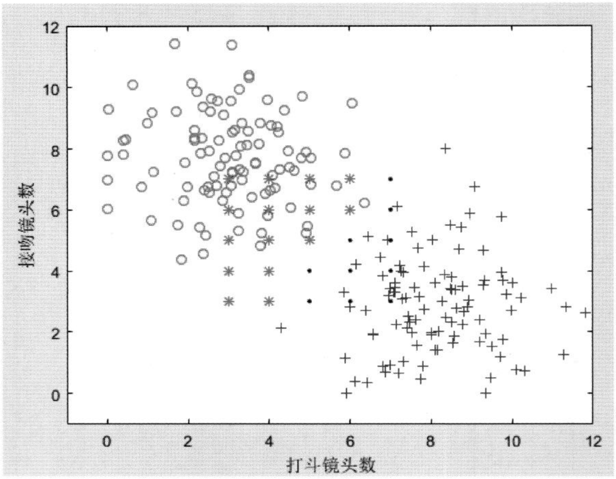

图 4.5　KNN 算法电影类型分类

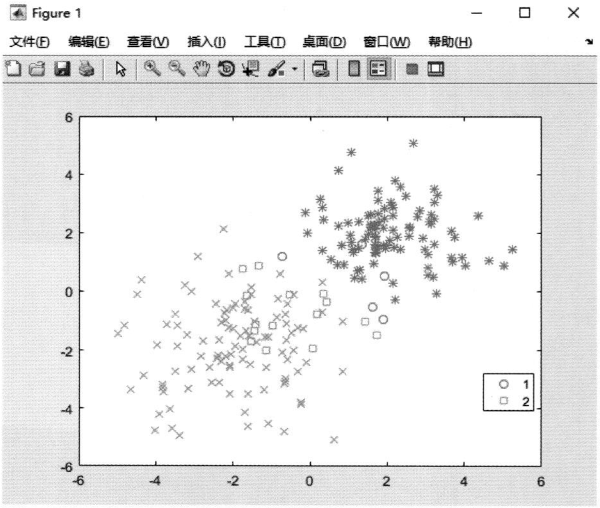

图 4.6　knnclassify 函数的 KNN 分类

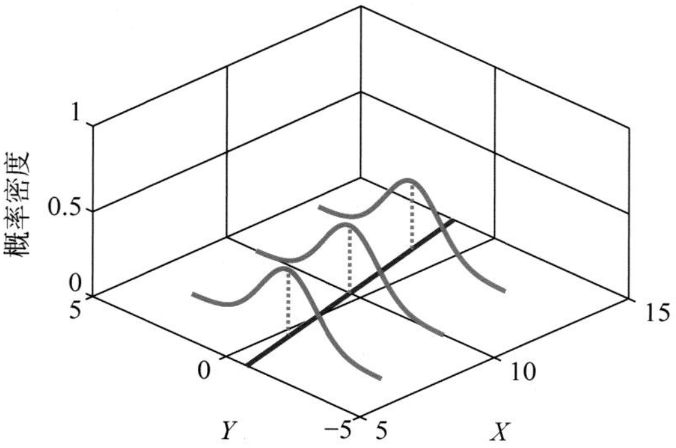

图 9.4　线性回归模型的实例结果

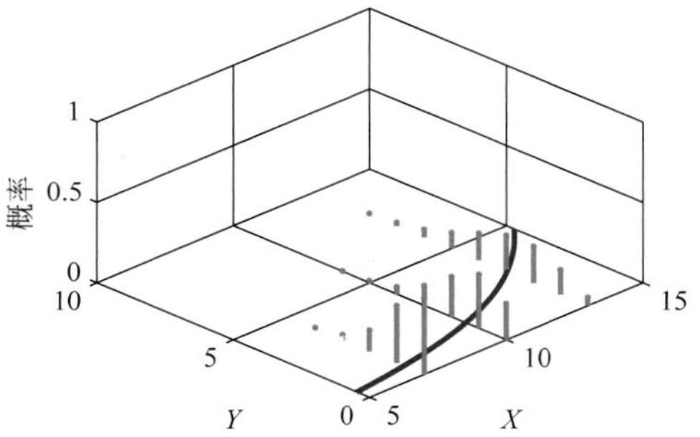

图 9.5　广义线性模型拟合指数曲线的实例

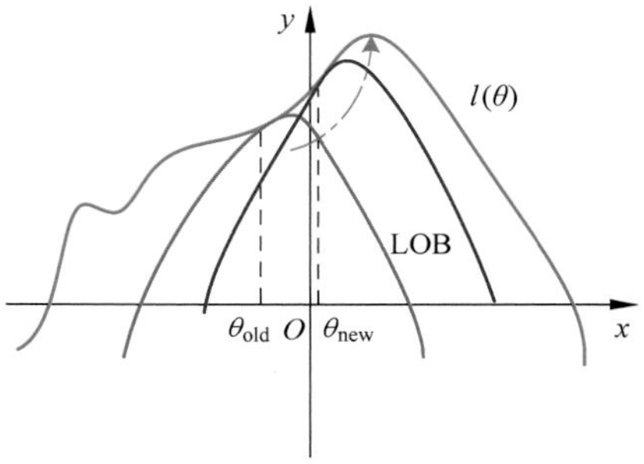

图 13.1　EM 算法的思想

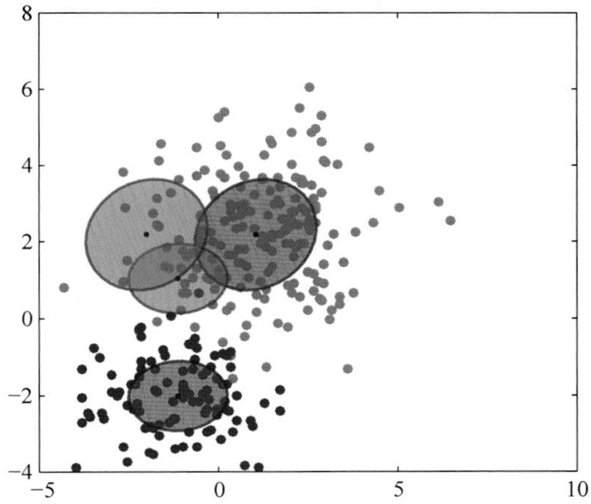

图 13.3　EM 算法用于 GMM 的示例

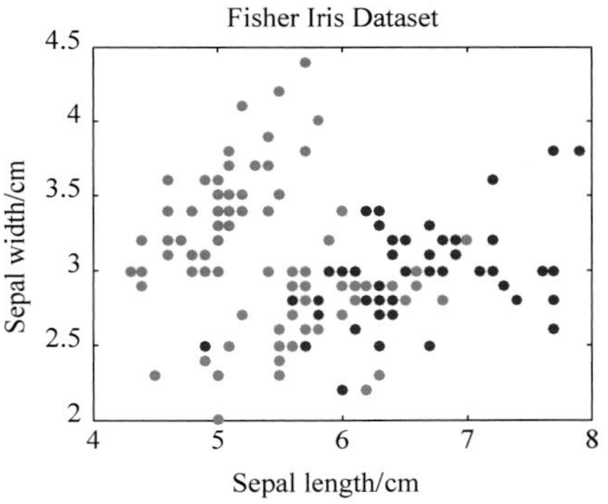

图 16.2　鸢尾花数据集

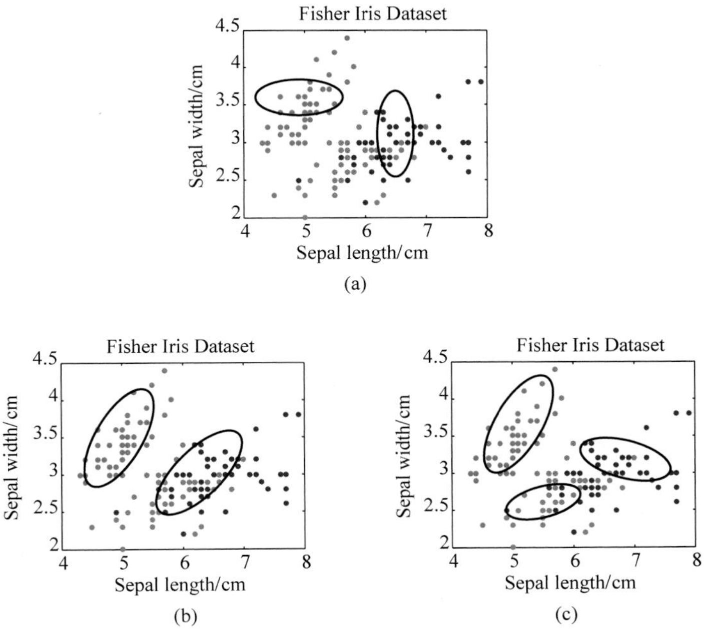

图 16.3　不同的聚类方式(黑色虚线椭圆代表一个类)

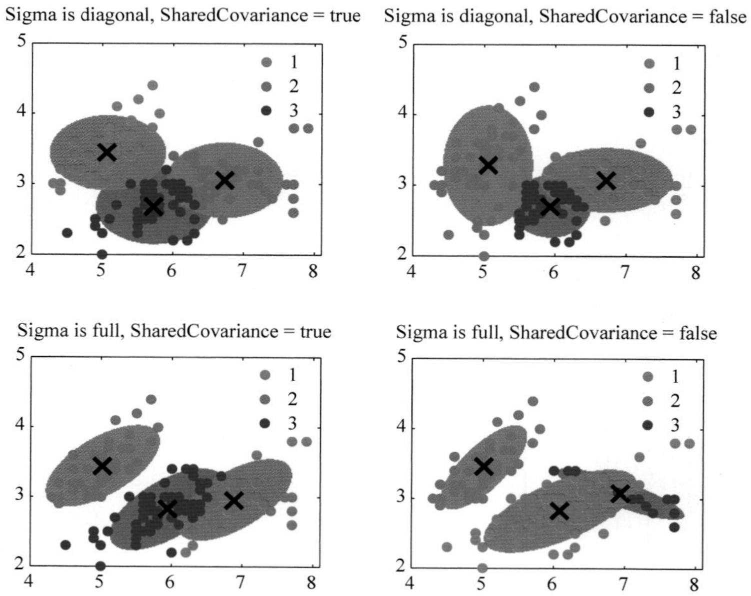

图 16.4　GMM 在 Fisher Iris 数据集上的聚类效果

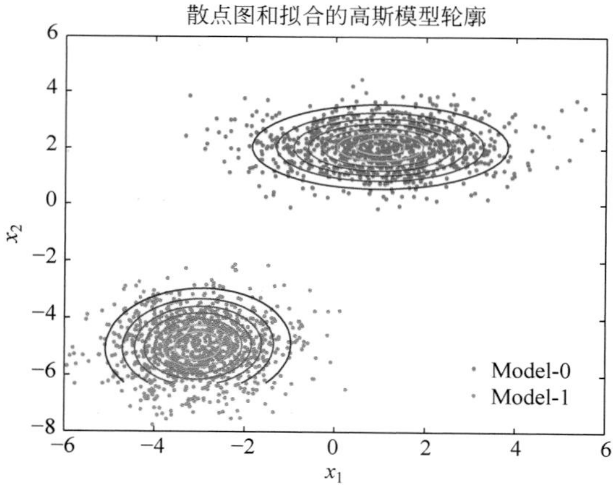

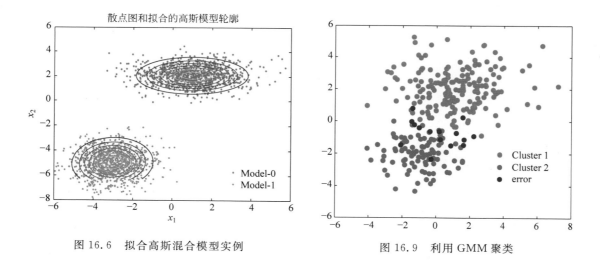

图 16.6　拟合高斯混合模型实例

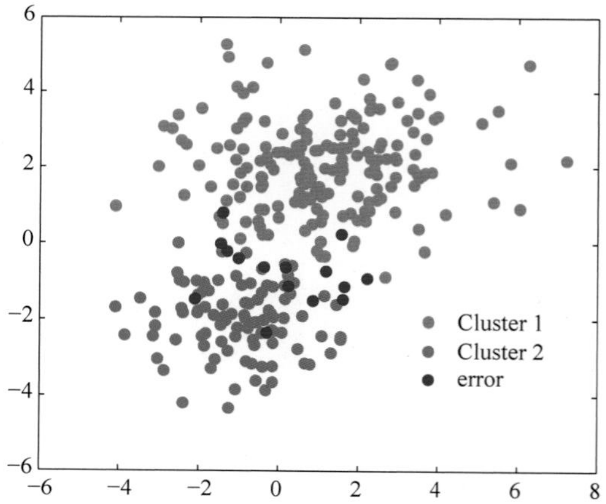

图 16.9　利用 GMM 聚类

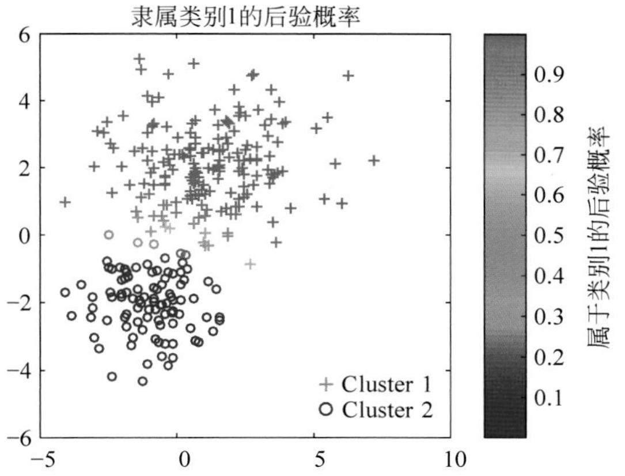

图 16.10　类别 1 的隶属度

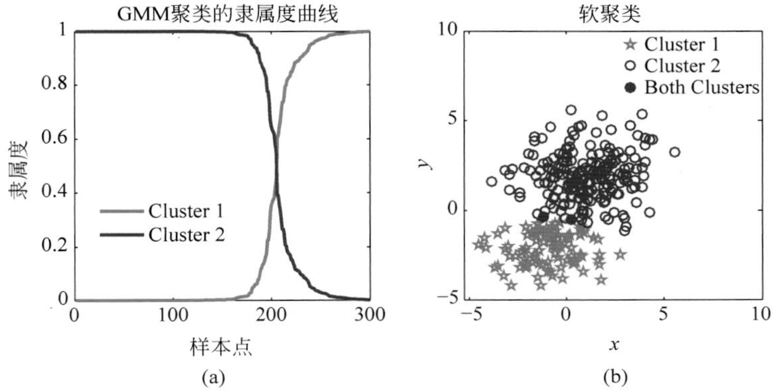

图 16.12　隶属度值和软聚类

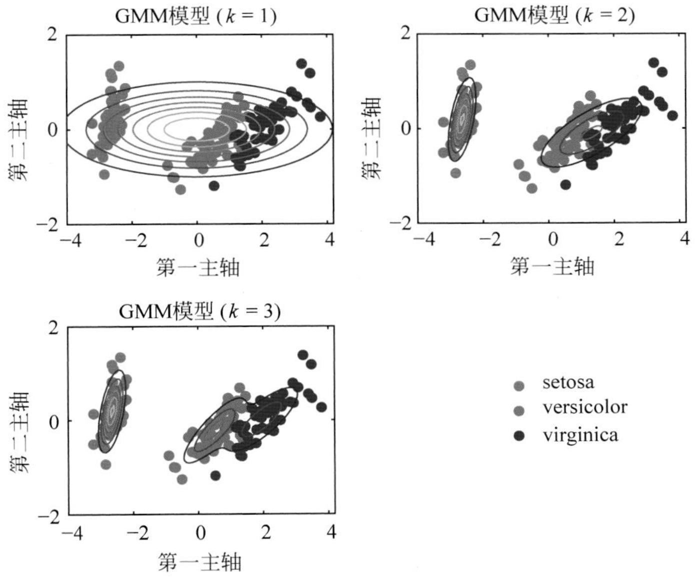

图 16.14　GMM 中使用不同 k 的效果

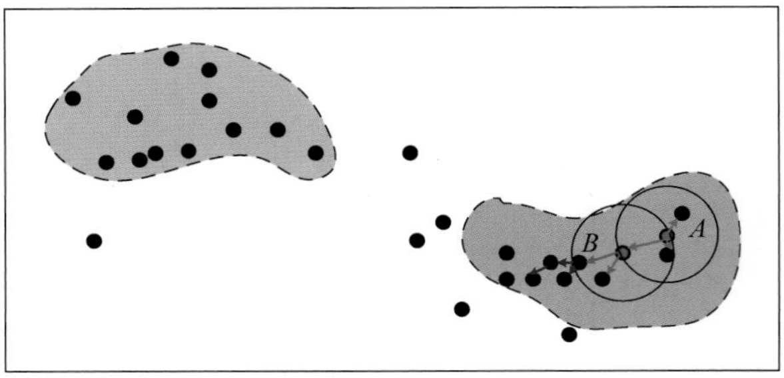

图 17.3　DBSCAN 算法聚类的过程

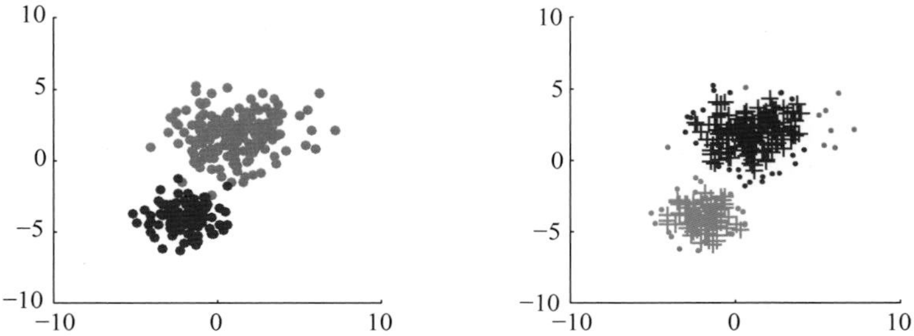

(a) 真实的聚类结果　　(b) DBSCAN算法(MinPts=6)

图 17.4　DBSCAN(MinPts＝6)预测与真实结果对比

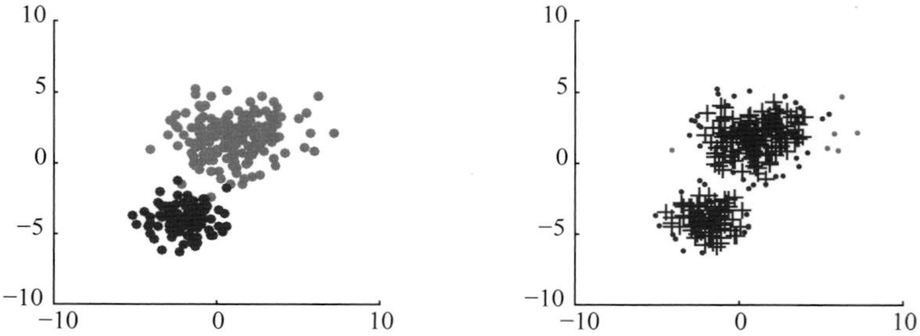

(a) 真实的聚类结果　　(b) DBSCAN算法(MinPts=10)

图 17.5　DBSCAN(MinPts＝10)预测与真实结果对比

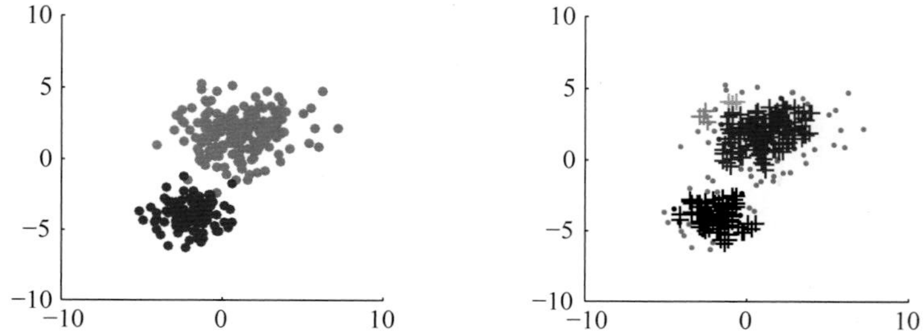

(a) 真实的聚类结果　　(b) DBSCAN算法(MinPts=2)

图 17.6　DBSCAN(MinPts＝2)预测与真实结果对比

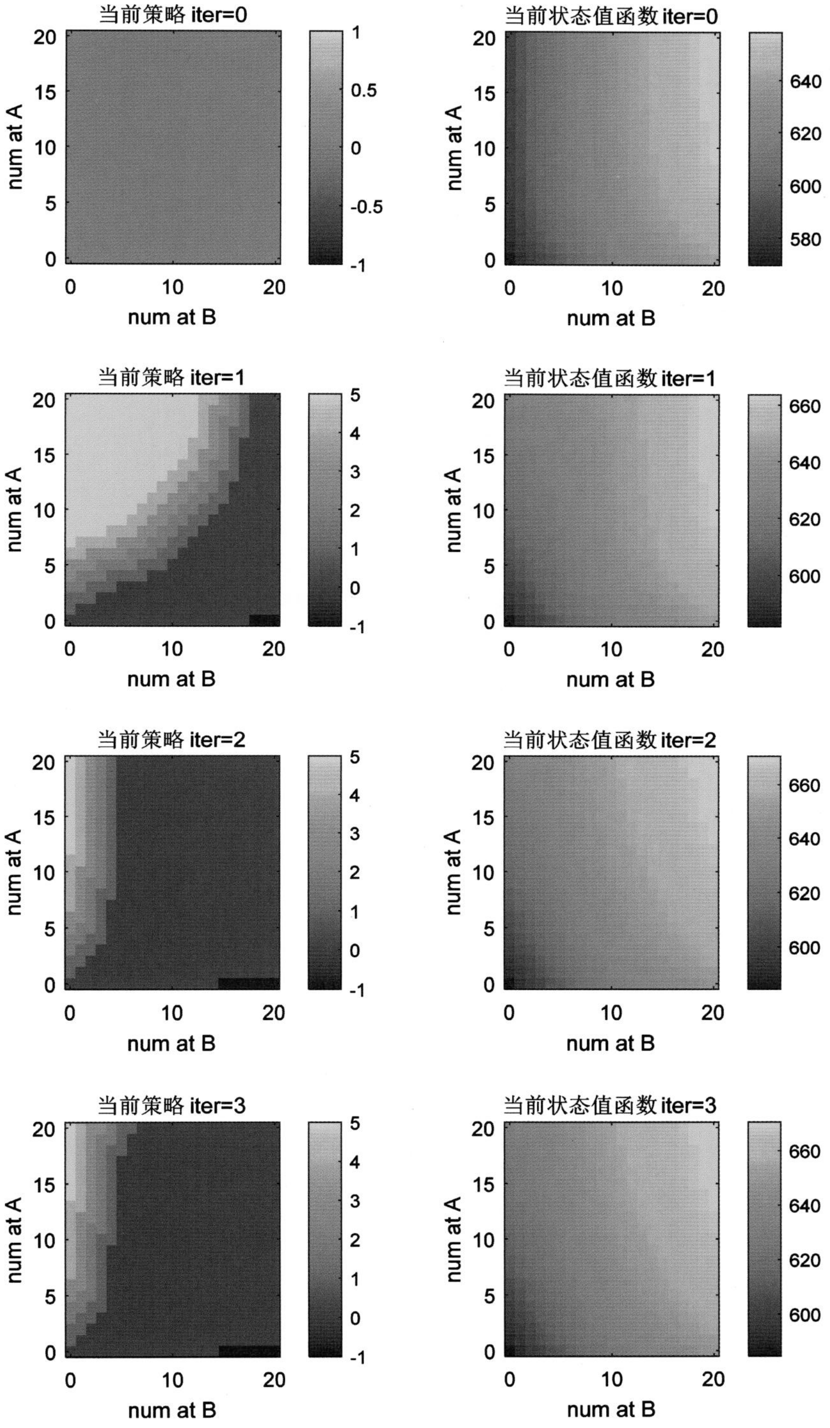

图 18.6　每次迭代时的策略和对应的值函数

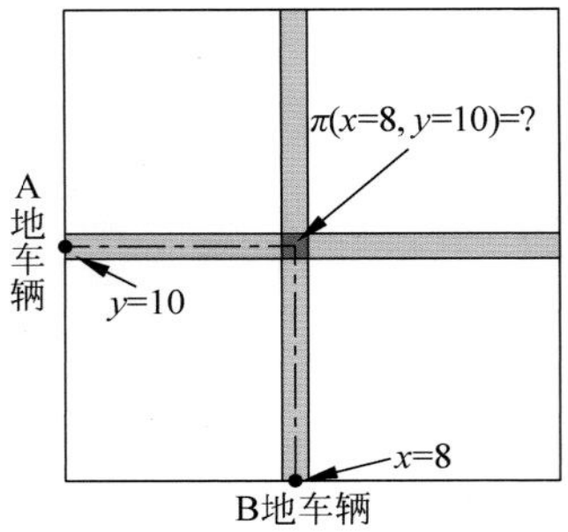

图 18.7　最优策略图的解释

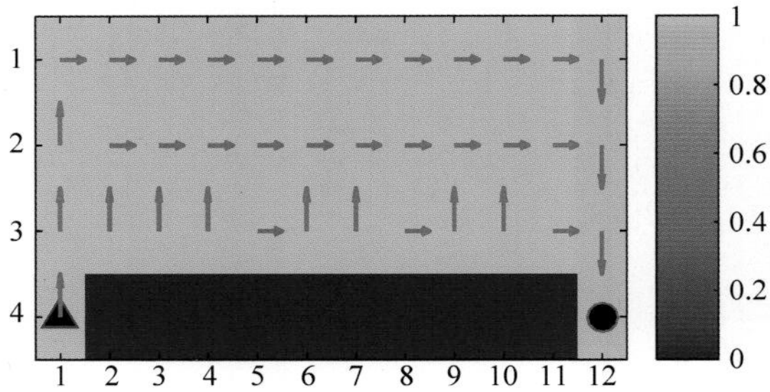

图 19.3　SARSA 算法得到的策略

大数据与人工智能技术丛书

机器学习入门到实战

MATLAB 实践应用

◎ 冷雨泉 张会文 张伟 等 著

清華大學出版社

北京

内容简介

本书主要介绍经典的机器学习算法的原理及改进，以及 MATLAB 的实例实现。本书内容分为三部分。第一部分（第 1 章）是机器学习概念篇，介绍机器学习的相关概念，并且对机器学习的各类算法进行分类，以便读者对机器学习的知识框架有一个整体的了解，从而在后续的学习中更容易接受机器学习涉及的各类算法。第二部分（第 2 章、第 3 章）是 MATLAB 机器学习基础篇，介绍 MATLAB 的基本使用方法，以及 MATLAB 集成的机器学习工具箱。MATLAB 易上手的特点让使用者将更多的精力专注于算法开发与使用，而不是搭建算法实现开发平台。第三部分（第 4 章～第 19 章）是机器学习算法与 MATLAB 实践篇，对监督学习、无/非监督学习、强化学习三大类常用算法进行逐个讲解，包括机器学习算法原理、算法优缺点、算法的实例解释以及 MATLAB 的实践应用。

本书适合以下读者：对人工智能、机器学习感兴趣的读者；希望用机器学习完成设计的计算机或电子信息专业学生；准备开设机器学习、深度学习实践课的授课老师；学习过 C 语言，且希望进一步提升编程水平的开发者；刚从事机器学习、语音、机器视觉、智能机器人研发的算法工程师。

图书在版编目(CIP)数据

机器学习入门到实战：MATLAB 实践应用/冷雨泉等著. —北京：清华大学出版社，2019（2025.1 重印）
（大数据与人工智能技术丛书）
ISBN 978-7-302-49514-7

Ⅰ. ①机…　Ⅱ. ①冷…　Ⅲ. ①Matlab 软件—应用—机器学习　Ⅳ. ①TP181

中国版本图书馆 CIP 数据核字(2018)第 029354 号

策划编辑：魏江江
责任编辑：王冰飞
封面设计：刘　键
责任校对：时翠兰
责任印制：杨　艳

出版发行：清华大学出版社
网　　址：https://www.tup.com.cn，https://www.wqxuetang.com
地　　址：北京清华大学学研大厦 A 座　　**邮　　编**：100084
社 总 机：010-83470000　　**邮　　购**：010-62786544
投稿与读者服务：010-62776969，c-service@tup.tsinghua.edu.cn
质量反馈：010-62772015，zhiliang@tup.tsinghua.edu.cn
课件下载：https://www.tup.com.cn，010-83470236
印 装 者：三河市龙大印装有限公司
经　　销：全国新华书店
开　　本：185mm×260mm　　**印　　张**：17.5　　**插　　页**：4　　**字　　数**：370 千字
版　　次：2019 年 3 月第 1 版　　**印　　次**：2025 年 1 月第 9 次印刷
印　　数：12201～13000
定　　价：59.00 元

产品编号：075373-01

前言

FOREWORD ◀

近年来，随着计算机技术及互联网技术的发展，人工智能技术也取得了重要的突破。作为人工智能的核心技术，机器学习已经广泛应用于各行各业中，如图像识别、语言识别、文本分类、智能推荐、网络安全等。未来，伴随着信息技术的进一步发展，机器学习技术将会更加深入地应用到生产、生活的方方面面。

目前，机器学习技术正处于朝阳时期，对于从事机器学习的研究人员来说，应感到荣幸和骄傲，因为能够在对的时间从事最热门的技术研究。对于有志于或有兴趣从事机器学习的研究人员而言，首先应知道，现阶段对这方面人才的需求远远大于供给，同时，这一技术会伴随着信息化技术一直发展下去。其次，在学习之初，不要被大量的数学公式吓得退避三舍，而应明白，在大多数情况下，尤其是应用层面，机器学习仅是一种实现技术要求的工具，需要了解各类算法的优势、劣势及有效使用的方法，无须详尽地了解各种机器学习算法的细枝末节。正如计算机内部运行机制极其复杂，大多数人每天都会使用，但却无须了解 CPU 和内存在每一时刻的具体运行过程。

本书是作者在多年机器学习及工作经验的基础上，对大量的网络资源、论文和相关书籍进行总结、整理、分析后编写的。全书共分为三部分，分别为机器学习概念篇、MATLAB 机器学习基础篇、机器学习算法与 MATLAB 实践篇。

本书各章内容简介如下。

第 1 章主要介绍机器学习中的基本概念、术语等，机器学习算法分类框架，机器学习算法实现的基本流程，以及机器学习中数据预处理的基本方法。

第 2 章主要介绍 MATLAB 软件的基本操作和使用方法，包括矩阵运算、m 文件编写、流程控制语句编写、绘图及文件的导入与导出。

第 3 章主要介绍 MATLAB 机器学习工具箱中的分类学习器应用程序(Classification Learner App)的使用方法，通过安德森鸢尾花卉数据集的实例，具体介绍使用方法和流程。

第 4 章介绍分类回归算法中的 k 近邻算法(KNN)的算法原理、算法实现步骤、算法特点、算法改进，以及通过 MATLAB 进行实例的算法编写与详解。

第 5 章介绍分类回归算法中的决策树(Decision Tree)的算法原理、算法实现步骤、算法特点、算法改进，以及通过 MATLAB 进行实例的算法编写与详解。

第 6 章介绍分类回归算法中的支持向量机(SVM)的算法原理、算法实现步骤、算法特点、算法改进,以及通过 MATLAB 进行实例的算法编写与详解。

第 7 章介绍分类回归算法中的朴素贝叶斯(Naive Bayes,NB)的算法原理、算法实现步骤、算法特点、算法改进,以及通过 MATLAB 进行实例的算法编写与详解。

第 8 章介绍分类回归算法中的线性回归(Line Regression)的算法原理、算法实现步骤、多元线性回归原理,以及通过 MATLAB 进行实例的算法编写与详解。

第 9 章介绍分类回归算法中的逻辑回归(Logistic Regression)的算法原理、算法实现步骤、算法特点、算法改进,以及通过 MATLAB 进行实例的算法编写与详解。

第 10 章介绍分类回归算法中的神经网络(Artificial Neural Networks,ANN)的算法原理、算法实现步骤、算法特点、算法拓展,以及通过 MATLAB 进行实例的算法编写与详解。

第 11 章介绍分类回归算法中的 AdaBoost 算法的算法原理、算法实现步骤、算法特点、算法改进,以及通过 MATLAB 进行实例的算法编写与详解。

第 12 章介绍聚类算法中的 k 均值算法(k-means)的算法原理、算法实现步骤、算法特点、算法改进,以及通过 MATLAB 进行实例的算法编写与详解。

第 13 章介绍聚类算法中的期望最大化算法(EM)的算法原理、算法实现步骤、算法特点、算法改进,以及通过 MATLAB 进行实例的算法编写与详解。

第 14 章介绍聚类算法中的 k 中心点算法(k-medoids)的算法原理、算法实现步骤、算法特点、算法改进,以及通过 MATLAB 进行实例的算法编写与详解。

第 15 章介绍聚类算法中的关联规则挖掘的 Apriori 算法的算法原理、算法实现步骤、算法特点、算法改进,以及通过 MATLAB 进行实例的算法编写与详解。

第 16 章介绍聚类算法中的高斯混合模型(GMM)的算法原理、算法实现步骤、算法特点、算法改进,以及通过 MATLAB 进行实例的算法编写与详解。

第 17 章介绍聚类算法中的 DBSCAN 算法的算法原理、算法实现步骤、算法特点、算法改进,以及通过 MATLAB 进行实例的算法编写与详解。

第 18 章介绍强化学习算法中的策略迭代和值迭代的算法原理、算法实现步骤,以及通过 MATLAB 进行实例的算法编写与详解。

第 19 章介绍强化学习算法中的 SARSA 算法和 Q 学习算法的算法原理、算法实现步骤,以及通过 MATLAB 进行实例的算法编写与详解。

本书的出版得到了清华大学出版社图书出版基金的资助和出版社工作人员的大力支持,作者在此表示衷心的感谢。此外,学术界、产业界同仁们的不断探索,才推动机器学习技术走到今天,本书的完成得力于此,编者在此一并表示感谢。本书由冷雨泉、张会文、张伟著,其他参与编写的作者还有付明亮、韩小宁、秦晓成、张会彬,排名不分先后。

本书适合以下读者:对人工智能、机器学习感兴趣的读者;希望用机器学习完成设计的计算机或电子信息专业学生;准备开设机器学习、深度学习实践课的授课老师;学习过 C 语言,且希望进一步提升编程水平的开发者;刚从事机器学习、语音、机器视觉、智能机器人研发的算法工程师。

一方面,机器学习内容极为庞大和复杂,存在大量的交叉算法,且依据应用领域的不同,不同的算法也会有不同的表现;另一方面,机器学习领域发展极其迅速,不断取得新的研究成果。因此，作者只能尽力将现有机器学习的框架关系及主要算法原理及其实现展现给读者，以起到抛砖引玉的作用，给予机器学习的初学者一定的指导。读者在后期的机器学习中，需要阅读大量的文献，并在实践中进行摸索。

由于作者学识有限，疏漏和不当之处在所难免，敬请读者和同行们给予批评指正(ML_matlab@163.com)。读者如有兴趣，可加入机器学习互动QQ群446360728，进行交流，共同进步。

作　者

2018年10月

CONTENTS ◀

目 录

第一部分　机器学习概念篇

第二部分　MATLAB 机器学习基础篇

第一部分

机器学习概念篇

对于机器学习初学者，首先要对机器学习有一定的概念性认识，了解什么是机器学习、机器学习的用途、能够解决什么问题及如何解决问题。在本部分的学习中，将通过实例让读者了解机器学习的相关术语，使读者对机器学习有一个具体化的认识。在介绍了基本术语的前提下，进一步介绍众多机器学习算法是如何分类的，使读者对机器学习的众多算法形成一定的框架性认识。最后，将介绍如何选择机器学习软件、算法、开发机器学习应用程序步骤及基本的数据预处理流程。

第1章

机器学习基础

第四次工业革命是以互联网产业化、工业智能化、工业一体化为代表，以人工智能、清洁能源、无人控制技术、量子信息技术、虚拟现实及生物技术为主的全新技术革命。不得不说，第四次工业革命主要是信息化与数据化的时代，将信息与数据进行高效的利用的程度，将决定第四次工业革命横向发展的尺度。然而，机器学习技术恰恰是让研究者从数据集中受到启发，利用计算机来彰显数据背后的真实含义，从而推动产业的发展。目前，众多公司已用机器学习软件改善商业决策、提高生产率、检测疾病、预测天气等，并且伴随着数据处理技术的进一步发展，机器学习技术会有更宽广与深远的应用。

本章将针对以下内容进行讲解。

(1) 机器学习概述。

(2) 机器学习基本术语。

(3) 机器学习任务及算法分类。

(4) 如何学习和运用机器学习。

(5) 数据预处理。

1.1 机器学习概述

1.1.1 机器学习的概念

学习是人类具有的一种重要智能行为，但究竟什么是学习，长期以来却众说纷纭，从社会学、逻辑学和心理学的角度都有不同的解释。Langley(1996)定义的机器学习是“机

记笔记

器学习是一门人工智能的科学，该领域的主要研究对象是人工智能，特别是如何在经验学习中改善具体算法的性能。”（Machine learning is a science of the artificial. The field's main objects of study are artifacts，specifically algorithms that improve their performance with experience. ）[1] Tom Mitchell 的机器学习（1997）对信息论中的一些概念有详细的解释，其中定义机器学习时提到，“机器学习是对能通过经验自动改进的计算机算法的研究。”（Machine learning is the study of computer algorithms that improve automatically through experience. ）[2] Alpaydin（2004）同时提出自己对机器学习的定义，“机器学习是用数据或以往的经验来优化计算机程序的性能标准。”（Machine learning is programming computers to optimize a performance criterion using example data or past experience. ）[3]

为便于进行讨论和估计学科的进展，有必要对机器学习给出定义，即使这种定义是不完全的和不充分的。顾名思义，机器学习是研究如何使用机器来模拟人类学习活动的一门学科。于是可以给出稍为严格的定义：机器学习是一门研究机器获取新知识和新技能，并识别现有知识的学问。这里所说的“机器”，指的就是计算机、电子计算机、中子计算机、光子计算机或神经计算机等[1]。

一个典型机器学习系统的结构模型如图 1.1 所示。其中，系统（S）是研究对象，X 为输入序列，Y 为输出序列，Y' 为预测输出序列。系统（S）在给定一个输入 x 的情况下，得到一定的输出 y，MLM 是所求的机器学习机，其输出为 y'。机器学习的目的是根据给定的训练样本求取系统输入、输出之间的依赖关系的估计，使它能够对未知的输出做出尽可能准确的预测。

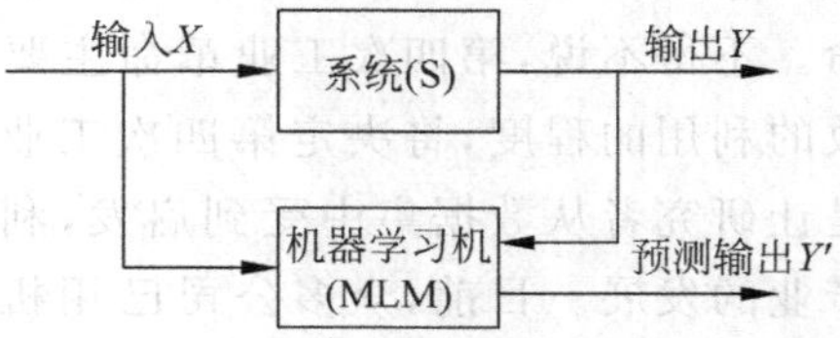

图 1.1　典型机器学习系统的结构模型

1.1.2　机器学习的发展史

机器学习是人工智能研究较为新的分支，它的发展过程大体上可分为 4 个阶段。

第一阶段是在 20 世纪 50—60 年代，属于热烈时期。

第二阶段是在 20 世纪 60—70 年代，称为机器学习的冷静时期。

第三阶段是在 20 世纪 70—80 年代，称为复兴时期。

第四阶段始于 1986 年，综合应用心理学、生物学和神经生理学，以及数学、自动化和计算机科学形成机器学习理论基础，同时结合各种学习方法的优势与劣势，形成多种形式的集成学习系统[4,5]。

随着计算机硬件技术、互联网技术的发展，机器学习具有了计算硬件支持及数据支持，其自 20 世纪 90 年代开始，取得了突飞猛进的发展。尤其自 2010 年以来，Google、Microsoft 等国际 IT 巨头纷纷加快了对机器学习的研究，且取得了较好的商业应用价值，国内众多公司也纷纷效仿，如阿里巴巴、百度、奇虎公司等。目前，机器学习技术已经取得了一些举世瞩目的成就，如 AlphaGo 击败世界围棋冠军，特斯拉 Autopilot 将血栓病人送到医院，微软人工智能的语言理解能力超过人类，等等，这些都标志着机器学习技术正在逐步进入成熟应用阶段。近些年会一直持续出现机器学习工程师短缺现象，这正是机器学习普及的黄金时代，对于软件工程师而言应紧抓时代需求，实现自身技术价值。

1.1.3 机器学习的用途

机器学习作为工科技术，在学习之前读者必须了解机器学习这一技术工具能够解决什么问题，能够应用于哪些相关行业，以及现有的成功的技术应用有哪些等，从而激发学习热情。机器学习是一种通用性的数据处理技术，其包含大量的学习算法，且不同的算法在不同的行业及应用中能够表现出不同的性能和优势。目前，机器学习已经成功应用于以下领域。

金融领域：检测信用卡欺诈、证券市场分析等。

互联网领域：自然语言处理、语音识别、语言翻译、搜索引擎、广告推广、邮件的反垃圾过滤系统等。

医学领域：医学诊断等。

自动化及机器人领域：无人驾驶、图像处理、信号处理等。

生物领域：人体基因序列分析、蛋白质结构预测、DNA 序列测序等。

游戏领域：游戏战略规划等。

新闻领域：新闻推荐系统等。

刑侦领域：潜在犯罪预测等。

……

综上，可以认为机器学习正在成为各行各业都会经常使用到的分析工具，尤其随着各领域数据量的不断增加，各企业都希望通过数据分析的手段，得到数据中有价值的信息，从而指引企业的发展和明确客户需求等。

1.1.4 机器学习、数据挖掘及人工智能的关系

依据笔者的学习经验，对于机器学习的初学者，不免在阅读各类书籍和网络资料时，常常对机器学习、数据挖掘及人工智能三者之间的关系混淆，甚至部分初学者将三者认为是同一概念。本小节将详细分析三者间的交叉点与区别，以便读者在日后的学习过程中具有清晰的脉络。

机器学习起源于 1946 年，是一门涉及自学习算法发展的科学，这类算法本质上是通用的，可以应用到众多相关问题的领域。

记笔记

数据挖掘起源于 1980 年，是一类实用的应用算法（大多是机器学习算法），利用各个领域产出的数据来解决各个领域相关的问题。

人工智能起源于 1940 年，目的在于开发一个能模拟人类在某种环境下作出反应和行为的系统或软件。由于这个领域极其广泛，人工智能将其目标定义为多个子目标，然后每个子目标就都发展成了一个独立的研究分支。主要子目标列举如下[2]：

- 推理（Reasoning）；
- 知识表示（Knowledge Representation）；
- 自动规划（Automated Planning and Scheduling）；
- 机器学习（Machine Learning）；
- 自然语言处理（Natural Language Processing）；
- 计算机视觉（Computer Vision）；
- 机器人学（Robotics）；
- 通用智能或强人工智能（General Intelligence or Strong AI）。

依据上述总结，笔者认为，对于机器学习、数据挖掘及人工智能三者间的关系如图 1.2 所示。机器学习是最为通用的方法，包含在人工智能和数据挖掘内，另外，人工智能强调的内容较为丰富，包含大量的技术领域，而数据挖掘则是结合机器学习技术及数据库管理技术[6]。

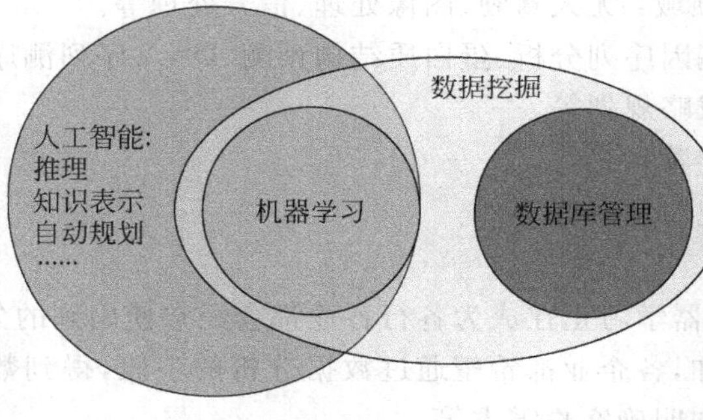

图 1.2　机器学习、数据挖掘及人工智能三者间的关系

1.2　机器学习基本术语

学习任何学科初期，都需要对其基本术语进行掌握，以利于对后续学习内容的理解。本节将参照国内著名学者周志华教授所著的《机器学习》[7]一书中关于西瓜的实例对机器学习的各基本术语进行具体化，以利于读者对概念的理解。

假设通过记录的方式得到关于西瓜的数据表格，如表 1.1 所示。

记笔记

表 1.1 西瓜数据

标号	色泽	根蒂	敲声	成熟/未成熟
1	青绿	蜷缩	浊响	未成熟
2	乌黑	稍蜷	沉闷	未成熟
3	浅白	硬挺	清脆	成熟
4	青绿	硬挺	沉闷	未成熟

数据集/样本集：记录这组数据的集合，也就是整个表格的数据。

实例/样本：记录一个事件/对象的描述，如表格中的任意一行。

（样本）属性/特征：反映事件或对象在某方面的表现或性质的事项，如表格中的“色泽”“根蒂”“敲声”等。

（样本）属性值/特征值：属性/特征所取的值，如表格中的“青绿”“乌黑”“清脆”“浊响”等。

属性空间/样本空间/输入空间：属性张成的空间，如把“色泽”“根蒂”“敲声”作为 3 个坐标轴，则它们张成一个用于描述西瓜的三维空间，每个西瓜都在这个空间中有其坐标位置。

特征向量：在前面所述的属性空间/样本空间/输入空间中，每个点都对应一个坐标向量，这个向量称为特征向量。

维数：对于表中某一行数据，利用“色泽”“根蒂”“敲声”3 个属性进行取值记录，可认为该样本的维数为 3。

学习/训练：从数据模型中学习的过程。

训练数据：训练过程中使用的数据。

训练样本：训练过程中的每一个样本。

标签/标记：用于表示样本的结果信息，如表中的“成熟/未成熟”。

样例：指既包含样本属性值，又包含标签的样本。注意与样本的区别，样本包括训练样本和测试样本，样本不一定具有标签。

标记空间/输出空间：所有标记结果的集合。

预测：根据已有的众多样例，判断某一样本的输出结果。

分类：当结果预测值为离散值时，如表中“成熟”“未成熟”，此类任务称为分类。尤其是只涉及两个类别时，称为“二分类”。通常，其中一个称为“正类”，另一个称为“反类”。涉及多个类别时，称为“多分类”。

回归：当结果预测值为连续值时，如预测西瓜的成熟度，此类任务称为回归。

测试：通过学习得到模型后，使用样本进行检测的过程。

测试样本：用于进行检测的样本。

新样本：没有用于模型训练的样本都可认为是对该模型的新样本。

泛化：指训练的模型不仅适用于训练样本，同时适用于新样本。

记笔记

聚类：将训练集中的西瓜分成若干组，每一个组称为“簇”。例如，通过学习，其自动形成的簇可能对应一些潜在概念的划分，如“浅色瓜”“深色瓜”等。这样的学习过程有助于了解数据内在的规律。值得注意的是，在聚类学习中“浅色瓜”“深色瓜”这些概念事先是不知道的，是学习过程中得到的，并且使用的训练样本不拥有标记信息。

监督学习：学习任务为分类和回归问题，且样本具有标记信息。

无/非监督学习：学习任务为聚类问题，且样本不具有标记信息。

1.3 机器学习任务及算法分类

1.2 节已经介绍过“分类”“回归”及“聚类”的概念，对于机器学习的任务而言，其主要就是指这三方面任务，以及策略型任务。对于用于解决“分类”“回归”任务的机器学习称为“监督学习”；对于用于解决“聚类”任务的机器学习称为“无/非监督学习”；对于用于解决策略型任务的机器学习称为“强化学习”[7,8]。

依据上述机器学习算法分类，表 1.2 中列举了各类机器学习算法中所包含的典型的算法。

表 1.2 机器学习算法分类

分 类	典 型 算 法
监督学习	k 近邻算法(KNN) 决策树(CART、C4.5、随机森林等) 支持向量机(SVM) 朴素贝叶斯(Naive Bayes) 线性回归(Line Regression) 逻辑回归(Logistic Regression) 神经网络(ANN) AdaBoost 算法(隶属集成学习)
无/非监督学习	k 均值算法(k-means) k 中心点算法(k-medoids) 高斯混合模型算法(GMM) 最大期望算法(EM) Apriori 算法(隶属关联规则挖掘) DBSCAN 聚类算法(基于密度聚类方法)
强化学习	策略迭代和值迭代 Q 学习算法和 SARSA 算法

值得注意的是，随着机器学习技术的发展，越来越多的算法被研究者创造，依靠经典算法衍生出的算法更是数量繁多，受笔者自身经历及水平所限，在此不能全部一一举例，

感兴趣的读者可深入探索。另外，算法的分类不是绝对的，随着经典算法的衍生，其分类出现大量的交叉。例如，神经网络算法衍生出的众多深度学习算法中，卷积神经网络(Convolutional Neural Network，CNN)是监督学习，而稀疏编码算法(Sparse Coding)是无监督学习。

在企业数据应用的场景下，人们最常用的就是监督学习模型和无/非监督学习模型。无监督学习是大数据时代科学家们用来处理数据挖掘的主要工具。当然，用得最多的是用无监督学习算法训练参数，然后用一部分加了标签的数据测试。这种方法称为半监督学习。在图像识别等领域，由于存在大量的非标识数据和少量的可标识数据，目前，半监督学习是一个很热的话题。而强化学习更多地应用在机器人控制及其他需要进行系统控制的领域。

1.4 如何学习和运用机器学习

前面已介绍了机器学习的概念、发展历史、基本术语及算法分类等，相信有兴趣的读者已经很想了解如何学习机器学习这一技术，并希望快速地实现各算法的应用。另外，可能有部分读者在面对众多的机器学习算法时会产生畏惧情绪，不知如何下手，也不知何时才能掌握这么多算法。对此，作者依据自身的经验，提出两条：首先，了解算法基本实现流程，并通过任意软件平台(算法是核心，算法实现的平台只是实现手段)实现某一算法，所有的算法都是触类旁通的；其次，各有所专，不要渴望掌握所有的算法，并了解其全部的优点和缺点，机器学习本身是一种通用性的算法，研究者需要的是背靠实际的应用选择合适的算法，并总结经验和不断探索。

本节将介绍如何选择算法的软件平台，以及机器学习算法应用的实现流程。本书第四部分将具体介绍算法的理论与应用，选择其中的任意小节进行学习，即可实现相应机器学习算法，从而对机器学习算法的实现有一定的感性认识。

1.4.1 软件平台的选择

"不要重复造轮子"(Stop Trying to Reinvent the Wheel)，可能是每个程序员入行被告知的第一条准则。同样，实现机器学习算法也非常适合这一准则。对于机器学习而言，其涉及大量的数学计算，如矩阵计算、微积分等。研究者不能在算法实现的时候，将大量的精力用于实现数学计算方面，而是应该选择合适的计算平台，在平台上实现算法计算。目前常用的计算软件如下[8]。

1. MATLAB

MATLAB是一种用于数值计算、可视化及编程的高级语言和交互式环境。使用

记笔记

MATLAB可以分析数据、开发算法、创建模型和应用程序，通过矩阵运算、绘制函数和数据、实现算法、创建用户界面、连接其他编程语言等方式完成计算，比电子表格和传统编程语言(如 C/C++、Java)更加方便快捷。MATLAB 具有强大的竖直计算功能，可完成矩阵分析、线性代数、多元函数分析、数值微积分、方程求解等常见数值计算，同时也能够进行符号计算。另外，特别需要注意的是，MATLAB 提供了大量的工具箱和算法的调用接口函数，便于用户使用。

2．GNU Octave

GNU Octave 与 MATLAB 相似，它是由以 John W. Eaton 为首的一些志愿者共同开发的一个自由再发布软件。这种语言与 MATLAB 兼容，主要用于数值计算，同时它还提供了一个方便的命令行方式，可以数值求解线性和非线性问题，以及做一些数值模拟。

3．Mathematica

Mathematica 系统是美国 Wolfram 研究公司开发的一个功能强大的计算机数学系统。它提供了范围广泛的数学计算功能，支持在各个领域工作的人们做科学研究的过程中的各种计算。这个系统是一个集成化的计算软件系统，它的主要功能包括演算、数值计算和图形 3 个方面，可以帮助人们解决各领域中比较复杂的符号计算和数值计算的理论和实际问题。

4．Maple

1980 年 9 月，加拿大滑铁卢大学的符号计算研究小组研制出一种计算机代数系统，命名为 Maple。如今 Maple 已演变成为优秀的数学软件，它具有良好的使用环境、强有力的符号计算能力、高精度的数学计算、灵活的图形化显示和高效的编程功能。

5．SPSS

SPSS 是 IBM 公司的产品，它提供了统计分析、数据和文本挖掘、预测模型和决策化优化等功能。IBM 宣称，使用 SPSS 可获得五大优势：商业智能，利用简单的分析功能，控制数据爆炸，满足组织灵活部署商业智能的需求，提升用户期望值；绩效管理，指导管理战略，使其朝着最能盈利的方向发展，并提供及时准确的数据、场景建模、浅显易懂的报告等；预测分析，通过发现细微的模式关联，开发和部署预测模型，以优化决策制定；分析决策管理，一线业务员工可利用该系统与每位客户沟通，从中获得丰富信息，提高业绩；风险管理，在合理的前提下，利用智能的风险管理程序和技术，制定规避风险的决策。

6．R

R 语言主要用于统计分析、绘图和操作环境。R 语言是基于 S 语言开发的一个 GNU

记笔记

项目，语法来自 Scheme，所以也可以当作 S 语言的一种实现。虽然 R 语言主要用于统计分析或开发统计相关的软件，但也可以用作矩阵计算，其分析速度堪比 GNU Octave 甚至 MATLAB。R 语言主要是以命令行操作，网上也有几种图形用户界面可供下载。

7. Python

Python 是一种面向对象的、动态的程序设计语言。它具有非常简洁而清晰的语法，既可以用于快速开发程序脚本，也可以用于开发大规模的软件，特别适合完成各种高层任务。随着 NumPy、SciPy、Matplotlib 等众多程序库的开发，Python 越来越适合用于科学计算。NumPy 是一个基础科学的计算包，包括一个强大的 N 维数组对象，封装了 C++和 Fortran 代码的工具、线性代数、傅里叶变换和随机数生成函数等复杂功能的计算包。SciPy 是一个开源的数学、科学和工程计算包，能够完成最优化、线性代数、积分、插值、特殊函数快速傅里叶变换、信号处理、图像处理等计算。Matplotlib 是 Python 比较著名的绘图库，十分适合交叉式绘图，它也可以方便地作为绘图控件嵌入 GUI 应用程序中。

另外，对于接触过机器学习算法的读者，可能了解 Caffe、Torch、Caffe2go、Tensorflow、Theano 等相关软件平台，它们大多是适用于某一种或某一类机器学习算法的平台，其平台内一般集成适合某一算法的框架，这些平台不在本书探讨范围内。

机器学习的核心是算法，因此选择以上任意数据计算平台都可以，但是考虑到用户量、通用性、易学性及便捷性，本书中将选择 MATLAB 作为实现平台。本书的定位主要为机器学习的初学者，利用 MATLAB 能够实现初学者的快速入门。对于未来，读者需要具体实现机器学习算法应用时，则需要选择与应用相符的软件平台进行开发。在这里，作者推荐读者在机器学习入门后，使用 Python 进行进一步学习，主要原因是 Python 有众多的第三方安装包，且 Python 具有跨平台的特点。

1.4.2 机器学习应用实现流程

使用机器学习进行应用程序开发时，通常遵循以下步骤。

1. 收集数据

研究者可以使用多种方法收集样本数据，如制作网络爬虫从网站上抽取数据、从 RSS 反馈或 API 中得到信息、设备发送过来的测试数据等。

2. 准备输入数据

得到数据后，需要对数据进行录入，并对数据进行一定的预处理，之后保存成符合要求的数据格式，以便进行数据文件的使用。

记笔记

3. 分析输入数据

这步主要是人工分析前面得到的数据，以保证前两步的有效。最简单的方法是通过打开数据文件进行查看，确定数据中是否存在垃圾数据等。此外，还可以通过图形化的方式对数据进行显示。

4. 训练算法

运用机器学习算法调用第 2 步生成的数据文件进行自学习，从而生成学习机模型。对于无/非监督学习，由于不存在目标变量值，因此不需要训练算法模型，其与算法相关的内容在第 5 步中。

5. 测试算法

为了评估算法，必须测试算法的工作效果。对于监督学习，需要使用第 4 步训练算法得到的学习机，且需要已知用户评估算法的目标变量值；对于无/非监督学习，可用其他的评测手段来检验算法的效果。如果对算法的输出结果不满意，则可以回到第 4 步，进行进一步的算法改进和测试。当问题与数据收集准备相关时，则需要回到第 1 步。

6. 使用算法

将机器学习算法转换为应用程序，执行实际任务，以检验算法在实际工作中是否能够正常工作。

1.5 数据预处理

在一个实际的机器学习系统中，一般数据预处理部分占整个系统设计中工作量的一半以上。用于机器学习算法的数据需要具有很好的一致性及高的数据质量，但是在数据采集过程中，由于各种因素的影响及对属性相关性并不了解，因此采集的数据不能直接应用。直接收集的数据具有以下两个特点。

(1) 收集的数据是杂乱的，数据内容常出现不一致和不完整问题，且常存在错误数据或者异常数据。

(2) 收集的数据由于数据量大，数据的品质不统一，需要提取高品质数据，以便利用高品质数据得到高品质的结果。

对于数据的预处理过程，大致可分为五步：数据选取、数据清理、数据集成、数据变换、数据规约。这些数据预处理方法需要根据项目需求和原始数据特点，单独使用或者综合使用[9]。

记笔记

1.5.1 数据初步选取

数据初步选取是面向应用时进行数据处理的第一步，从服务器等设备得到大量的源数据时，由于并不是所有的数据都对机器学习有意义，并且往往会出现重复数据，此时需要对数据进行选取，基本原则如下。

(1) 选择能够赋予属性名和属性值明确含义的属性数据。

(2) 避免选取重复数据。

(3) 合理选择与学习内容关联性高的属性数据。

1.5.2 数据清理

数据清理是数据预处理中最为花费时间和精力，却极为乏味的一步，但是也是最重要的一步。这一步可以有效减少机器学习过程中出现自相矛盾的现象。数据清理主要处理缺失数据、噪声数据、识别和删除孤立点等。

1. 缺失数据处理

目前最常用的方法是对缺失值进行填充，依靠现有的数据信息推测缺失值，尽量使填充的数值接近于遗漏的实际值，相应的方法如回归、贝叶斯等。另外，也可以利用全局常量、属性平均值填充缺失值，或者将源数据进行属性分类，然后用同一类中样本属性的平均值填充等。在数据量充足的情况下，可以忽略缺失值的样本数据。

2. 噪声数据处理

噪声是指测量值由于错误或偏差，导致其严重偏离期望值，形成了孤立点值。目前，最广泛的是利用平滑技术处理，其具体包括分箱技术、回归方法、聚类技术。通过计算机检测出噪声点后，可将数据点作为垃圾数据删除，或者通过拟合平滑技术进行修改。

1.5.3 数据集成

数据集成就是将多个数据源中的数据合并在一起形成数据仓库/数据库的技术和过程。数据集成中需要解决数据中的3个主要问题。

(1) 多个数据集匹配。当一个数据库的属性与另一个数据库的属性匹配时，必须注意数据的结构，以便于二者匹配。

(2) 数据冗余。两个数据集有两个命名不同但实际数据相同的属性，那么其中一个属性就是冗余的。

记笔记

(3) 数据冲突。由于表示、比例、编码等的不同，现实世界中的同一实体，在不同数据源中的属性值可能不同，从而产生数据歧义。

1.5.4 数据变换

1. 数据标准化

数据标准化(归一化)处理是数据挖掘的一项基础工作。不同评价指标往往具有不同的量纲和量纲单位，这样的情况会影响数据分析的结果。为了消除指标之间的量纲影响，需要进行数据标准化处理，以解决数据指标之间的可比性。原始数据经过数据标准化处理后，各指标处于同一数量级，适合进行综合对比评价。以下是 3 种常用的归一化方法。

(1) min-max 标准化(Min-Max Normalization)。该方法也称为离差标准化，是对原始数据的线性变换，使结果值映射到[0,1]区间。转换函数如式(1.1)：

$$x^* = \frac{x - \min}{\max - \min} \tag{1.1}$$

式中，max 为样本某一属性数据的最大值；min 为样本某一属性数据的最小值。这种方法有个缺陷，就是当有新数据加入时，可能导致 max 和 min 变化，需要重新定义。

(2) Z-score 标准化方法。该方法将原始数据的均值(mean)和标准差(standard deviation)进行数据标准化。经过处理的数据符合标准正态分布，即均值为 0，标准差为 1。Z-score 标准化方法适用于样本属性的最大值和最小值未知的情况，或有超出取值范围的离群数据的情况。转换函数如式(1.2)：

$$x^* = \frac{x - \mu}{\sigma} \tag{1.2}$$

式中，μ 为样本某一属性数据的均值；σ 为样本数据的标准差。

(3) 小数定标标准化。该方法是通过移动数据的小数点位置来进行标准化，小数点移动多少位取决于属性取值的最大值。其计算公式如式(1.3)：

$$x^* = \frac{x}{10 \times j} \tag{1.3}$$

式中，j 为属性值中绝对值最大的数据的位数。例如，假设最大值为 1345，则 $j=4$。

2. 数据白化处理

进行完数据的标准化后，白化通常会被用来作为接下来的数据预处理步骤。实践证明，很多算法的性能提高都要依赖于数据的白化。白化的主要目的是降低输入数据的冗余性，一方面减少特征之间的相关性，另一方面使不同维度特征方差相近或相同。通常情况下，对数据进行白化处理与不对数据进行白化处理相比，算法的收敛性会有较大的提高。

记笔记

白化处理分为 PCA（Principal Component Analysis，主成分分析）白化和 ZCA（Zeromean Component Analysis，零均值成分分析）白化。PCA 白化保证数据各维度的方差为 1，而 ZCA 白化保证数据各维度的方差相同。PCA 白化可以用于降维，也可以去相关性，而 ZCA 白化主要用于去相关性，且尽量使白化后的数据接近原始输入数据。两类方法都具有各自适用的数据场景，但相对而言，在机器学习中 PCA 白化方法应用更多。

1.5.5 数据归约

数据归约通常用维归约、数值归约方法实现。维归约指通过减少属性的方式压缩数据量，通过移除不相关的属性，可以提高模型效率。常见的维归约方法有：通过分类树、随机森林判断不同属性特征对分类效果的影响，从而进行筛选；通过小波变换、主成分分析把原数据变换或投影到较小的空间，从而实现降维。

参考文献

[1] Langley P. Elements of Machine Learning[M]. San Mateo，CA：Morgan Kaufmann Publishers，1996.

[2] Mitchell T. Machine Learning[J]. New York MacGraw-Hill Companies，Inc.，1997.

[3] Alpaydin E. Introduction to Machine Learning（Adaptive Computation and Machine Learning Series）[M]. Cambridge：MIT Press，2004.

[4] 陆汝钤. 人工智能（上册、下册）[M]. 北京：科学出版社，1996.

[5] http://baike. baidu. com/item/%E6%9C%BA%E5%99%A8%E5%AD%A6%E4%B9%A0?sefr=enterbtn.

[6] http://blog. csdn. net/jdbc/article/details/44602147.

[7] 周志华. 机器学习[M]. 北京：清华大学出版社，2016.

[8] 麦好. 机器学习实践指南：案例应用解析[M]. 北京：机械工业出版社，2014.

[9] Schutt R，O'Neil C. Doing Data Science：Straight Talk From the Frontline[M]. O'Reilly Media，Inc.，2013.

记笔记

第二部分

MATLAB机器学习基础篇

对于有一定编程基础，但未系统学习 MATLAB 的读者，甚至没有编程基础的读者，可认真阅读本部分内容，其中，详细地介绍了在本书中将使用到的 MATLAB 的相关知识。

同时，本部分将介绍 MATLAB 机器学习工具箱，该工具箱能够用于统计和机器学习，其通过图形化界面使使用者能够更加方便地使用机器学习进行数据分析。本书第 3 章将围绕该工具箱的功能、使用过程进行介绍，并通过实例的方式带领读者了解该工具箱的使用过程。

记笔记

第2章

MATLAB基础入门

源码

MATLAB 是一个高级的矩阵/阵列语言，它包含控制语句、函数、数据结构、输入和输出及面向对象编程特点。用户可以在命令窗口中将输入语句与执行命令同步，也可以先编写好一个较大的复杂的应用程序(m 文件)后再一起运行。新版本的 MATLAB 语言是基于最为流行的 C++语言基础上的，因此语法特征与 C++语言极为相似，而且更加简单，更加符合科技人员对数学表达式的书写格式。使之更利于非计算机专业的科技人员使用。而且这种语言可移植性好、可拓展性极强，这也是 MATLAB 能够深入到科学研究及工程计算各个领域的重要原因[1,2]。

MATLAB 语言之所以如此受人推崇是因为它有如下这些优点：编程简单使用方便；函数库可任意扩充；语言简单，内涵丰富；简便的绘图功能；丰富的工具箱。

本章将对 MATLAB 的基础知识进行介绍，使 MATLAB 初学者能够快速掌握 MATLAB 的基本应用，掌握了本章内容，读者将能够完全读懂和应用后续的机器学习算法。本章内容包括 MATLAB 界面介绍、矩阵赋值与运算、m 文件及函数实现与调用、基本绘图、数据文件导入与导出等。

2.1 MATLAB 界面介绍

对于 MATLAB 的安装，网络上有大量的教程资源，读者可根据需求进行安装相应版本。本书采用 MATLAB 2016a 版本，安装后，双击 MATLAB 图标，打开 MATLAB 界面，如图 2.1 所示。从图 2.1 中可知，MATLAB 界面主要分为 4 个区域，分别为“工具栏区”“工作路径区”“工作区”和“命令行窗口区”。

初始界面的“工具栏区”包含三部分：“主页”“绘图”和“应用程序”。“主页”中的各工

记笔记

具用于对代码的各类操作；“绘图”中的各工具则用于 MATLAB 绘制图片时的各类操作；“应用程序”与早期 MATLAB 版本中的 Simulink 相似，提供面向各类应用的工具箱，便于用户进行调用和使用。

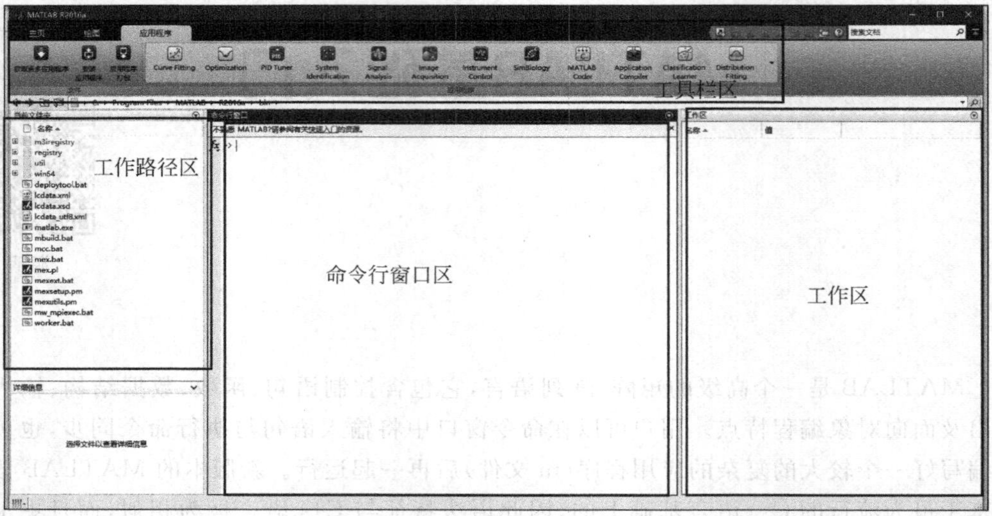

图 2.1 MATLAB 界面

“工作路径区”展示当前 MATLAB 运行的文件位置，作为 MATLAB 此时运行的默认位置。对于后续用户编辑的 m 文件，必须将 MATLAB 工作路径转到 m 文件的路径下才能运行，否则 MATLAB 检测当前路径下无需要运行的 m 文件，从而导致运行失败，该错误是 MATLAB 初学者极易犯的错误。

“命令行窗口区”是指用户可直接进行编程及命令运行的区域，用户每完成一行书写后，MATLAB 将运行一行。当用户需要完成多行代码再进行运行时，则需要将代码写入到 m 文件中，进行一次性运行。

“工作区”用于展示用户在命令行窗口区运行命令后各变量结果的展示。

2.2 矩阵赋值与运算

下面通过实例的方式，介绍 MATLAB 如何实现矩阵赋值与运算，本节代码都是通过 MATLAB 命令行窗口输入，在输入时，有一个标志性前导符“>>”，相应程序写在前导符之后，按 Enter 键即可执行。

【例 2.1】 将矩阵[1,2;3,4]赋值给矩阵 $\boldsymbol{a}$，将 $\boldsymbol{a}$ 矩阵中的每个元素加 1，赋值到矩阵 $\boldsymbol{b}$，将矩阵 $\boldsymbol{a}$ 的第 1 行第 2 列元素置为 0，将矩阵 $\boldsymbol{a}$ 的第 2 列元素全置为 0，求矩阵 $\boldsymbol{b}$ 转置、

记笔记

逆、秩。

```
>> a = [1,2;3,4]                  % 对 a 进行赋值,结尾不加";"表示将结果输出到命令行窗口
```

输出结果为:

```
a =
     1     2
     3     4
>> b = a + 1                      % 将 a 的每个元素 + 1 赋值给 b
```

输出结果为:

```
b =
     2     3
     4     5
>> a(1,2) = 0;                    % 将矩阵 a 的第 1 行第 2 列元素置为 0
>> a                              % 输出变化后的矩阵 a
```

输出结果为:

```
a =
     1     0
     3     4
>> a(:,2) = 0;                    % 将矩阵 a 的第 2 列元素全置为 0
>> a                              % 输出变化后的矩阵 a
```

输出结果为:

```
a =
     1     0
     3     0
>> Tb = b'                        % 矩阵 b 转置
```

输出结果为:

```
Tb =
     2     4
     3     5
>> Inv_b = inv(b)                 % 矩阵 b 逆
```

记笔记

输出结果为：

```
Inv_b =
    -2.5000      1.5000
     2.0000     -1.0000
>> Det_b = det(b)                  % 矩阵 b 秩
```

输出结果为：

```
Det_b =
    -2
```

【例 2.2】 矩阵 $a=[1,2;3,4]$，矩阵 $b=[5,6;7,8]$，实现两矩阵加、减、乘、点乘。

```
>> a = [1,2;3,4];                  % 实现矩阵 a 赋值
>> b = [5,6;7,8];                  % 实现矩阵 b 赋值
>> Add_a_b = a + b                 % 两矩阵相加,结尾不加";"表示将结果输出到命令行窗口
```

输出结果为：

```
Add_a_b =
     6     8
    10    12
>> Sub_a_b = a - b                 % 两矩阵相减,结尾不加";"表示将结果输出到命令行窗口
```

输出结果为：

```
Sub_a_b =
    -4    -4
    -4    -4
>> Multi_a_b = a * b              % 两矩阵相乘
```

输出结果为：

```
Multi_a_b =
    19    22
    43    50
>> Dotmulti_a_b = a. * b         % 两矩阵相乘
```

记笔记

输出结果为：

```
Dotmulti_a_b =
     5    12
    21    32
```

2.3　m 文件及函数实现与调用

m 文件是 MATLAB 进行编程时的基本文件，不同于在命令行窗口中一行一行代码的编写和运行，m 文件是指将代码完全编写在一个文件中，之后通过运行，一次性完成程序的运行。另外，m 文件可实现对函数的定义，在编程中直接调用该函数，可实现相应功能。通过单击"工具栏区"最左侧的"新建脚本"按钮，如图 2.2 所示，即可打开一个新建的 m 文件，也可按 Ctrl＋N 组合键打开新建的 m 文件。此时，即可在该文件下编写 MATLAB 程序，如图 2.3 所示。在文件编写完成后，需要保存及运行。

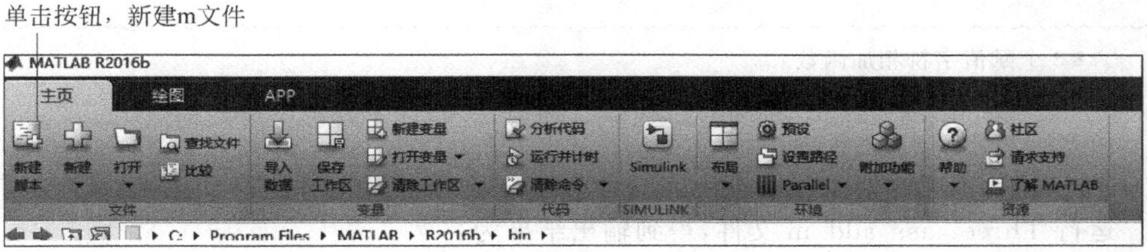

图 2.2　新建 m 文件

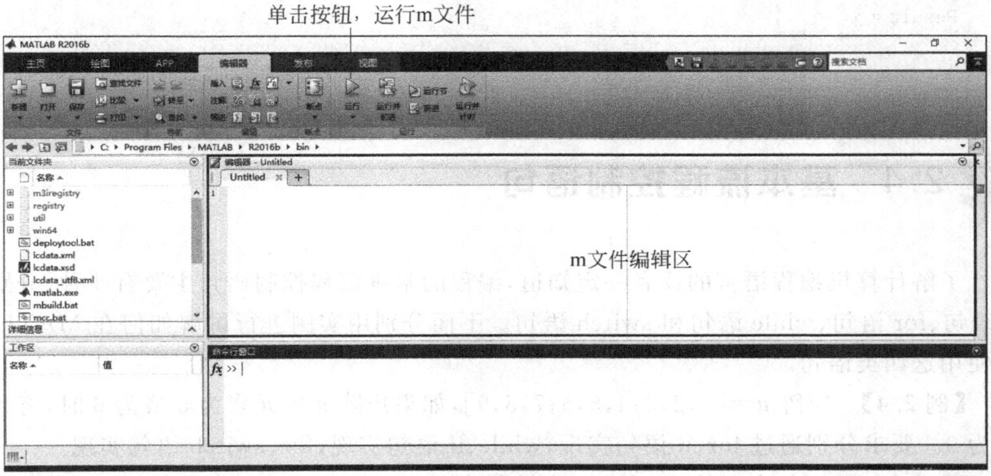

图 2.3　m 文件编辑页面

函数文件是一种特殊的 m 文件，其特殊之处在于其第一行有严格的规定，格式为：function [a,b,…]=fun(d,e,…)。其中，d,e,…为函数的输入参数，a,b,…为函数的输出参数，fun 为函数名。另外，需要注意的是，此时的 m 文件的文件名必须为函数名，如本实例中的 fun。

【例 2.3】 新建 m 文件，名称为 Three _ass_add，在文件中实现对 3 个字符赋值(分别赋值为 2、3、4)，以及实现 3 个字符相加，其中，3 个字符相加通过定义函数 Three_add 实现。

Three_ass_add. m 文件代码为：

```
%% 实现对 3 个字符赋值(分别赋值为 2、3、4)，以及实现 3 个字符相加
a = 2;
b = 3;
c = 4;
Result = Three _add(a,b,c)
```

Three_add. m 文件代码为：

```
%% 3 个赋值字符相加函数
function result = Three_add(a,b,c)
Result = a + b + c;
```

运行 Three _ass_add. m 文件，得到输出结果为：

```
>> Three_ass_add
Result =
     9
```

2.4 基本流程控制语句

了解计算机编程语言的读者一定知道，编程的基本流程控制语句主要有 4 种，分别是 if 语句、for 语句、while 语句和 switch 语句。下面分别用实例进行讲解如何在 MATLAB 中使用这四类语句。

【例 2.4】 矩阵 $\boldsymbol{a}$=[1,2,3;4,5,6;7,8,9]，如果矩阵 $\boldsymbol{a}$ 中元素为 5 或为 6 时，将元素置为 0。要求分别通过 for、if 语句实现，while、if 语句实现，for、switch 语句实现。

通过 for、if 语句实现的 For_if. m 文件程序：

记笔记

```
%% 通过 for、if 语句实现
a = [1,2,3;4,5,6;7,8,9];
for i = 1:3                             % 行数 1,2,3
    for j = 1:3                         % 列数 1,2,3
        if a(i,j) == 5||a(i,j) == 6     % 判别条件
            a(i,j) = 0;
        end
    end
end
a                                       % 对 a 进行输出
```

通过 while、if 语句实现的 While_if.m 文件程序：

```
%% 通过 while、if 语句实现
a = [1,2,3;4,5,6;7,8,9];
i = 1;                                  % 行数为 1
while (i <= 3)
    j = 1;                              % 列数为 1
    while (j <= 3)
        if (a(i,j) == 5||a(i,j) == 6)   % 判别条件
            a(i,j) = 0;
        end
        j = j + 1;
    end
    i = i + 1;
end
a                                       % 对 a 进行输出
```

通过 for、switch 语句实现的 For_switch.m 文件程序：

```
%% 通过 for、switch 语句实现
a = [1,2,3;4,5,6;7,8,9];
for i = 1:3                             % 行数 1,2,3
    for j = 1:3                         % 列数 1,2,3
        switch (a(i,j))
            case 1
            case 2
            case 3
```

记笔记

```
            case 4
            case 5
                a(i,j) = 0;
            case 6
                a(i,j) = 0;
            case 7
            case 8
            case 9
        end
    end
end
a                                    %对a进行输出
```

3种方式的输出结果为：

```
a =
     1     2     3
     4     0     0
     7     8     9
```

2.5 基本绘图方法

强大的绘图功能是MATLAB的特点之一，MATLAB提供了一系列的绘图函数，用户不需要过多地考虑绘图的细节，只需要给出一些基本参数就能得到所需图形，这类函数称为高层绘图函数。此外，MATLAB还提供了直接对图形句柄进行操作的低层绘图操作。这类操作将图形的每个图形元素(如坐标轴、曲线、文字等)看作一个独立的对象，系统给每个对象分配一个句柄，可以通过句柄对该图形元素进行操作，而不影响其他部分。

本节介绍绘制二维和三维图形的绘图函数，以及其他图形控制函数的使用方法，在此基础上，再介绍可以操作和控制各种图形对象的低层绘图操作。

2.5.1 二维绘图函数的基本用法

在MATLAB中，二维绘图最基本而且应用最为广泛的绘图函数为plot，利用它可以在二维平面上绘制出不同的曲线。二维绘图函数还包括bar、stairs、stem、fill，分别用于绘制条形图、阶梯图、杆图、填充图，另外，还包含基于这些绘图方式的一些二维绘图方法，

记笔记

如极坐标绘图 polar、对数坐标绘图 loglog、双纵坐标绘图 plotyy 等。这些绘图函数的使用方法基本都是大同小异的，基本格式都为：函数名(向量,'绘图参数')。其中，向量数量不同函数使用时略有差异，绘图参数包括颜色、线型等，具体使用时，可通过在命令行窗口中输入“help 函数名”对函数使用方法进行查询。

下面以最常用的二维绘图函数 plot 为例，进行介绍。

【例 2.5】 假设变量 $x=[1,2,3,4,5,6]$，$y=[8,9,10,15,35,40]$，对 x、y 数据绘图，包括数据点“*”标记、折线图、平滑曲线图。

利用 plot 函数进行绘图的 Plot_Exm.m 文件程序为：

```
%% plot 函数实例
x = [1,2,3,4,5,6];
y = [8,9,10,15,35,40];
plot(x,y,'*b');                          % 绘制数据点"*"标记，且用蓝色标记
hold on                                  % 绘图叠加
plot(x,y)                                % 绘制折线图
xx = min(x):.1:max(x);                   % 得到 x 向量中最大值与最小值，且以 0.1 为间距形成向量
yy = interp1(x,y,xx,'pchip');            % 以三次函数的方式进行插值
plot(xx,yy);                             % 绘制插值后的数据曲线，由于间距小，因此会有平滑感
hold off;                                % 绘图叠加关闭
```

输出结果如图 2.4 所示(详见文前彩插)。

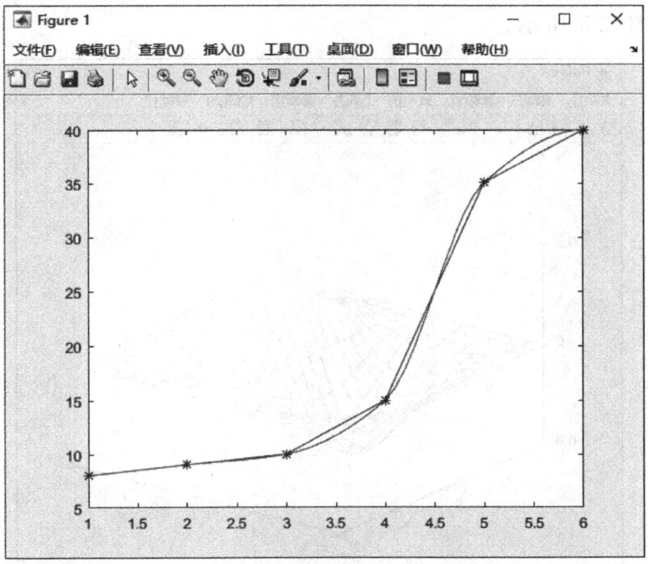

图 2.4 利用 Plot 函数绘图

记笔记

2.5.2 三维绘图函数的基本用法

MATLAB 三维绘图函数包括三维网格图函数 mesh、三维曲面图函数 surf、三维曲线图函数 plot3、三维球面函数 sphere、三维柱面函数 cylinder、三维柱形图函数 bar3、三维杆图函数 stem3、三维饼图函数 pie3 和三维填充图函数 fill3 等。这些绘图函数的使用方法基本都是大同小异的，基本格式都为：函数名(向量/矩阵,'绘图参数')，其中，“向量/矩阵”数量略有差异，“绘图参数”包括颜色、线型等，具体使用时，可通过在命令行窗口中输入“help 函数名”对函数使用方法进行查询。

函数 mesh 和 surf 是三维绘图函数中最为常用的函数，下面以这两个函数为例进行实例介绍。

【例 2.6】 假设函数 $z=xe^{(-x^2-y^2)}$，要求在 $x\in[-2,2]$，$y\in[-2,2]$区间内绘制三维网格图和三维曲面图。

利用 mesh 函数进行绘图的 Mesh_Exm.m 文件程序为：

```
%% mesh 三维曲面绘图
x = - 2:.2:2;    % 生成以 0.2 为间隔 - 2 到 2 的向量数据, - 2 到 2 之间有 4/0.2 + 1 = 21 个值
y = - 2:.2:2;    % 生成以 0.2 为间隔 - 2 到 2 的向量数据, - 2 到 2 之间有 4/0.2 + 1 = 21 个值
[X,Y] = meshgrid(x,y);          % 生成网格数据,X、Y 都是 21 * 21 大小的矩阵
Z = X . * exp( - X.^2 - Y.^2);
mesh(X,Y,Z)                     % 绘制三维网格图
```

输出结果如图 2.5 所示。

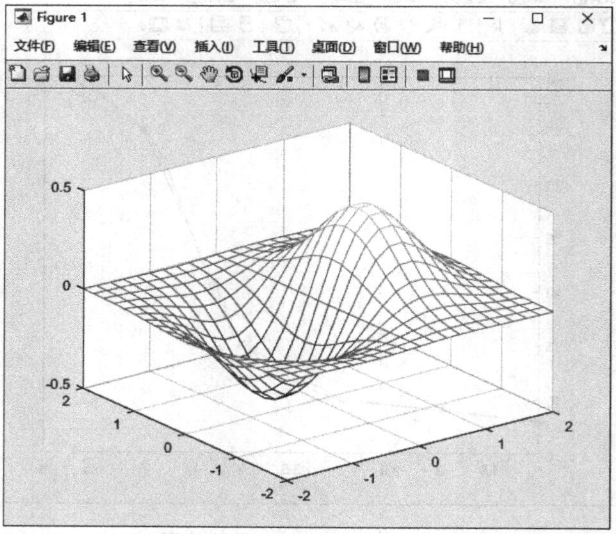

图 2.5 利用 mesh 函数绘制三维网格图

记笔记

利用 surf 函数进行绘图的 Surf_Exm.m 文件程序为：

```
%% surf 三维曲面绘图
x = -2:.2:2;     % 生成以 0.2 为间隔 -2 到 2 的向量数据，-2 到 2 之间有 4/0.2+1=21 个值
y = -2:.2:2;     % 生成以 0.2 为间隔 -2 到 2 的向量数据，-2 到 2 之间有 4/0.2+1=21 个值
[X,Y] = meshgrid(x, y);          % 生成网格数据，X、Y 都是 21*21 大小的矩阵
Z = X .* exp(-X.^2-Y.^2);
surf(X,Y,Z)                      % 绘制三维曲面图
```

输出结果如图 2.6 所示。

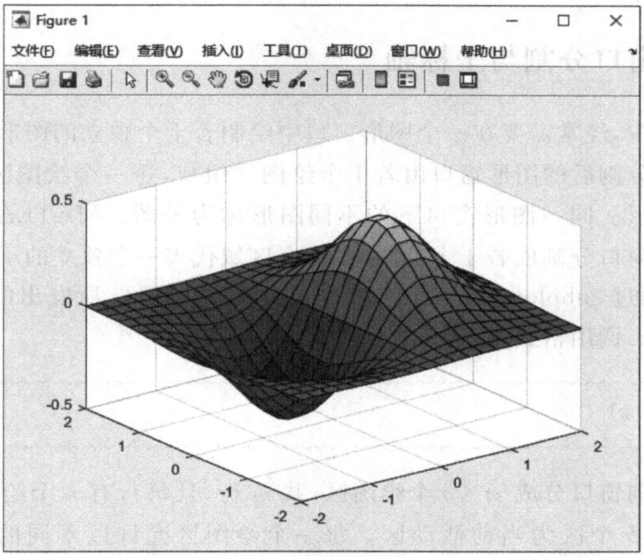

图 2.6 利用 surf 函数绘制三维曲面图

2.5.3 颜色与形状参数列表

MATLAB 提供了一些绘图选项，用于确定所绘曲线的线型、颜色和数据点标记符号。这些选项如表 2.1 所示。

表 2.1 颜色与形状参数列表

颜色		标记符号				线型	
b	蓝色	.	点	∧	上三角	-	实线
g	绿色	o	圆圈	<	左三角	:	虚线

续表

颜色		标记符号				线型	
r	红色	×	叉号	>	右三角	-.	点画线
c	青色	+	加号	p	五角星	--	双画线
m	品红	*	星号	h	六角星		
y	黄色	s	方块				
k	黑色	d	菱形				
w	白色	∨	下三角				

2.5.4 图形窗口分割与坐标轴

在实际应用中，经常需要在一个图形窗口中绘制若干个独立的图形，这就需要对图形窗口进行分割。分割后的图形窗口由若干个绘图区组成，每一个绘图区可以建立独立的坐标系并绘制图形。同一图形窗口下的不同图形称为子图。MATLAB 提供了 subplot 函数用来将当前窗口分割成若干个绘图区，每个区域代表一个独立的子图，也是一个独立的坐标系，可以通过 subplot 函数激活某一区，该区为活动区，所发出的绘图命令都是作用于该活动区域。调用格式为：

```
Subplot(m, n, p)
```

该函数把当前窗口分成 $m \times n$ 个绘图区，共 m 行，且每行有 n 个绘图区，区号按行优先编号。其中第 p 个区为当前活动区。每一个绘图区允许以不同的坐标系单独绘制图形。

MATLAB 绘制完图形以后，可能还需要对图形进行一些辅助操作，以使图形意义更加明确，可读性更强，如图形名称、坐标轴名称、坐标轴范围等。相应的主要指令可列举如下：

```
title('图形名称')                          % 编辑图形名称
xlabel('x 轴说明')                         % 编辑 x 坐标轴名称
ylabel('y 轴说明')                         % 编辑 y 坐标轴名称
zlabel('z 轴说明')                         % 编辑 z 坐标轴名称
text(x, y, '图形说明')                     % 坐标点(x,y)处添加图形说明
legend('图例 1', '图例 2', …)              % 用于对绘制曲线标记图例
axis([xmin xmax ymin ymax zmin zmax])     % x,y,z 坐标轴坐标范围
```

笔记

```
axis equal                          %纵横坐标轴采用等长刻度
axis square                         %产生正方形坐标系(默认为矩形)
axis auto                           %使用默认设置
axis off                            %隐藏坐标轴
axis on                             %显示坐标轴
grid on                             %显示坐标网格
grid off                            %隐藏坐标网格
```

利用前面所学内容，综合性地进行实例举例。

【例 2.7】 将例 2.5 和例 2.6 中的图绘制到一个图框中，且完成对其坐标轴的各类操作。

综合绘图的 Com_Exm.m 文件程序为：

```
%%绘图命令及函数综合应用
subplot(2,2,1)                     %在第一个区域内绘图
%%plot 函数实例
x=[1,2,3,4,5,6];
y=[8,9,10,15,35,40];
plot(x,y,'*b');                    %绘制数据点"*"标记,且用蓝色绘图
hold on                            %绘图叠加
plot(x,y)                          %绘制折线图
xx=min(x):.1:max(x);               %得到x向量中最大值与最小值,且以0.1为间距形成向量
yy=interp1(x,y,xx,'pchip');        %以三次函数的方式进行插值
plot(xx,yy);                       %绘制插值后的数据曲线,由于间距小,因此会有平滑感
title('二维绘图1')                  %图形名称
text(2, 9, '坐标值')                %添加图形说明
hold off;                          %绘图叠加关闭
subplot(2,2,2)                     %在第一个区域内绘图
plot(x,y,'^g');                    %绘制数据点"^"标记,且用绿色绘图
hold on                            %绘图叠加
plot(x,y,':')                      %绘制折线图
plot(xx,yy);                       %绘制插值后的数据曲线,由于间距小,因此会有平滑感
title('二维绘图2')                  %图形名称
axis([0 8 0 50]);
legend('点标记','折线图','光滑图')  %用于对绘制曲线标记图例
grid on;
hold off;                          %绘图叠加关闭
subplot(2,2,3)                     %在第三个区域内绘图
%%mesh三维曲面绘图
x=-2:.2:2;   %生成以0.2为间隔-2~2的向量数据,-2~2有4/0.2+1=21个值
y=-2:.2:2;   %生成以0.2为间隔-2~2的向量数据,-2~2有4/0.2+1=21个值
```

记笔记

```
[X,Y] = meshgrid(x,y);                      % 生成网格数据,X、Y 都是 21 * 21 大小的矩阵
Z = X . * exp( - X.^2 - Y.^2);
mesh(X,Y,Z)                                 % 绘制三维网格图
xlabel('x')                                 % 编辑 x 坐标轴名称
ylabel('y')                                 % 编辑 y 坐标轴名称
zlabel('z')                                 % 编辑 z 坐标轴名称
subplot(2,2,4)                              % 在第四个区域内绘图
 %% surf 三维曲面绘图
surf(X,Y,Z)                                 % 绘制三维曲面图
axis off                                    % 隐藏坐标轴
```

程序运行结果如图 2.7 所示(详见文前彩插)。

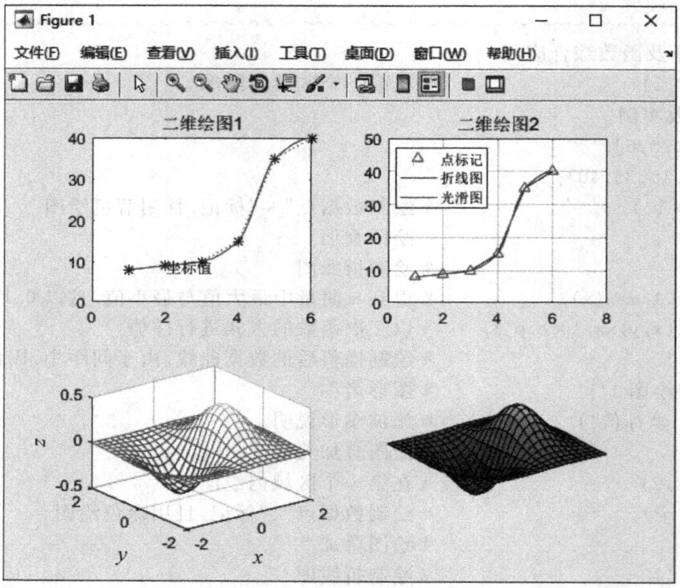

图 2.7 综合绘图实例

2.6 数据文件导入与导出

MATLAB 作为数学计算平台,并且将其作为机器学习的平台,必然需要 MATLAB 具有强大的数据导入和导出能力。MATLAB 操作的数据性文件包括.mat、.txt、.xls、.xlsx、.csv 等。其中,.mat 文件是 MATLAB 平台自身保存数据的格式,.txt 为文本文

笔记

件，.xls 和.xlsx 为 Office Excel 文件，.csv 为一种特殊格式的纯文本文件。

导入数据指令为：

```
load matdata;                              % 导入.mat 文件所有数据，文件名为 matdata
a = load('txtdata.txt');                   % 导入.txt 文件数据到变量 a，文件名为 txtdata
a = xlsread('xlsdata.xls');                % 导入.xls 文件数据到变量 a，文件名为 xlsdata.xls
a = xlsread('xlsdata.xls','Sheet1');       % 导入.xls 文件表 1 数据到变量 a，文件名为 xlsdata.xls
a = xlsread('xlsxdata.xlsx');              % 导入.xlsx 文件数据到变量 a，文件名为 xlsxdata.xlsx
a = xlsread('xlsxdata.xlsx','Sheet1');
                                    % 导入.xlsx 文件表 1 数据到变量 a，文件名为 xlsxdata.xlsx
a = csvread('csvdata.csv');                % 导入.csv 文件数据到变量 a，文件名为 csvdata.csv
```

导出数据指令为：

```
save matdata A;                  % 将变量 A 和 B 数据导入 matdata.mat 文件中
save txtdata.txt -ascii A;       % 将变量 A 数据导入 txtdata.txt 文件中
xlswrite('xlsdata.xls',A);       % 将变量 A 数据导入 xlsdata.xls 文件中
xlswrite('xlsxdata.xls',A);      % 将变量 A 数据导入 xlsxdata.xls 文件中
csvwrite('csvdata.csv',A,);      % 将变量 A 数据导入 csvdata.csv 文件中
```

上述为基本的导入与导出函数的使用方法，对于更加详细的使用方法，可通过在命令行窗口中输入“help 函数名”进行具体查询。

参考文献

[1] 魏鑫. MATLAB R2014a 从入门到精通[M]. 北京：电子工业出版社，2015.
[2] 郭仕剑. MATLAB 入门与实战[M]. 北京：人民邮电出版社，2008.

记笔记

第3章

MATLAB机器学习工具箱

源码

在 MATLAB 近几年的版本中，推出了一个新的产品功能，即统计和机器学习工具箱(Statistics and Machine Learning Toolbox)。这个工具箱具有很多功能，并且在不断地完善中。具体来说它包含如下一些子模块：探索性数据分析、数据降维、机器学习、回归和方差分析、概率分布拟合及假设检验等功能模块。如果读者希望快速地了解部署一个机器学习应用，那么 MATLAB 提供的工具箱将会是一个不错的选择。基于这个原因，本章将着重介绍 MATLAB 统计和机器学习工具箱中的机器学习模块。

3.1 工具箱简介

机器学习算法使用计算方法直接从数据中“学习”信息，不把预定方程假设为模型。在第 1 章中罗列了各种不同的机器学习算法，归纳起来，按照解决问题的性质，可以分为分类(回归)、聚类和强化学习问题。相应地，在 Statistics and Machine Learning Toolbox 中提供用于执行受监督和无/非监督机器学习的方法。分类算法使用户可以将一个分类应变量建模为一个或多个预测元的函数。Statistics and Machine Learning Toolbox 提供了涵盖多种参数化和非参数化分类算法的应用程序和函数，如 logistic 回归、朴素贝叶斯、k 近邻、SVM 等[1]。研究者可以直接利用 MATLAB 提供的这些算法的函数接口，通过编写脚本程序来使用这些算法。更直观地，MATLAB 提供了一个 GUI 形式的分类学习应用程序，它使得研究者能够以窗口菜单的形式构建一个机器学习应用。本章将着重介绍这个应用的使用方法。

分类学习器应用程序(Classification Learner App)提供了一个机器学习应用常用的操作，如交互式探查数据、选择特征、指定交叉验证方案、训练模型和评估结果。分类学习

记笔记

器应用程序用于使用监督式机器学习来训练模型对数据进行分类，使用它可以执行常见任务，例如，导入数据和指定交叉验证方案；探索数据和选择特征；使用多种分类算法训练模型；比较和评估模型；在计算机视觉和信号处理等应用场合中共享训练过的模型。

除此之外，分类学习器集成了多种可视化方式来方便用户选择模型，进行模型评估和比较。训练好的模型也可以直接导入 MATLAB 的工作空间，来对新的数据预测，也可以直接生成代码，方便和其他应用集成。

在 MATLAB 统计和机器学习工具箱中当然也实现了很多聚类算法，聚类算法通过根据相似度测量对数据分组来发现数据集中的规律。可用的算法包括 k-均值、k-中心点、分层聚类、高斯混合模型和隐马尔可夫模型。当不知道聚类的数量时，可以使用聚类评估技术根据特定指标确定数据中存在的聚类数量。只是聚类算法还没有对应的 GUI 应用。对于回归算法，MATLAB 2017 版本也推出了回归学习器，它的操作流程和界面与分类学习器很类似，感兴趣的读者可安装 2017 版本进行实践操作和学习。

3.2 分类学习器基本操作流程

对于构建机器学习应用，通常包括五部分，分别是数据导入、数据的探索和特征选择、训练模型、比较模型和输出模型。分类学习器也在不同的窗口中实现了这些功能。

首先，为了启动分类学习器，可以通过直接在命令行窗口中输入“classification Learner”，或者在 MATLAB 的菜单栏中选择“应用程序”选项卡下的分类学习器应用 Classification Learner，如图 3.1 所示。

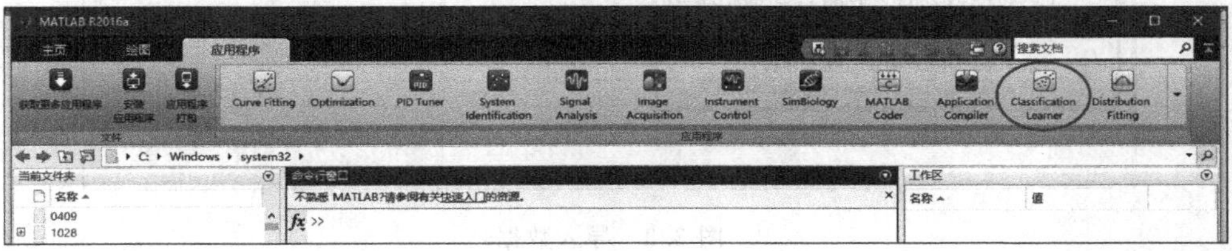

图 3.1 启动分类学习器

此时 MATLAB 将弹出一个空白的分类器窗口，如图 3.2 所示。

该窗口就是进行分类操作最核心的一个窗口。但是可以看到大部分的菜单和按钮都是灰色的，这是因为还没有选择数据。对于机器学习应用来说，数据就好像是机器的燃料，没有燃料，机器自然动不起来，所以为了进行下一步工作，首先需要输入数据。

导入数据的方法分为两种方式：一种是单击 CLASSIFICATION LEARNER 选项卡下 FILE 组中的 New Session 下拉按钮，然后选择 From Workspace，如图 3.3 所示，其含

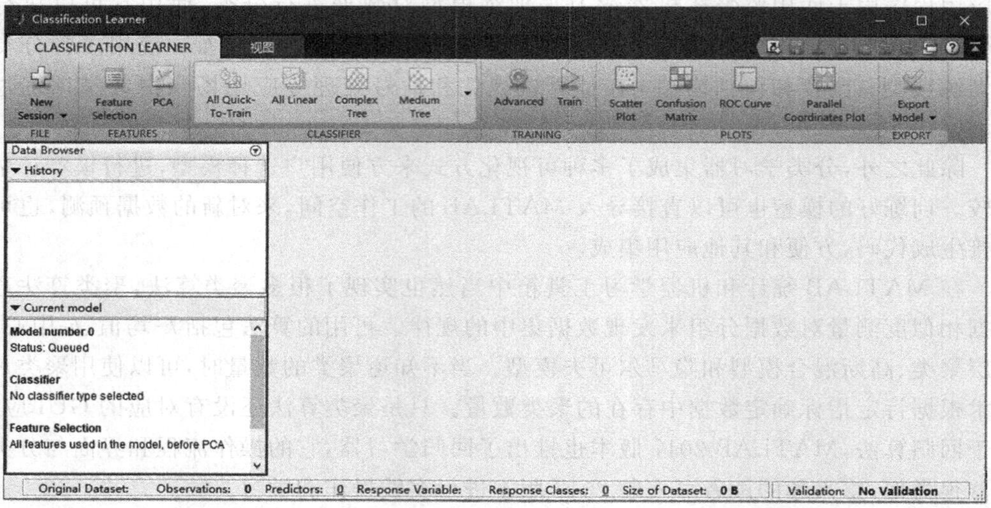

图 3.2 空白的分类器窗口

义是导入 MATLAB 工作空间的函数数据；另一种则是选择 From File，如图 3.3 所示，其含义是通过数据文件导入数据，如. xls、. xlsx、. xlsm、. txt、. csv 等格式数据文件。

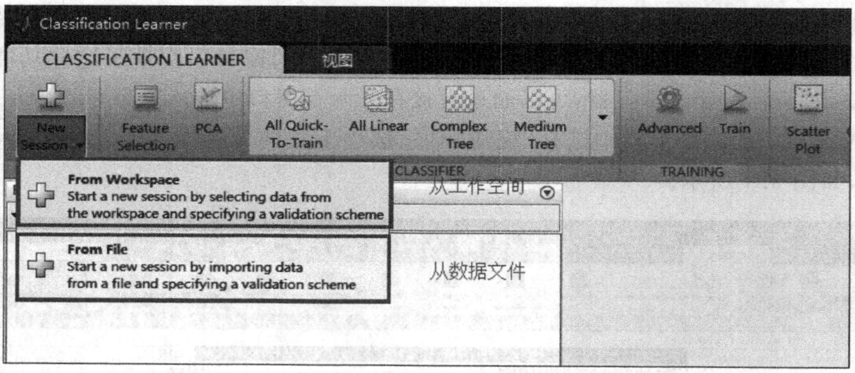

图 3.3 导入数据

数据导入后，则进入数据处理窗口界面，如图 3.4 所示。图 3.4 中的数据是在命令行窗口中调用 fisheriris 数据集而产生的，其具体操作是在 MATLAB 命令行窗口中输入：fishertable=readtable('fisheriris. csv')；并按 Enter 键生成的数据变量，此时使用上述的第一种导入数据的方法，即可生成图 3.4。

该窗口主要目的是用来设置训练数据的相关属性、标签及设置验证集。可以看到窗口主要分成 3 个部分，其依次对应 3 个步骤。在 Step1 中主要功能是选择数据集，且设置数据集矩阵中的行作为一个变量，还是将列作为变量；在 Step2 需要向算法声明哪些维

记笔记

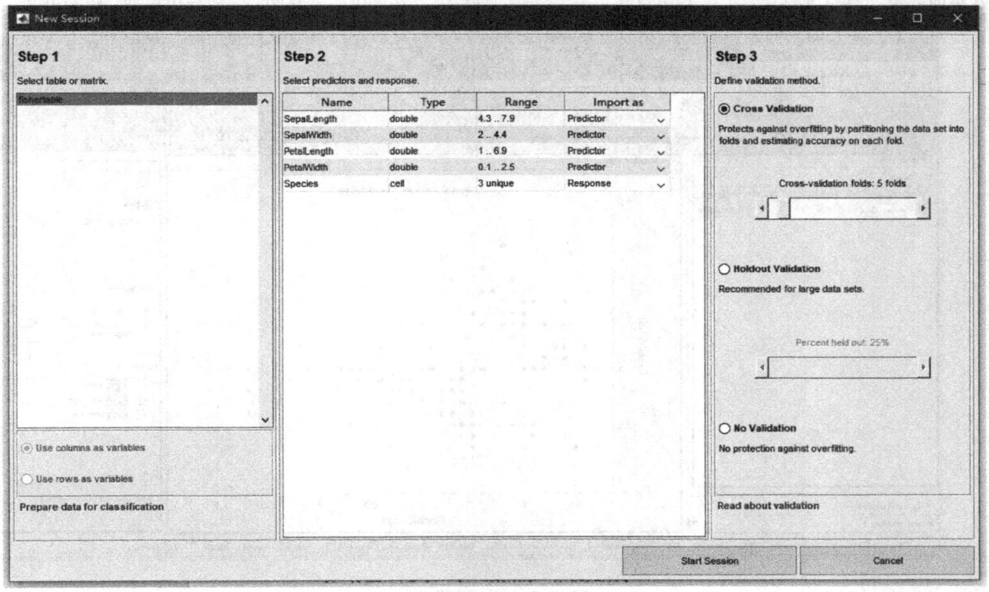

图 3.4 数据处理窗口

度是输入量，哪些是输出量，对于分类问题来说就是选择哪几个变量作为属性值，哪个变量作为标签。这个声明可以通过把变量导入为 Predictor 还是 Response 完成，其中，Predictor 对应输入，Response 对应标签，此时，导入数据的工作就完成了。

为了优化算法中的一些超参数，需要一定的手段来评估不同参数的表现。其中，验证集的目的是用来对算法的超参数调优。在模型计算过程中，测试集数据只能使用一次，不能用测试集数据调优，因为其会导致算法对测试集过拟合，将会导致模型在测试集上有较好的结果，但是实际效果不能得到保证。所以可以知道验证集应该是训练集的一部分。但是当训练集数量较少（因此验证集的数量更少）时，将用到交叉验证法。所谓 k-fold validation 就是把训练集均分成 k 份，其中 $k-1$ 份用来训练，1 份用来验证。然后循环取其中 $k-1$ 份来训练，其中 1 份来验证，最后取所有 k 次验证结果的平均值作为算法验证结果。在窗口的 Step3 中可以允许用户设定这个 k 值。导入数据并设置好交叉验证后，单击 Start Session 按钮就弹出如图 3.5 所示的分类器窗口。

可看出图 3.5 所示的窗口和图 3.2 所示的窗口是一样的，只是灰色的部分被激活了。这个激活的窗口包含了训练一个机器学习应用的核心要素，其大体分六部分。最上边的菜单栏提供了特征选择、算法选择、模型训练、可视化绘图及输出等操作。特征选择模块用于选择输入特征，即选择属性特征，一方面可通过单击该模块中的 Feature Selection 按钮进行人工选择，也可以利用 PCA 的方法自动选择。分类算法模块是各种算法的一个仓库。单击其下拉按钮会出现如图 3.6 所示下拉列表。

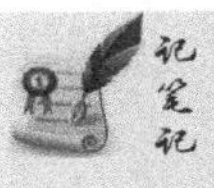

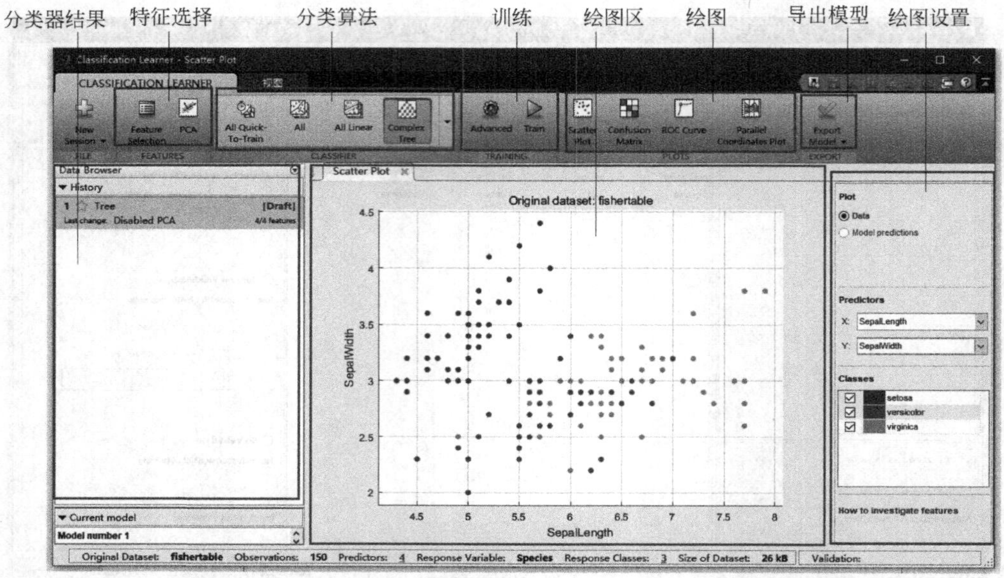

图 3.5 分类器窗口

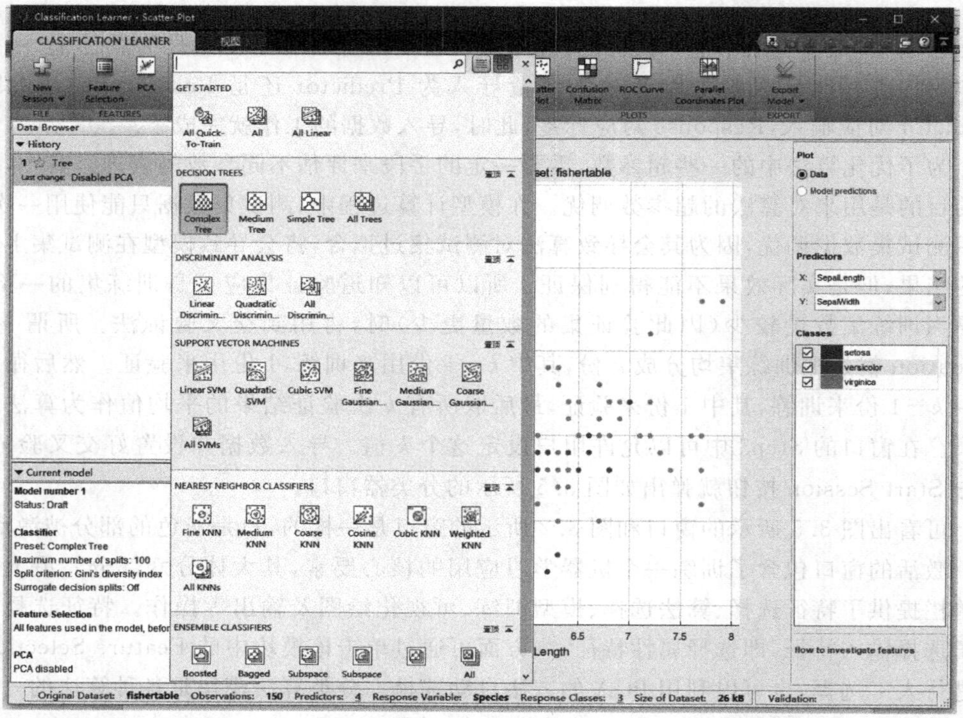
图 3.6 多种分类器

记笔记

可以看到，分类学习器将可以应用的算法分成了四大类，分别是决策树类、判别分析类、支持向量机类、神经网络类。注意，在GET STARTED中的All和AllLinear并不是一个算法，而是一个快捷操作，它能够快速地对数据应用分类学习器中的所有模型或所有线性模型。在做了特征选择后，下一步则需要选择一个合适的分类算法。有了算法，下一步就是训练了。在TRAINING组中，除了简单地单击Train进行训练外，还可以通过Advanced按钮设置一些训练的参数，如对于决策树类算法来说可以设置最大的叶子结点数及确定决策边界的准则等。

当用户选择一个训练模型后，它就会出现在窗口的右侧方框中。用户可以选择多个模型，一次训练。得到的每个分类器的分类精度会显示在方框中。其中分类效果最好的模型会以方框突出显示。History窗格显示当前模型的一些详细信息。

训练完毕后，用户不仅仅得到一个分类的精度值，同时用户还可以通过各种图形来直观地观测当前模型的表现。当然，图示化训练数据对于数据探索，发现数据的模式也是大有裨益的。绘图的选项在PLOTS组中，可以绘制的图形包括训练数据的散点图、confusion matrix、ROC曲线等。关于这些不同图形的含义，读者可参考机器学习相关书籍，另外，在窗口的最右边可以设置绘图参数。

通过可视化窗口界面，用户可以再次调整模型，如进一步的特征提取，或者设置更加合理的超参数值，来改善模型的表现。那么，一旦得到了一个满意的模型，该如何利用它呢？分类学习器提供了两种模式：一种方法是用户导出训练好的模型到工作空间中，这个时候用户将发现变量空间中多了一个结构体变量，这个变量含有一个用于预测的成员函数，此时，用户将可以用它来做预测。但是如果用户希望更改模型，或者把它集成到其他的应用中，则需要用到另外一种方法，也是最通用的方法，即以代码的形式使用。MATLAB可以直接通过GUI形式的窗口生成代码。单击图3.5所示的分类器窗口中的Export Model按钮，操作如图3.7所示。

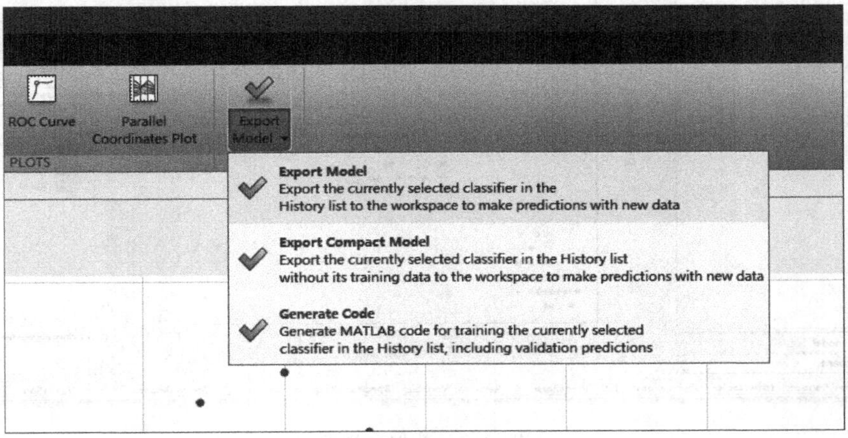

图3.7 导出训练模型

记笔记

因为特征选择和算法选择对于一个机器学习应用至关重要，下面将会更详细地介绍如何使用分类学习器APP做特征选择和分类器选择。

3.3 分类学习器算法优化与选择

使用工具箱的方法并不是智能的，同样需要对数据进行预处理，并根据经验和分析选择合适的数据特征。另外，机器学习各类算法也具有不同的特点，使用者应在不断的实践中了解各类机器学习算法，在特定的应用场合应选择适合数据自身的算法。

3.3.1 特征选择

在分类学习器中可以通过对原始数据做散点图来分析是否需要或排除某个特征。选择不同特征作为坐标轴，如果数据某一类别数据很好地分开，说明这个特征是有用的。如果某个特征对于分类没有任何作用，则可以考虑把它排除。在fisheriris数据集中选择X和Y分别为PetalLength和PetalWidth，可以看到setosa类能够被很好地分开，如图3.8所示。

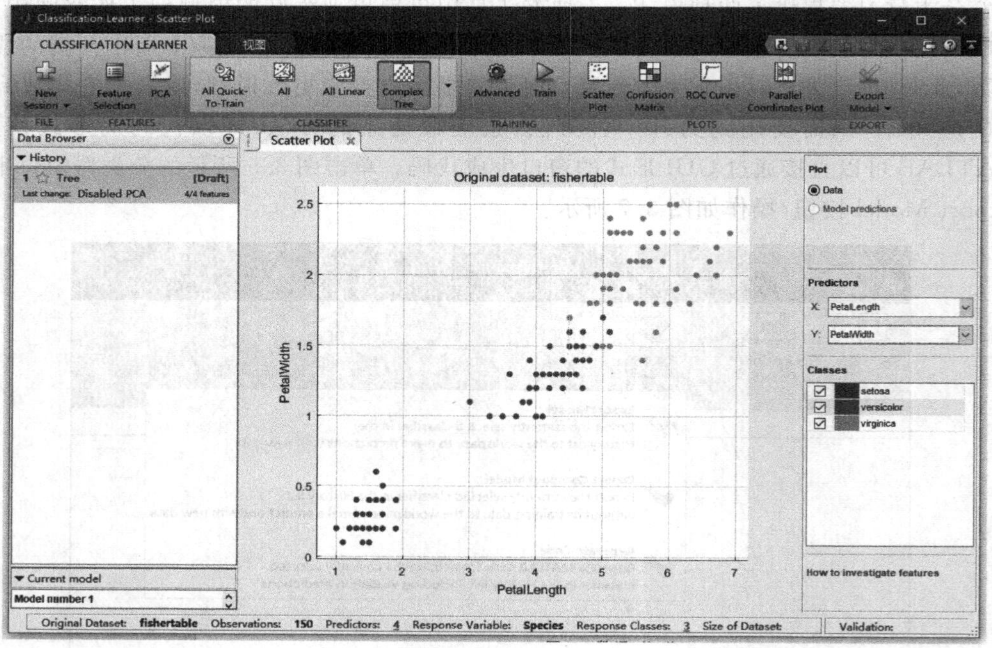

图3.8 数据可视化

记笔记

在分类学习器窗口中，也可以通过勾选某个特征，观察分类器的表现。如果删除某个特征后可以提高模型的性能，那么应该排除这个特征，尤其是当收集该数据比较昂贵和困难的时候。具体操作为单击 FEATURES 组中的 Feature Selection 按钮，将出现如图 3.9 所示的窗口，用户可以取消选中特征名称后的复选框，从而排除该特征。

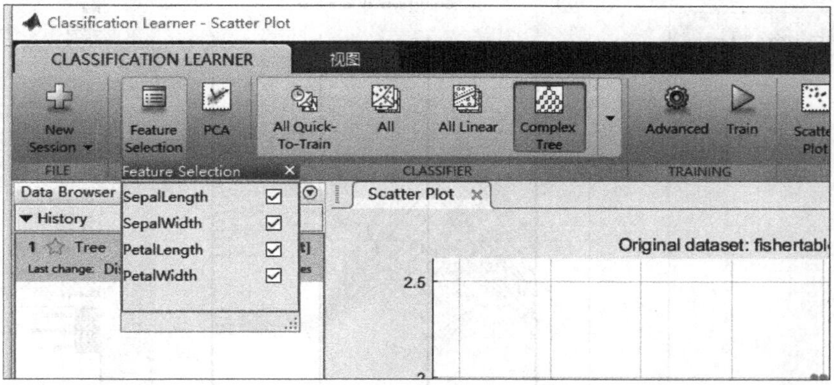

图 3.9 特征选择菜单

利用主成分分析来降低特征空间的维度，有助于防止过拟合。PCA 能够消除数据中的冗余信息，产生一个新的变量集，该变量集称为主成分。在工具箱中使用 PCA 包括以下步骤：(1)在分类器窗口的 FEATURES 组中单击 PCA 按钮；(2)在 Advanced PCA Options 下拉列表框中选中 Enable PCA 复选框，并设置相应参数(一般采用默认)。至此，用户已完成了对 PCA 的设置，之后，当用户单击 Train 的时候，PCA 会首先对数据做变换和处理，然后进行模型训练。

在分类学习器中也可以利用平行坐标图(Parallel Coordinates Plot)来选择特征，具体操作为单击分类学习器窗口的 PLOTS 组中的 Parallel Coordinates Plot 按钮，生成平行坐标图，如图 3.10 所示。

在平行坐标图中其实它就是把每个特征列在一个一维的轴上画出来，然后把每个记录(一个样本点)依次连接起来，最后用不同的颜色表示不同的类别，错分的类别用虚线表示。如果某个特征具有很好的区分度，那么在坐标轴上就会出现明显的聚类现象。从图 3.10 可以看出 PetalWidth 和 PetalLength 特征具有很好的分类效果。

3.3.2 选择分类器算法

各分类器算法有各自的特点，依赖于具体的需求，如速度、存储、灵活性、可解释性等，会有不同的选择。如果对于一个数据没有特别深刻的了解，或者特别适合的模型，最开始用户可以选择 All Quick-To-Train，这个选项会用所有高效的模型对数据训练，能够快速

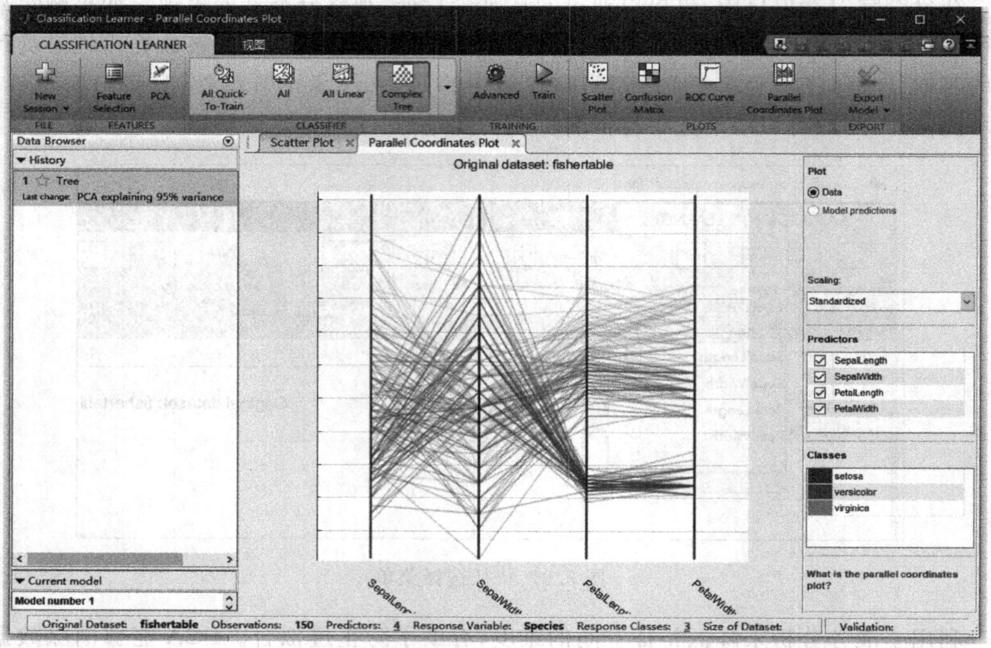

图 3.10 平行坐标图

地得到不同分类器的表现。但是一般来说，不同类型算法有不同的特点，有大概的了解也会有利于用户选择分类器算法。表 3.1 中针对不同类型分类器算法进行了对比。

表 3.1 不同分类器算法特性对比

分类器种类	预 测 速 度	内存需求量	解 释 性
决策树	快	小	容易
判别分析	快	小(线性)、大(其他)	容易
逻辑回归	快	中等	容易
支持向量机	中等(线性核函数)、慢(其他)	中等(线性)、大(非线性)	容易(线性)、较难(非线性)
k 近邻分类	中等	中等	较难
集成分类	取决于集成用的算法	取决于集成用的算法	较难

3.4 工具箱分类学习实例

本节将通过实例来阐述如何使用分类学习器 APP。所述的实例是基于 fisheriris 数据集。中文名为安德森鸢尾花卉数据集(Anderson's Iris Data Set)，也称鸢尾花卉数据集

记笔记

(Iris Flower Data Set)或费雪鸢尾花卉数据集(Fisher's Iris Data Set),是一类多重变量分析的数据集。其数据集包含了150个样本,都属于鸢尾属下的3个亚属,分别是山鸢尾、变色鸢尾和维吉尼亚鸢尾,如图3.11所示。4个特征被用作样本的定量分析,它们分别是花萼和花瓣的长度和宽度。因此算法的任务就是基于这4个特征,利用不同的分类算法来分辨它们到底属于哪个亚属[2]。

图3.11 几种鸢尾花卉

下面介绍利用Classification Learner实现分类算法的步骤。

(1) 在MATLAB命令行窗口中输入命令,进行fisheriris数据集的加载,命令为"fishertable=readtable('fisheriris.csv');"。

(2) 对fisheriris数据集的四项特征的数据进行归一化处理,相应的方法在第1章中已经介绍了较为经典的3种方法,MATLAB中编程实现如下。

min-max标准化(Norminmax.m文件):

```
%% min - max 归一化方法
clear all;
close all;
clc;
fishertable = readtable('fisheriris.csv');   % 导入样本数据,样本数据为Table型
```

记笔记

```
SepalLengthMat = fishertable. SepalLength;        % 取 Table 型数据的 SepalLength 的属性值,
                                                  % 转化为矩阵形式
NorSepalLength = mapminmax(SepalLengthMat');      % 对 SepalLength 数据进行归一化处理
NorSepalLength = NorSepalLength';                 % 行矩阵变为列矩阵
SepalWidthMat = fishertable. SepalWidth;          % 取 Table 型数据的 SepalWidth 的属性值,转
                                                  % 化为矩阵形式
NorSepalWidth = mapminmax(SepalWidthMat');        % 对 SepalWidth 数据进行归一化处理
NorSepalWidth = NorSepalWidth';                   % 行矩阵变为列矩阵
PetalLengthMat = fishertable. PetalLength;        % 取 Table 型数据的 PetalLength 的属性值,
                                                  % 转化为矩阵形式
NorPetalLength = mapminmax(PetalLengthMat');      % 对 PetalLength 数据进行归一化处理
NorPetalLength = NorPetalLength';                 % 行矩阵变为列矩阵
PetalWidthMat = fishertable. PetalWidth;          % 取 Table 型数据的 PetalWidth 的属性值,转
                                                  % 化为矩阵形式
NorPetalWidth = mapminmax(PetalWidthMat');        % 对 PetalWidth 数据进行归一化处理
NorPetalWidth = NorPetalWidth';                   % 行矩阵变为列矩阵
Norfishertable = table ( NorSepalLength, NorSepalWidth, NorPetalLength, NorPetalWidth,
fishertable.Species);                             % 将归一化处理后的数据转化为 Table 型数
                                                  % 据,且添加上已有的标签
```

Z-score 标准化(Norzscore.m 文件):

```
%% Z - score 归一化方法
clear all;
close all;
clc;
fishertable = readtable('fisheriris.csv');        % 导入样本数据,样本数据为 Table 型
SepalLengthMat = fishertable.SepalLength;         % 取 Table 型数据的 SepalLength 的属性值,
                                                  % 转化为矩阵形式
NorSepalLength = zscore (SepalLengthMat');        % 对 SepalLength 数据进行归一化处理
NorSepalLength = NorSepalLength';                 % 行矩阵变为列矩阵
SepalWidthMat = fishertable.SepalWidth;           % 取 Table 型数据的 SepalWidth 的属性值,转
                                                  % 化为矩阵形式
NorSepalWidth = zscore (SepalWidthMat');          % 对 SepalWidth 数据进行归一化处理
NorSepalWidth = NorSepalWidth';                   % 行矩阵变为列矩阵
PetalLengthMat = fishertable.PetalLength;         % 取 Table 型数据的 PetalLength 的属性值,
                                                  % 转化为矩阵形式
NorPetalLength = zscore (PetalLengthMat');        % 对 PetalLength 数据进行归一化处理
```

笔记

```
NorPetalLength = NorPetalLength';                   %行矩阵变为列矩阵
PetalWidthMat = fishertable.PetalWidth;             %取 Table 型数据的 PetalWidth 的属性值,转
                                                    %化为矩阵形式
NorPetalWidth = zscore (PetalWidthMat');            %对 PetalWidth 数据进行归一化处理
NorPetalWidth = NorPetalWidth';                     %行矩阵变为列矩阵
Norfishertable = table( NorSepalLength, NorSepalWidth, NorPetalLength, NorPetalWidth,
fishertable.Species);   %将归一化处理后的数据转化为 Table 型数据,且添加上已有的标签
```

小数点定标标准化(NotBit.m 文件):

```
%% 小数点定标归一化方法
clear all;
close all;
clc;
fishertable = readtable('fisheriris.csv');        %导入样本数据,样本数据为 Table 型
SepalLengthMat = fishertable.SepalLength;         %取 Table 型数据的 SepalLength 的属性值,
                                                  %转化为矩阵形式
Bit = floor(log10(max(abs(SepalLengthMat)))) + 1; %计算出属性值中绝对值最大的数据的位数
if Bit~= 0
    NorSepalLength = (SepalLengthMat')/(Bit * 10); %小数点定标归一化
    NorSepalLength = NorSepalLength';             %行矩阵变为列矩阵
else
    NorSepalLength = SepalLengthMat;              %假如位数为 0,则原数据即为处理后的数据
end
SepalWidthMat = fishertable.SepalWidth;           %取 Table 型数据的 SepalWidth 的属性值,转
                                                  %化为矩阵形式
Bit = floor(log10(max(abs(SepalWidthMat)))) + 1;  %计算出属性值中绝对值最大的数据的位数
if Bit~= 0
    NorSepalWidth = (SepalWidthMat')/(Bit * 10);     %小数点定标归一化
    NorSepalWidth = NorSepalWidth';               %行矩阵变为列矩阵
else
    NorSepalWidth = SepalWidthMat;                %假如位数为 0,则原数据即为处理后的数据
end
PetalLengthMat = fishertable. PetalLength;        %取 Table 型数据的 SepalLength 的属性值,
                                                  %转化为矩阵形式
Bit = floor(log10(max(abs(PetalLengthMat)))) + 1; %计算出属性值中绝对值最大的数据的位数
if Bit~= 0
    NorPetalLength = (PetalLengthMat')/(Bit * 10); %小数点定标归一化
```

记笔记

```
    NorPetalLength = NorPetalLength';                   %行矩阵变为列矩阵
else
    NorPetalLength = PetalLengthMat;                    %假如位数为 0,则原数据即为处理后的数据
end
PetalWidthMat = fishertable.PetalWidth;                 %取 Table 型数据的 SepalLength 的属性值,
                                                        %转化为矩阵形式
Bit = floor(log10(max(abs(PetalWidthMat)))) + 1;        %计算出属性值中绝对值最大的数据的位数
if Bit~= 0
    NorPetalWidth = (PetalWidthMat')/(Bit * 10);        %小数点定标归一化
    NorPetalWidth = NorPetalWidth';                     %行矩阵变为列矩阵
else
    NorPetalWidth = PetalWidthMat;                      %假如位数为 0,则原数据即为处理后的数据
end
Norfishertable = table( NorSepalLength, NorSepalWidth, NorPetalLength, NorPetalWidth,
fishertable.Species);   %将归一化处理后的数据转化为 Table 型数据,且添加上已有的标签
```

(3) 上述 3 种归一化方法中,在本实例中选择第一种方法进行处理。然后,在 MATLAB 的"应用程序"选项卡中选择 Classification Learner。

(4) 经过上一步骤,会出现一个分类学习器窗口(见图 3.2)。在分类学习器窗口中单击 New Session 按钮,此时将出现一个用于数据处理的窗口。依照 3.3 节介绍的方法进行设置,分别设置 Predictors 和 Response 及一些关于交叉验证的参数,本实例采用默认设置。之后单击该窗口右下角的 Start Session 按钮。此时,分类学习器创建了一个数据的散点图,如图 3.12 所示,与 3.3 节中的图 3.8 对比,可发现散点的分布形式没有发生变化,仅仅是坐标轴的范围发生了改变,这就是对数据进行归一化后的数据结果。用户可以通过选择不同的特征来绘图,从而观察哪些变量能够很好地区分数据。值得注意的是,通过其他方式进行归一化处理,散点的分布形式会有一定的变化。本实例中样本属性特征为 4,且各特征对于训练都有作用,因此不进行删减特征处理及 PCA 主成分分析。

为了应用判别分析算法,单击 CLASSIFICATION LEARNER 选项卡 CLASSIFIER 组中的下拉按钮,选择 All 选项,然后单击 TRAINING 组中的 Train 按钮,此时,就可以开始训练模型了,经过 2～3 分钟的训练后,窗口如图 3.13 所示。同样,也可以在 CLASSIFIER 组中的下拉列表中单独选择决策树算法、SVM、logistic 回归及集成方法。这里为了方便,这里直接选择 All 选项,它会对训练数据应用所有的可用的分类器。

在图 3.13 中的左侧可以看到总共应用了 22 个分类算法,最好的分辨率达到了 96.7%的识别率,相应的识别算法包括 ComplexTree、Medium Tree、Simple Tree、Quadratic SVM、Medium Gaussian SVM。需要具体了解训练算法的相关参数及训练时间,可单击相应算法,则在其左下角的 Current model 窗格中显示。

记笔记

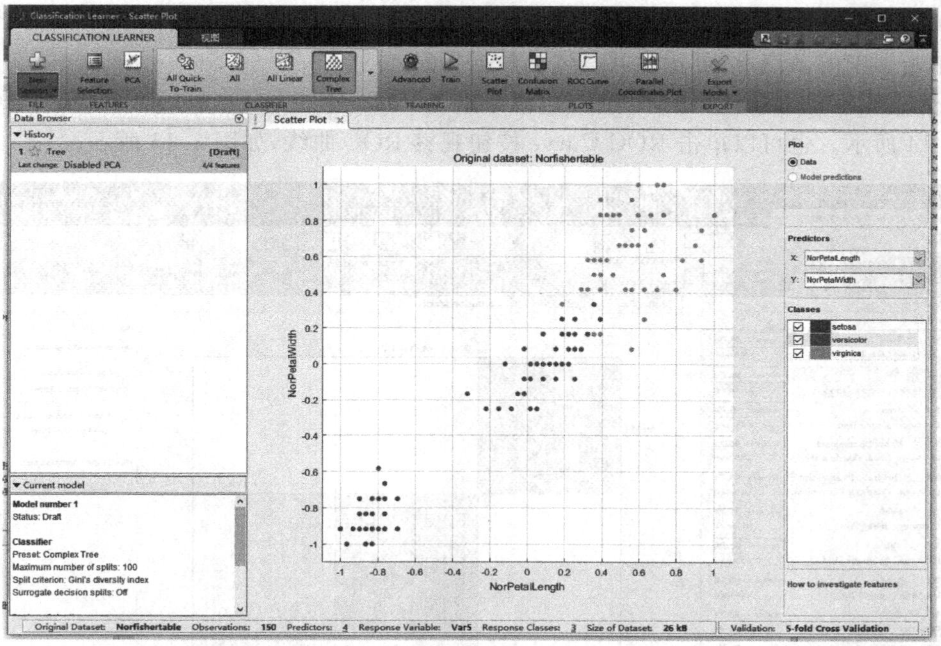

图 3.12 归一化后的数据可视化

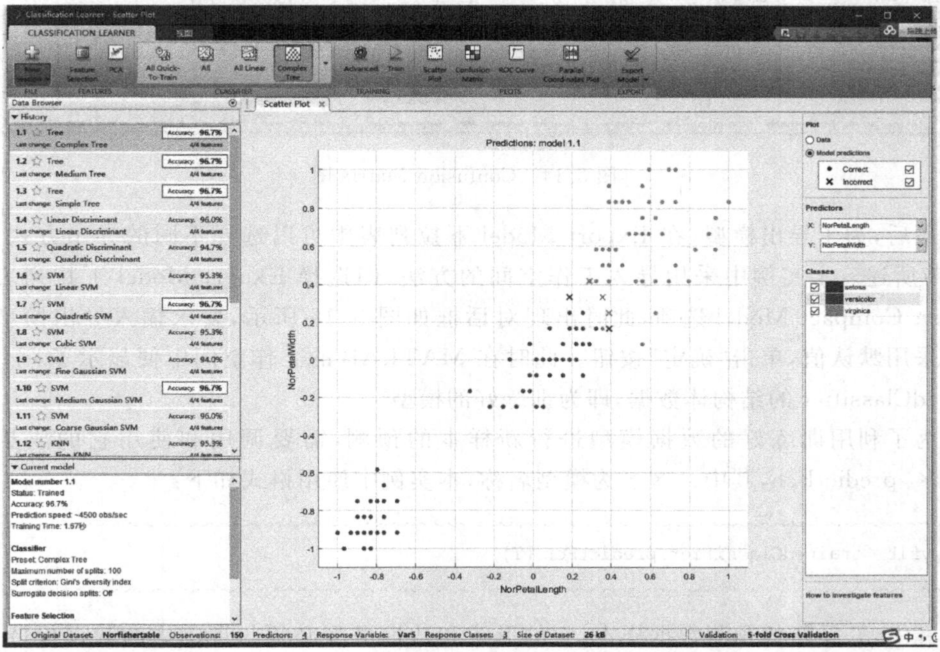

图 3.13 各个分类器在 fisheriris 数据集上的表现

记笔记

另外，在图 3.13 的散点显示图中，可发现显示为“X”的点，这些点表示预测错误的点，单击图中的散点，可显示出其具体的数据信息。

为了观察每个类预测的准确率，可以单击 PLOTS 组中的 Confusion Matrix 按钮，如图 3.14 所示。也可以单击 ROC Curve 按钮观察 ROC 曲线，如图 3.15 所示。

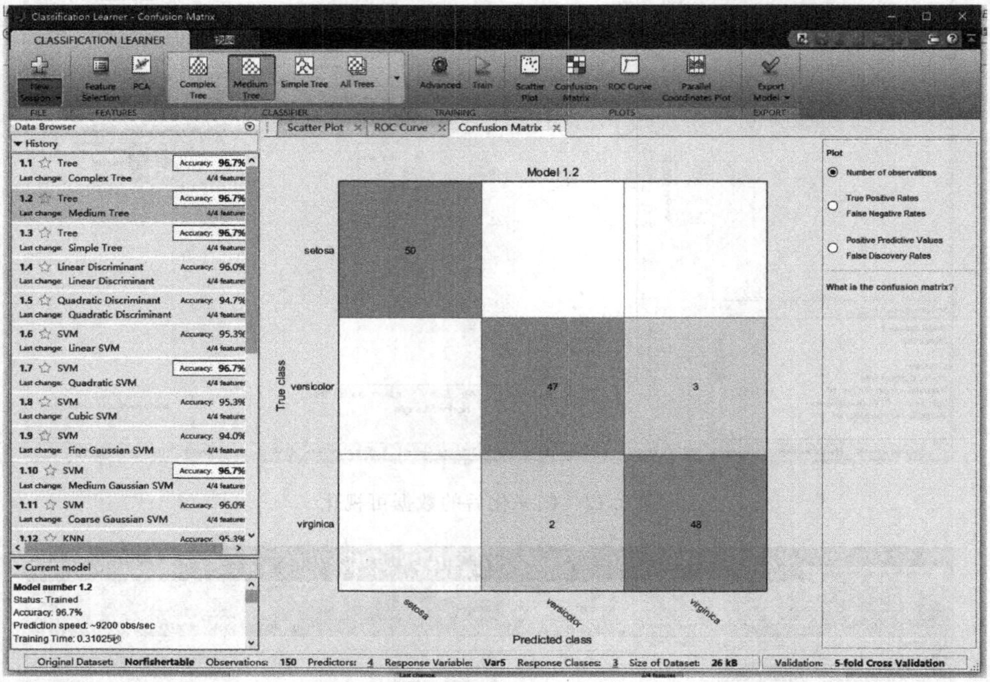

图 3.14　Confusion Matrix 图

最后，为了导出模型，在 Export Model 下拉列表中可以选择不同的导出方式，参见 3.2 节所述。本实例中采用导入工作空间的方法，即选择 Export Model 下拉列表中的 Export Compact Model 选项，此时出现对话框如图 3.16 所示，要求输入导出模型的名称。采用默认值，单击“确定”按钮。此时在 MATLAB 的工作空间中便显示了一个名为 trainedClassifier 的结构体数据，即为训练好的模型。

为了利用训练好的数据模型进行新样本的预测，需要调用和使用它的成员函数×××. predictFcn，其中×××为模型名称，本实例中使用格式如下：

```
yfit = trainedClassifier.predictFcn (T),
```

其中，T 是新的预测数据样本，它的形式和数据类型必须与训练中的数据保持一致，且不包含标签。另外，值得注意的是，需要对样本数据采用同样的归一化方法进行处理，

记笔记

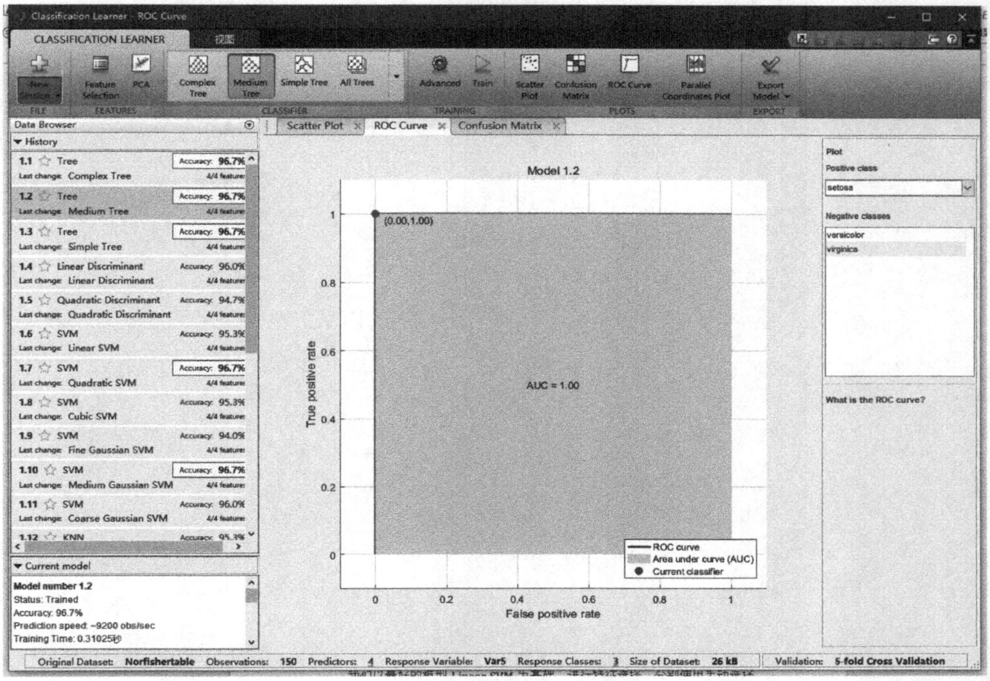

图 3.15 ROC 曲线

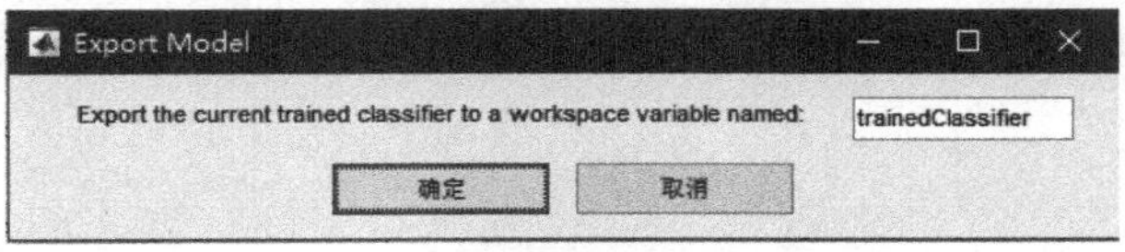

图 3.16 命名模型名称

之后才能进行预测。

参考文献

[1] https://www.mathworks.com/products/statistics.html.

[2] https://zh.wikipedia.org/wiki/%E5%AE%89%E5%BE%B7%E6%A3%AE%E9%B8%A2%E5%B0%BE%E8%8A%B1%E5%8D%89%E6%95%B0%E6%8D%AE%E9%9B%86.

记笔记

第三部分

机器学习算法与MATLAB实践篇

在本书的第 1 章表 1.2 中详细地对经典的机器学习算法进行了分类：监督学习、无/非监督学习、强化学习。本部分将详细介绍三类算法中较为经典的算法。

第 4～11 章为监督学习算法，第 12～17 章为无/非监督学习算法，第 18 章和第 19 章为强化学习算法。每一章都对最基本的算法进行了原理介绍与公式推导，同时，利用具体实例讲解算法的实现过程及步骤，最后，基于 MATLAB 平台编写机器学习算法，或者调用 MATLAB 内部集成的机器学习算法函数，详细介绍参数含义，并进行代码分析。

记笔记

第4章

k近邻算法

源码

4.1 k 近邻算法原理

k 近邻(k-Nearest Neighbor,KNN)分类算法是一个理论上比较成熟的方法,也是最简单的机器学习算法之一。该方法的思路是:如果一个样本在特征空间中的 k 个最相似(即特征空间中最邻近)的样本中的大多数属于某一个类别,则该样本也属于这个类别[1,2]。

4.1.1 k 近邻算法实例解释

为了便于读者理解,以下使用实例的方法进行讲解。如图 4.1 所示(详见文前彩插),有两类不同的样本数据,分别用蓝色的小正方形和红色的小三角形表示,而图正中间绿色圆标示的数据则是待分类的数据。也就是说,现在并不知道中间那个绿色的数据是从属于哪一类(蓝色小正方形或红色小三角形),下面,需要解决的问题就是给这个绿色的圆分类。

人常说,物以类聚,人以群分,判别一个人是一个什么样品质特征的人,常常可以从他/她身边的朋友入手,所谓观其友,而识其人。要判别图 4.1 中绿色的圆是属于哪一类数据,可以从它的邻居下手。但一次性看多少个邻居呢?从图 4.1 中还能看到:如果 $k=3$,绿色圆点的最近的 3 个邻居是 2 个红色小三角形和 1 个蓝色小正方形,少数从属于多数,基于统计的方法,判定绿色的这个待分类点属于红色的三角形一类。

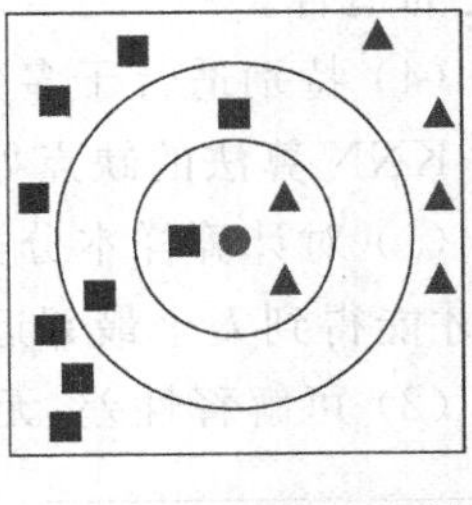

图 4.1　k 近邻算法实例图

笔记

如果 $k=5$,绿色圆点的最近的 5 个邻居是 2 个红色三角形和 3 个蓝色的正方形,还是少数从属于多数,基于统计的方法,判定绿色的这个待分类点属于蓝色的正方形一类。

因此,当无法判定当前待分类点是从属于已知分类中的哪一类时,可以依据统计学的理论看它所处的位置特征,衡量它周围邻居的权重,而把它归为(或分配)到权重更大的那一类。这就是 k 近邻算法的核心思想。KNN 算法中,所选择的邻居都是已经正确分类的对象。该方法在判定属于哪一类的决策时,只依据最邻近的一个或者几个样本的类别来决定待分样本所属的类别。

k 近邻算法使用的模型实际上对应于特征空间的划分。k 值的选择、距离度量和分类决策规则是该算法的 3 个基本要素。

k 值的选择会对算法的结果产生重大影响。k 值较小意味着只有与输入实例较近的训练实例才会对预测结果起作用,但容易发生过拟合;如果 k 值较大,优点是可以减少学习的估计误差,但缺点是学习的近似误差增大,这时与输入实例较远的训练实例也会对预测起作用,使预测发生错误。在实际应用中,k 值一般选择一个较小的数值,通常采用交叉验证[①]的方法来选择最优的 k 值。

算法中的分类决策规则往往是多数表决,即由输入实例的 k 个最邻近的训练实例中的多数类决定输入实例的类别。

距离度量一般采用 L_p(欧氏距离)表示,在度量之前,应该将每个属性的值规范化,这样有助于防止具有较大初始值域的属性比具有较小初始值域的属性的权重大。

4.1.2 k 近邻算法的特点

KNN 算法的优点如下。

(1) 简单、有效、复杂度低、无须参数估计、无须训练。

(2) 精度高,对噪声不敏感。

(3) 由于 KNN 方法主要靠周围有限的邻近的样本,而不是靠判别类域的方法来确定所属类别的,因此对于类域的交叉或重叠较多的待分样本集来说,KNN 方法较其他方法更为适合。

(4) 特别适合于多分类问题,其表现性能比 SVM 效果更好。

KNN 算法的缺点如下。

(1) 对计算样本分类时,计算量大,每一个待分类的样本要与全体已知样本计算距离,才能得到 k 个最邻近点。

(2) 可解释性差,无法像决策树算法(第 5 章将介绍)一样有效解释。

---

① 交叉验证也称为循环估计,是将一个样本集分割成两个子集,一个作为训练数据用,一个作为测试数据用。之所以说循环,是因为分割的操作不会只进行一次,而是会循环进行,保证所有样本均有测试数据和训练数据的机会。

记笔记

(3) 样本不均衡时，如果一个类样本容量很大，而其他样本容量很小时，有可能导致当输入一个新样本时，该样本的 k 个邻近样本中很可能该类占大多数。

(4) 该算法比较适用于样本容量比较大的类域的自动分类，而那些样本容量较小的类域采用该算法容易产生误分。

(5) k 值的选取对分类效果有较大影响。

4.2　基于 k 近邻算法的算法改进

在上一节中提到 KNN 算法的相应缺点，针对算法缺点，研究者不断地进行算法改善，如改进距离函数、改进邻距离大小等，并衍生出一系列算法，如快速 KNN 算法[Fast KNN(FKNN)]、k-d 树 KNN 算法(k-dimensional tree KNN)、基于属性值信息熵的 KNN 算法(Entropy-KNN)、基于直推信度机 KNN 算法[Transductive Confidence Machines KNN(TCM-KNN)]等[3,4]。

由于在算法运行时，测试样本需要与所有样本的属性进行计算，然而属性中往往会包含不相关属性或相关性较低属性，此时标准的欧氏距离将会变得不准确，且消耗大量的计算资源。当出现许多不相关属性时称为维数灾难，KNN 对此特别敏感。对于此问题可进行如下改进。

(1) 消除不相关属性即特征选择。该步骤在数据的预处理时进行。

(2) 属性加权。即将属性权值引入到 KNN 算法中。原始的 KNN 算法计算距离公式如式(4.1)所示，引入权值后，其距离公式如式(4.2)所示。

$$d_{ij}=\left\{\sum_{h=1}^{n}(a_{ih}-a_{jh})^2\right\}^{1/2} \tag{4.1}$$

$$d_{ij}=\left\{\sum_{h=1}^{n}w_h(a_{ih}-a_{jh})^2\right\}^{1/2} \tag{4.2}$$

式中，d_{ij} 表示样本 i 与样本 j 之间的距离；n 表示属性总数；a_{ih} 表示样本 i 中的第 h 个属性；w_h 表示第 h 个属性的权重。权重引入的另一个好处是均衡属性值，假设样本属性 a 和属性 b 其对分类的影响作用是一样的，但属性 a 的属性值变化区间为 1～10，而属性 b 的属性值变化区间为 1～100，通过欧式距离计算的方法，此时，明显属性 b 对分类的影响作用大于属性 a 的影响，这种情况是不合理的。因此，通过引入权重可以起到属性均衡的作用，类似于归一化处理。

为了在一定程度上解决前述缺点(3)，KNN 算法通过引入改进邻距离大小方法进行改善，原始 KNN 算法中实例邻近的类别被认为概率是相同的，该方法是引入与距离成反比的相似度参数。原始的 KNN 算法计算分类时，每类权重公式如式(4.3)所示，引入相似度参数后，其权重计算公式如式(4.4)所示。

记笔记

$$p(x,C_j)=\sum_{i=1}^{k}P_a(a_i,C_j) \tag{4.3}$$

$$p(x,C_j)=\sum_{i=1}^{k}\mathrm{Sim}(a_i,x)P_a(a_i,C_j) \tag{4.4}$$

假设待分类样本 x 的 k 个最近邻样本共分为 j 类，式中，$p(x,C_j)$ 表示待分类样本 x 属于 j 类的权值。$\mathrm{Sim}(a_i,x)$ 表示最近邻样本 a_i 与 x 之间的相似度，其可表示为 a_i 与 x 之间欧式距离的倒数，另外：

$$P_a(a_i,C_j)=\begin{cases}1 & a_i\text{ 是类别 }C_j\text{ 的样本}\\ 0 & a_i\text{ 不是类别 }C_j\text{ 的样本}\end{cases}$$

4.2.1 快速 KNN 算法

快速 KNN 算法(Fast KNN,FKNN)的主要目的是解决计算速度问题，使 KNN 算法在计算大样本数据时，不产生计算爆炸的现象。FKNN 算法的主要思想是将样本进行排序，在有序的样本队列中搜索 k 个最邻近样本，从而减少搜索时间。

FKNN 算法首先确定一个基准点 R，根据各样本到 R 的距离建立有序的队列①，并建立一张关于有序的索引表②。在给定待分类样本 x 后，首先计算 x 到 R 的距离 d_{xR}，然后在有序的样本索引表中查找距离 R 最接近 d_{xR} 的样本 q，之后，以样本 q 为中心，确定 q 在索引表中的前后样本 q_1 和 q_2，然后，根据这两个样本截取有序队列中所有属于这两个样本间的样本，并计算其与待测样本 x 的距离，最终选取 k 个距离最近样本，此时，即找到了 k 个近邻样本。

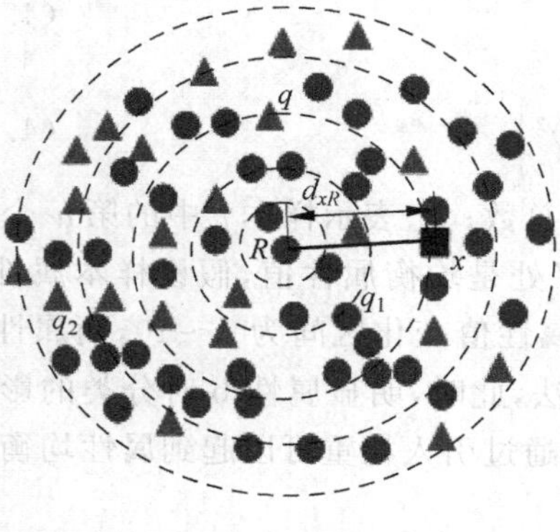

图 4.2 FKNN 算法原理

假设样本属性空间为二维，通过实例分析 FKNN 算法原理。由于样本属性空间为二维，因此其样本可表示在二维平面上，如图 4.2 所示。FKNN 算法具体执行步骤如下。

(1) 随机选择一个样本作为基准点，假设点 $R(r_1,r_2)$，r_1,r_2 为属性值。

(2) 计算每个样本到 R 的距离 d，并采用排序的方法，形成一个有序的队列 Queue。

(3) 为了考虑读盘查找及搜索的快速性，在大样本的情况下，可建立索引表。索引表中登记有序

① 队列中包含所有样本到 R 的距离 d、样本类别、特征向量。

② 在大样本情况下，索引表并不是包含所有样本，而是每间隔一段距离选取一个样本。

记笔记

样本队列中的第 1,1+L,1+2L,…,1+iL,…($1 \leqslant i \leqslant [m/L]$),[]表示取整。

(4) 给定待分类样本 x,计算 x 到 R 的距离 d_{xR},在索引表中查找与 R 最接近的样本 q,以样本 q 为中心,确定 q 在索引表中的前后样本 q_1 和 q_2,然后,根据这两个样本截取有序队列中所有属于这两个样本间的样本,并计算其与待测样本 x 的距离,最终选取 k 个距离最近样本。

(5) 根据式(4.4)确定样本 x 的分类。

图 4.2 中,虚线圆是以 R 为圆心,以索引表中的各个体与 R 的距离为半径绘制的距离分界线。方框为待分类样本,圆形及三角形为已知类别的样本。

通过 FKNN 算法,相对于传统的 KNN 算法,减少了大量的关于待分类样本与样本间距离的计算,在保证精度的前提下,提高了算法的执行效率。

4.2.2 *k*-d 树 KNN 算法

k-d 树(k-dimensional 树的简称)是一种分割 k 维数据空间数据结构的方法,主要应用于多维空间关键数据的搜索(如范围搜索和最近邻搜索)。k-d 树是二进制空间分割树的特殊的情况。k-d 树 KNN 算法则是将 k-d 树的方法运用到 KNN 算法中,目的是实现快速计算[5,6]。

以一个简单直观的实例来介绍 k-d 树算法。假设有 6 个二维数据点{(2,3),(5,4),(9,6),(4,7),(8,1),(7,2)},数据点位于二维空间内,如图 4.3(a)中黑点所示。k-d 树算法就是要确定图 4.3 中这些分割空间的分割线(多维空间即为分割平面,一般为超平面)。下面将一步步展示 k-d 树是如何确定这些分割线的。

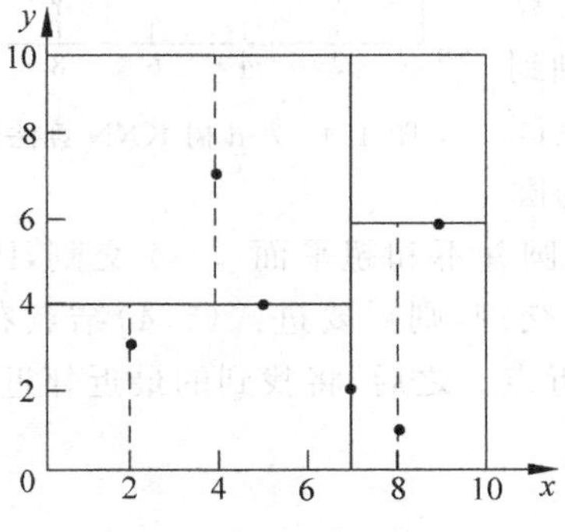

(a)

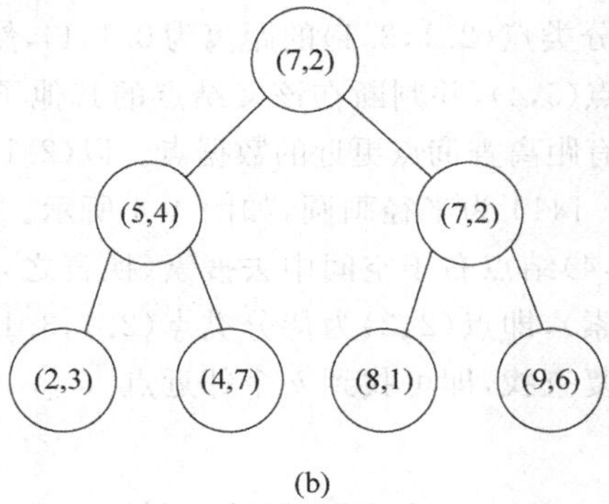

(b)

图 4.3 k-d 树算法实例

数据维度只有二维,所以可以简单地给 x、y 两个方向轴编号为 0 和 1,也即 split={0,1}。

记笔记

(1) 确定 split 域的首选值。分别计算 x、y 方向上数据的方差得知 x 方向上的方差最大，所以 split 值首先取 0，也就是 x 轴方向。

(2) 确定结点值(Node-data)。根据 x 轴方向的值 2、5、9、4、8、7 排序选出中值为 7，所以 Node-data=(7,2)。这样，该结点的分割超平面就是通过(7,2)并垂直于 split=0(x 轴)的直线 $x=7$。

(3) 确定左子空间和右子空间。分割超平面 $x=7$ 将整个空间分为两部分，如图 4.3 所示。$x\leqslant 7$ 的部分为左子空间，包含 3 个结点{(2,3)，(5,4)，(4,7)}；另一部分为右子空间，包含两个结点{(9,6)，(8,1)}。

(4) k-d 树的构建是一个递归的过程。然后，对左子空间和右子空间内的数据重复根结点的过程就可以得到下一级子结点(5,4)和(8,1)(也就是左右子空间的根结点)，同时将空间和数据集进一步细分。如此反复直到空间中只包含一个数据点，如图 4.3(a)所示。最后生成的 k-d 树如图 4.3(b)所示。

将 k-d 树算法的事项运用到 KNN 算法中，形成 k-d 树的 KNN 算法，其思想是用 k-d 树快速查找邻近点。同样运用实例进行讲解，如图 4.4 所示。

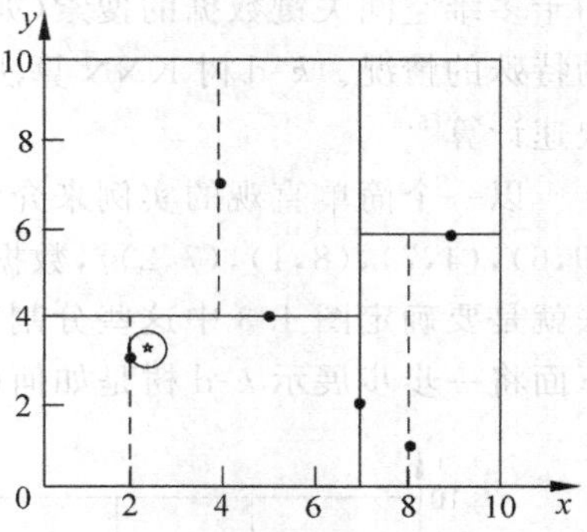

图 4.4 k-d 树 KNN 算法实例

星号表示待分类的点(2.1,3.1)。通过二叉搜索，顺着搜索路径很快就能找到最邻近的近似点，也就是先从(7,2)点开始进行二叉查找，通过计算距离的方法，先到达(5,4)，最后到达叶子结点(2,3)。而找到的叶子结点并不一定就是最邻近的，最邻近肯定距离查询点更近，应该位于以查询点为圆心且通过叶子结点的圆域内。为了找到真正的最近邻，还需要进行“回溯”操作。首先以(2,3)作为当前邻近点，计算其到待分类点(2.1,3.1)的距离为 0.1414，然后回溯到其父结点(5,4)，并判断在该父结点的其他子结点空间中是否有距离查询点更近的数据点。以(2.1,3.1)为圆心，以 0.1414 为半径画圆，如图 4.4 所示。发现该圆并不和超平面 $y=4$ 交割，因此不用进入(5,4)结点右子空间中去搜索(换言之，如果有交割，则需要进入(5,4)结点右子空间中去搜索)，即点(2,3)为待分类点(2.1,3.1)的邻近点。之后，将找到的最近邻近点去掉，进行往复查找，即可找到 k 个邻近点。

4.3 k 近邻算法的 MATLAB 实践

基于 KNN 的相关算法，已成功应用于手写体识别、数字验证码识别、文本分类、聚类分析、预测分析、模式识别、图像处理等。对于如何实现 KNN 算法，针对传统 KNN 算法，

笔记

可分为 7 步。

(1) 初始化距离值为最大值,便于在搜索过程中迭代掉。

(2) 计算待分类样本和每个训练样本的距离 dist。

(3) 得到目前 k 个最邻近样本中的最大距离 maxdist。

(4) 如果 dist 小于 maxdist,则将该训练样本作为 k 最邻近样本。

(5) 重复步骤(2)、(3)、(4),直到未知样本和所有训练样本的距离都算完。

(6) 统计 k 邻近样本中每个类标号出现的次数。

(7) 选择出现频率最大的类标号作为未知样本的类标号。

下面通过 MATLAB 实例的方法,演示 KNN 算法的具体应用。假设,有一个具体应用为区分某一电影为动作片还是武侠片。首先,需要建立已知标签的样本,通过人工统计或数字图像处理技术统计众多电影中打斗镜头和接吻镜头数,并对相应的电影进行标签标注。之后,如果有一部未看过的电影,如何通过机器计算的方式判断其为动作片还是爱情片。此时,就可以使用 KNN 算法解决。

为了方便起见,对于有标签的数据样本通过 MATLAB 随机生成,其主要利用两个随机高斯分布生成两类数据(假设打斗镜头数、接吻镜头数可为小数),并对第一类数据(假设为动作片)标记为 1,另一类数据(假设为爱情片)标记为 2。

待检测样本分别为接吻镜头数 3~7 遍历和打斗镜头数 3~7 遍历产生的 25 个数据,通过 KNN 算法,对电影类别的判断结果如图 4.5 所示(详见文前彩插),其中"·"表示动作片,"*"表示爱情片。编写代码实现 KNN 算法如下(KNN_Self.m 文件):

```
%% KNN 算法 MATLAB 实现
clear all;
close all;
clc;
%% 利用高斯分布,生成动作片数据和标签
aver1 = [8 3];                              % 均值
covar1 = [2 0;0 2.5];                       % 二维数据的协方差
data1 = mvnrnd(aver1,covar1,100);           % 产生高斯分布数据
for i = 1:100                               % 令高斯分布产生数据中的复数为 0
    for j = 1:2                             % 因为打斗镜头数和接吻镜头数不能为负数
        if data1(i,j)<0
            data1(i,j) = 0;
        end
    end
end
label1 = ones(100,1);                       % 将该类数据的标签定义为 1
plot(data1(:,1),data1(:,2),'+');            % 用 + 绘制出数据
```

```
axis([-1 12 -1 12]);                        %设定两坐标轴范围
xlabel('打斗镜头数');                        %标记横轴为打斗镜头数
ylabel('接吻镜头数');                        %标记纵轴为接吻镜头数
hold on;
 %% 利用高斯分布,生成爱情片数据和标签
aver2 = [3 8];
covar2 = [2 0;0 2.5];
data2 = mvnrnd(aver2,covar2,100);           %产生高斯分布数据
for i = 1:100                               %令高斯分布产生数据中的复数为 0
    for j = 1:2                             %因为打斗镜头数和接吻镜头数不能为负数
        if data2(i,j)< 0
            data2(i,j) = 0;
        end
    end
end
plot(data2(:,1),data2(:,2),'ro');          %用 ro 绘制出数据
label2 = label1 + 1;                        %将该类数据的标签定义为 2
data = [data1;data2];
label = [label1;label2];
K = 11;                                     %两个类,一般 K 取奇数有利于测试数据属于哪个类
 %测试数据,KNN 算法看这个数属于哪个类,测试数据共计 25 个
 %打斗镜头数遍历 3～7,接吻镜头数也遍历 3～7
for movenum = 3:1:7
    for kissnum = 3:1:7
        test_data = [movenum kissnum];      %测试数据,为 5X5 矩阵
        %下面开始 KNN 算法,显然这里是 11NN
        %求测试数据和类中每个数据的距离,欧式距离(或马氏距离)
        distance = zeros(200,1);
        for i = 1:200
            distance(i) = sqrt((test_data(1) - data(i,1)).^2 + (test_data(2) - data(i,
2)).^2);
        end
        %选择排序法,只找出最小的前 K 个数据,对数据和标号都进行排序
        for i = 1:K
            ma = distance(i);
            for j = i + 1:200
                if distance(j)< ma
                    ma = distance(j);
                    label_ma = label(j);
```

笔记

```
                    tmp = j;
                end
            end
            distance(tmp) = distance(i);          % 排数据
            distance(i) = ma;
            label(tmp) = label(i);                % 排标签
            label(i) = label_ma;
        end
        cls1 = 0;                                 % 统计类 1 中距离测试数据最近的个数
        for i = 1:K
            if label(i) == 1
                cls1 = cls1 + 1;
            end
        end
        cls2 = K - cls1;                          % 类 2 中距离测试数据最近的个数
        if cls1 > cls2
            plot(movenum,kissnum, 'k.');          % 属于类 1(动作片)的数据画小黑点
        else
            plot(movenum,kissnum, 'g*');          % 属于类 2(爱情片)的数据画绿色 *
        end
        label = [label1;label2];                  % 更新 label 标签排序
    end
end
```

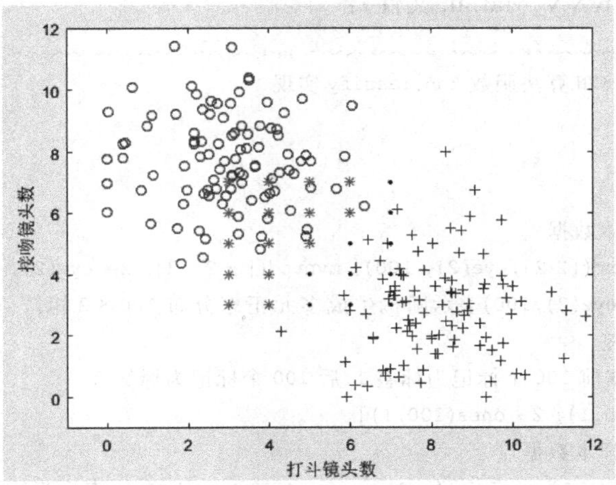

图 4.5　KNN 算法电影类型分类

上述是通过自己编写代码实现 KNN 算法，会发现代码极其冗长，尽管大多数时候网上能够找到一定的资料，但是需要不断地调试和运行代码，才能够编写出适合自身应用的代码。对于初学者而言，将严重打击其积极性，并且对于偏向应用的研究者，更关注的是如何快速应用，而不是编写和调试代码。

鉴于以上，作者想告诉读者的是，其实 MATLAB 内部早已经将大量算法的代码进行了封装，并提供标准的接口，以便于应用。这也是为什么作者选择 MATLAB 这一数学平台工具作为初学者入门的原因。

在 MATLAB 中，进行 KNN 算法进行分类的最基本函数为 CLASS＝knnclassify(SAMPLE，TRAINING，GROUP)，其中，SAMPLE 表示待分类样本矩阵；TRAINING 表示已知标签的样本矩阵；GROUP 表示已知标签样本的标签；CLASS 为 KNN 算法计算后得到的 SAMPLE 分类样本的标签。函数中没有定义 KNN 算法中的 K 值，表示此时采用默认值 1。对于 MATLAB 中调用 CLASS＝knnclassify(SAMPLE，TRAINING，GROUP，K)，将定义 KNN 算法中的 K 值。另外，CLASS＝knnclassify(SAMPLE，TRAINING，GROUP，K，DISTANCE)中，参数 DISTANCE 表示对距离计算方法的选择，在调用前两个函数时，都采用欧氏距离，同时，距离也可按照需求进行定义，其可选参数包括 euclidean、cityblock、cosine correlation 和 Hamming。

读者可在 MATLAB 的命令行窗口中输入 help knnclassify，然后按 Enter 键，即可详细查看 knnclassify 算法的使用方法，以及各参数的意义。下面利用 knnclassify 进行 KNN 算法分类的具体实现，其运行结果如图 4.6 所示（详见文前彩插）。其中，×和＊为两类样本数据，○和◇表示待分类样本数据，两种图形表示分成了不同的两类。其中，◇表示分类后的标签与×的样本标签相同，○表示分类后的标签与＊的样本标签相同。编写程序文件如下（KNN_Mat.m 文件）：

```
%%MATLAB 自带 KNN 算法函数 knnclassify 实现
clc
close all;
clear
%生成 200 个样本数据
training = [mvnrnd([2 2],eye(2), 100); mvnrnd([-2 -2], 2*eye(2), 100)];
%mvnrnd([2 2],eye(2),100)表示随机生成多元正态分布 100×2 矩阵,每一列以 2,2 为均值,
%eye(2)为协方差
%200 个样本数据前 100 个标记为标签 1,后 100 个标记为标签 2
group = [ones(100,1); 2*ones(100,1)];
%绘制出离散的样本数据点
gscatter(training(:,1),training(:,2),group, 'rc','*x'); %rc 表示两种颜色,*x 表示两种形状
hold on;
```

笔记

```
%生成待分类样本 20 个
sample = unifrnd( - 2, 2, 20, 2);
%产生一个 100×2 矩阵,这个矩阵中的每个元素为 20~30 连续均匀分布的随机数
K = 3;                                              %KNN 算法中 K 的取值
cK = knnclassify(sample,training,group,K);
gscatter(sample(:,1),sample(:,2),cK,'rc','od');   %rc 表示两种颜色,od 表示两种形状
```

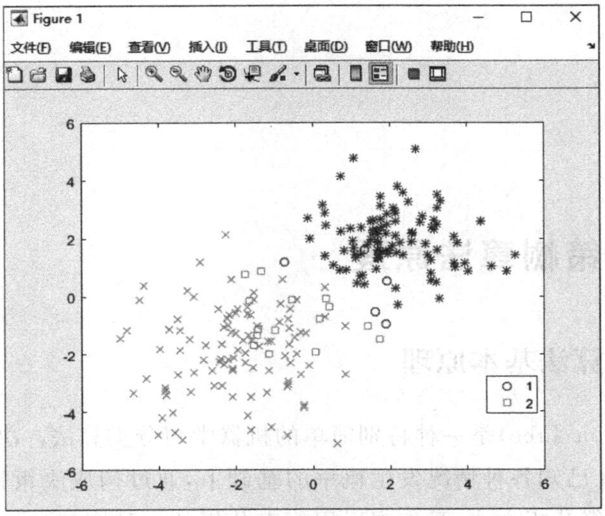

图 4.6　knnclassify 函数的 KNN 分类

参考文献

[1]　李秀娟. KNN 分类算法研究[J]. 科技信息，2009(31)：81,383.

[2]　桑应宾. 基于 k 近邻的分类算法研究[D]. 重庆：重庆大学，2009.

[3]　张著英，黄玉龙，王翰虎. 一个高效的 KNN 分类算法[J]. 计算机科学，2008，35(3)：170-172.

[4]　Hwang W J，Wen K W. Fast KNN Classification Algorithm Based on Partial Distance Search[J]. Electronics Letters，1998，34(21)：2062-2063.

[5]　何妹，吴跃，杨帆，等. 基于 k-d 树和 R 树的多维云数据索引[J]. 计算机应用，2014，11(3218)：3221-3278.

[6]　http://baike.baidu.com/item/kd-tree?sefr=enterbtn.

第5章

决策树

源码

5.1 决策树算法原理

5.1.1 决策树算法基本原理

决策树(Decision Tree)是一种特别简单的机器学习分类算法。决策树想法来源于人类的决策过程,是在已知各种情况发生概率的基础上,通过构成决策树来评价项目风险,判断其可行性的决策分析方法,是直观运用概率分析的一种图解法。由于这种决策分支画成图形很像一棵树的枝干,故称决策树。在机器学习中,决策树是一个预测模型,其代表的是对象属性与对象值之间的一种映射关系。

决策树可看作一个树状预测模型,它是由结点和有向分支组成的层次结构。树中包含 3 种结点:根结点、内部结点、叶子结点。决策树只有一个根结点,是全体训练数据的集合。树中每个内部结点都是一个分裂问题:指定了对实例的某个属性的测试,它将到达该结点的样本按照某个特定的属性进行分割,并且该结点的每一个后继分支对应于该属性的一个可能值。每个叶子结点是带有分类标签的数据集合,即为样本所属的分类[1,2,3]。

为了便于读者理解,用实例的方法解释各概念及决策树算法流程。假设一个应用为推断某个孩子是否出门玩耍,其相应的样本属性包括是否晴天、湿度大小、是否刮风,通过前期统计,带标签的数据如表 5.1 所示,序号 1～6 的数据为样本数据,序号为 7 的数据为待分类数据,即判别在该属性数据情况下是否出门。

记笔记

表 5.1 孩子出门情况统计表

序号	是否晴天	湿度大小	是否刮风	是否出门(标签)
1	是	大	否	不出门
2	是	小	否	出门
3	是	小	是	不出门
4	否	小	是	不出门
5	否	大	否	出门
6	否	大	是	不出门
7	是	小	否	?

通过表 5.1 建立决策树模型,如图 5.1 所示,从图中可看出,首先对数据整体样本(即根结点处)按照某一属性进行决策分支,形成中间结点,之后,递归分支,直到样本划分到一类中,即形成叶子结点。对于表 5.1 中的序号为 7 的待分类样本,将其带入决策树中,首先按是否晴天进行分支,其属性值为“是”时,之后,依据其湿度值为“小”,最后,判断是否刮风为“否”,可判断该数据划分到“出门”这一类中。

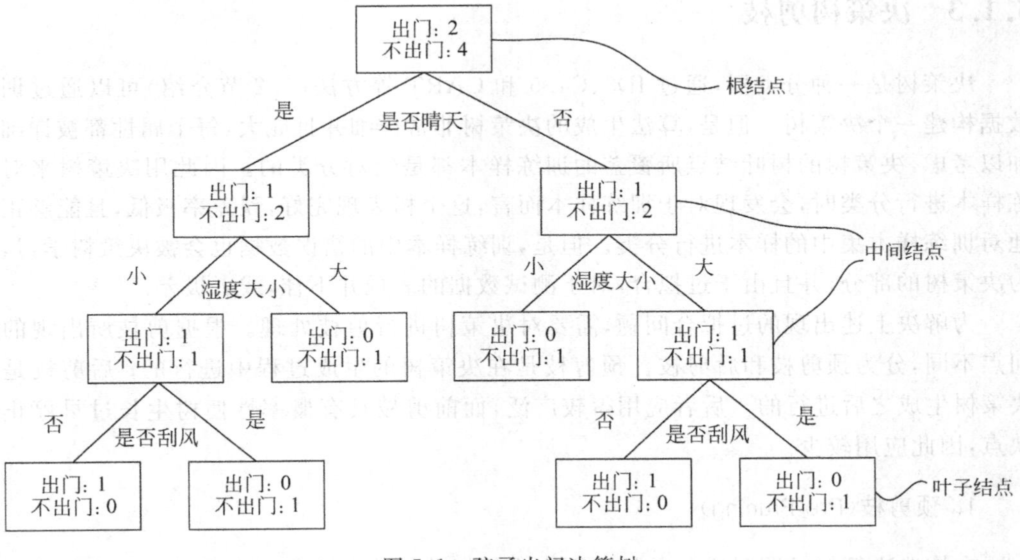

图 5.1 孩子出门决策树

决策树是一种十分常用的分类方法,其通过样本数据学习得到一个树形分类器,对于新出现的待分类样本能够给出正确的分类。对于创建决策树的过程,其步骤如下。

(1) 检测数据集中的每个样本是否属于同一分类。

(2) 如果是,则形成叶子结点,跳转到步骤(5)。如果否,则寻找划分数据集的最好特征(5.2 节将介绍方法)。

记笔记

(3) 依据最好的特征，划分数据集，创建中间结点。

(4) 对每一个划分的子集循环步骤(1)、(2)、(3)。

(5) 直到所有的最小子集都属于同一类时，即形成叶子结点，则决策树建立完成。

5.1.2 决策树算法的特点

决策树算法的优点如下。

(1) 决策树易于理解和实现，用户在学习过程中不需要了解过多的背景知识，其能够直接体现数据的特点，只要通过适当的解释，用户能够理解决策树所表达的意义。

(2) 速度快，计算量相对较小，且容易转化成分类规则。只要沿着根结点向下一直走到叶子结点，沿途分裂条件是唯一且确定的。

决策树算法的缺点则主要是在处理大样本集时，易出现过拟合现象，降低分类的准确性。

5.1.3 决策树剪枝

决策树是一种分类器，通过 ID3、C4.5 和 CART 等方法(5.2 节介绍)可以通过训练数据构建一个决策树。但是，算法生成的决策树非常详细并且庞大，每个属性都被详细地加以考虑，决策树的树叶结点所覆盖的训练样本都是绝对分类的。因此用决策树来对训练样本进行分类时，会发现对于训练样本而言，这个树表现完好，误差率极低，且能够正确地对训练样本集中的样本进行分类。但是，训练样本中的错误数据也会被决策树学习，成为决策树的部分，并且由于过拟合，对于测试数据的表现并不佳，或者极差。

为解决上述出现的过拟合问题，需要对决策树进行剪枝处理。根据剪枝所出现的时间点不同，分为预剪枝和后剪枝。预剪枝是在决策树的生成过程中进行的；后剪枝是在决策树生成之后进行的。后者应用得较广泛，而前剪枝具有概率性使树生长过早停止的缺点，因此应用较少。

1. 预剪枝(Pre-Pruning)

在构造决策树的同时进行剪枝。所有决策树的构建方法都是在无法进一步分枝的情况下才会停止创建分支的过程，为了避免过拟合，可以设定一个阈值，当信息熵[1]减小到小于这个阈值时，即使还可以继续降低熵，也停止继续创建分支，而将其作为叶子结点。

① 信息熵，信息论之父克劳德·艾尔伍德·香农用数学语言阐明概率与信息冗余度的关系，5.2 节将详细介绍。

记笔记

2. 后剪枝(Post-Pruning)

决策树构造完成后进行剪枝。剪枝的过程是对拥有同样父结点的一组结点进行检查,依据熵的增加量是否小于某一阈值,决定叶子结点是否合并。后剪枝是目前最普遍的做法。

后剪枝的剪枝过程是删除一些子树,然后用其叶子结点代替,这个叶子结点所标识的类别通过大多数原则确定。所谓大多数原则,是指剪枝过程中,将一些子树删除而用叶结点代替,这个叶结点所标识的类别用这棵子树中大多数训练样本所属的类别(Majority Class)来标识。

比较常见的后剪枝方法有代价复杂度剪枝 CCP(Cost Complexity Pruning)、错误率降低剪枝 REP(Reduced Error Pruning)、悲观剪枝 PEP(Pessimistic Error Pruning)、最小误差剪枝 MEP(Minimum Error Pruning)等。下面介绍前两种剪枝方法,为读者提供一定的剪枝思路。

(1) 代价复杂度剪枝 CCP。CCP 方法的基本思想是从决策树 T_0 通过剪枝的方式,不断地修剪决策树,其形成一个子树的序列$\{T_0, T_1, \cdots, T_n\}$。其中 T_{i+1} 是 T_i 通过修剪关于训练数据集误差增加率最小的分支得来。对于决策树 T,假设其误差为 $R(T)$,叶子结点数为 $L(T)$,在结点 t 处修剪后,误差为 $R(T_t)$,叶子结点数为 $L(T_t)$,修剪前后误差增加 $R(T_t)-R(T)$,误差增加率为:

$$\alpha = \frac{R(T_t)-R(T)}{L(T)-L(T_t)} \tag{5.1}$$

决策树经过不断修剪,直到误差增加率大于某一设定阈值,则修剪结束。下面利用具体实例进行讲解,假设依靠样本数据形成决策树如图 5.2 所示。其中 A、B 为样本类,x、y、z 为属性,用t_i 表示结点位置。

表 5.2 表示关于图 5.2 决策树的剪枝数据计算过程及结果。

表 5.2 决策树剪枝 α 计算值

T_0	$\alpha(t_4)=0.0125$	$\alpha(t_5)=0.050$	$\alpha(t_2)=0.0292$	$\alpha(t_3)=0.0375$
T_1	$\alpha(t_5)=0.050$	$\alpha(t_2)=0.0375$	$\alpha(t_3)=0.0375$	
T_2	$\alpha(t_3)=0.0375$			

从表 5.2 中可看出,在原始决策树 T_0 行,4 个非叶子结点t_4 中的 α 值最小,因此裁剪 t_4 结点的分支,得到 T_1;在 T_1 行中,虽然t_2 和t_3 的 α 值相同,但是裁剪t_2 能够得到更小的决策树,因此,T_2 是 T_1 裁剪t_2 分支得到的。当然,假设误差增加率的阈值设定为 0.03,裁剪结点t_4 后,形成决策树 T_1 后,裁剪结束。

(2) 错误率降低剪枝 REP。该剪枝方法是根据错误率进行剪枝,如果决策树修剪前后子树的错误率没有下降,就可以认为该子树是可以修剪的。REP 剪枝需要用新的数据

记笔记

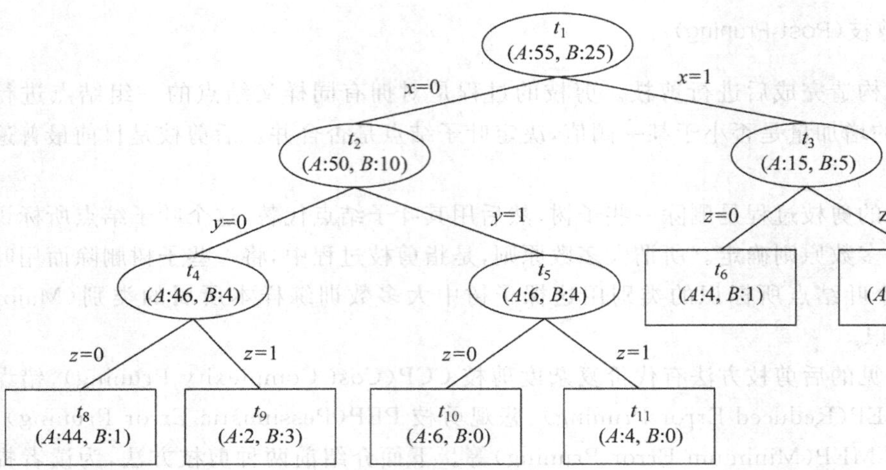

图 5.2 决策树

集进行效果验证。原因是如果用旧的数据集，不可能出现修剪后决策树的错误率比修剪前错误率要高的情况。由于使用新的数据集没有参与决策树的构建，能够降低训练数据的影响，降低过拟合的程度，提高预测的准确率。

5.1.4 分类决策树与回归决策树

通过上述决策树的讲解，对于利用决策树进行分类问题的解决比较容易理解，但是，对于回归问题利用决策树处理往往存在疑惑，下面通过两者对比，理解回归决策树。

以 C4.5 分类决策树为例，C4.5 分类决策树在每次分枝时，是穷举每一个属性的每一个阈值，找到使得按照属性值≤阈值，和属性值>阈值分成的两个分枝的熵最大的阈值，按照该标准分枝得到两个新结点，用同样的方法继续分枝直到所有样本数据都被分入唯一的叶子结点，或达到预设的终止条件，若最终叶子结点中的标签类别不唯一，则以多数人的性别作为该叶子结点的性别。分类决策树使用信息增益或增益比例来划分结点；每个结点样本的类别情况通过多数原则决定。

回归决策树总体流程也是类似，区别在于，回归决策树的每个结点（不一定是叶子结点）都会得到一个预测值，以年龄为例，该预测值等于属于这个结点的所有人年龄的平均值。分枝时穷举每一个属性值的每个阈值找最好的分割点，但衡量最好的标准不再是最大熵，而是最小化均方差。也就是被预测出错的人数越多，错得越离谱，均方差就越大，通过最小化均方差能够找到最可靠的分枝依据。分枝直到每个叶子结点上人的年龄都唯一或达到预设的终止条件（如叶子个数上限），若最终叶子结点上人的年龄不唯一，则以该结点上所有人的平均年龄作为该叶子结点的预测年龄。回归决策树使用最大均方差划分结

记笔记

点；每个结点样本的均值作为测试样本的回归预测值。

5.2 基于决策树算法的算法改进

在 5.1.1 节对于决策树形成步骤介绍时，提到一个概念“数据集的最好特征”，它是决策树形成时进行逐层划分的依据。为了描述这个“最好的特征”，需要引入一个重要的概念“信息熵”[4]。它是 1948 年，香农提出的用于表征信息量大小与其不确定性之间的关系。假设当前样本集合 D 中共包含 n 类样本，其中，第 k 类样本所占的比例为 p_k，$(k=1,2,3,\cdots,n)$，则 D 的信息熵的定义为：

$$\mathrm{Ent}(D)=-\sum_{k=1}^{n}p_k\log_2 p_k \tag{5.2}$$

对于信息熵 $\mathrm{Ent}(D)$，也可以称为信息的凌乱程度，其数值越大，则表示不确定性越大。

5.2.1 ID3 决策树

ID3 决策树算法是指依据上述的信息熵 $\mathrm{Info}(D)$ 进行分叉的算法。为了表征决策树在分叉时属性选择的好坏，通过信息增益量(Information Gain)进行表示：

$$\mathrm{Gain(A)}=\mathrm{Info}(D)-\mathrm{Info\_A}(D) \tag{5.3}$$

式中，$\mathrm{Info}(D)$ 表示数据集 D 的信息量，$\mathrm{Info\_A}(D)$ 表示以属性 A 进行划分时，获得结点关于分类标签的信息量。一般而言，信息增益量越大，则意味着使用属性 A 来进行划分所获得的“纯度提升”越大。因此，可以用信息增益量来进行决策树的划分属性的选择。著名的 ID3 决策树学习算法就是以信息增益量为准则来选择划分属性的[5]。

同样，用简单的实例进行讲解，以便读者能够具体地理解 ID3 算法的执行方法。假设样本数据如表 5.3 所示。

表 5.3 客户购买计算机数据统计表

序号	年龄	收入	学生	信用	购买
1	青年	高	否	差	否
2	青年	高	否	优	否
3	中年	高	否	差	是
4	老年	中	否	差	是
5	老年	低	是	差	是
6	老年	低	是	优	否

笔记

续表

序号	年龄	收入	学生	信用	购买
7	中年	低	是	优	是
8	青年	中	否	差	否
9	青年	低	是	差	是
10	老年	中	是	差	是
11	青年	中	是	优	是
12	中年	中	否	优	是
13	中年	高	是	差	是
14	老年	中	否	优	否

依据表5.3中的数据，进行决策树建立，对于初学者一定开始迷惑，决策树第一次分叉是选择年龄、收入、学生还是信用等级呢？值得庆幸的是，上文中了解到信息增益量这一概念，且信息增益量大的属性越应该作为样本分叉的属性。下面分别计算样本的信息熵 Info(D)及以某属性进行划分时，得到结点的信息量 Info_A(D)。

$$\text{Info}(D)=-\frac{9}{14}\log_2\left(\frac{9}{14}\right)-\frac{5}{14}\log_2\left(\frac{5}{14}\right)=0.940$$

$$\begin{aligned}\text{Info\_年龄}(D)=&\frac{5}{14}\left(-\frac{2}{5}\log_2\left(\frac{2}{5}\right)-\frac{3}{5}\log_2\left(\frac{3}{5}\right)\right)+\frac{4}{14}\left(-\frac{4}{4}\log_2\left(\frac{4}{4}\right)-\frac{0}{4}\log_2\left(\frac{0}{4}\right)\right)+\\&\frac{5}{14}\left(-\frac{3}{5}\log_2\left(\frac{3}{5}\right)-\frac{2}{5}\log_2\left(\frac{2}{5}\right)\right)=0.694\end{aligned}$$

相同方法计算 Info_收入(D)＝0.911，Info_学生(D)＝0.798，Info_信用(D)＝0.892。相应的信息增益量分别为 Gain(年龄)＝0.246，Gain(学生)＝0.151，Gain(信用)＝0.048，Gain(收入)＝0.029。通过大小比较，可知年龄属性的信息增益量最大，因此，此次分叉属性选择年龄属性。分叉后形成的结点包含的数据作为新的数据集，依据上述方法，依次类推，即可建立整个决策树。

5.2.2 C4.5决策树

C4.5是机器学习算法中的一个分类决策树算法，它是决策树核心算法ID3的改进算法。

C4.5决策树实现决策树分叉时，属性的选择是依靠参数“信息增益率”进行的。信息增益率使用“分类信息值”将信息增益规范化[6]。对于属性A信息增益率通过下式进行计算：

$$\text{GainRatio}(A)=\frac{\text{Gain}(A)}{\text{SplitInfo}(A)} \tag{5.4}$$

笔记

式中，Gain(A)可通过上小节的介绍进行计算，SplitInfo(A)表示分类信息值，其公式如下：

$$\text{SplitInfo}(A)=-\sum_{j=1}^{n}\frac{|D_j|}{|D|}\times\log_2\left(\frac{|D_j|}{|D|}\right) \tag{5.5}$$

式中，D 表示数据集中样本个数，n 表示数据集中属性 A 所具有的属性值的个数，j 表示数据集中属性 A 所具有的属性值的标号；D_j 表示数据集中属性 A 的值等于编号 j 对应的值的样本个数。

下面，借助表 5.3 中的数据，对 C4.5 算法进行实例讲解。首先，依据式(5.5)计算。

$$\text{SplitInfo}(\text{年龄})=-\frac{5}{14}\log_2\left(\frac{5}{14}\right)-\frac{4}{14}\log_2\left(\frac{4}{14}\right)-\frac{5}{14}\log_2\left(\frac{5}{14}\right)=1.5774$$

$$\text{SplitInfo}(\text{收入})=-\frac{4}{14}\log_2\left(\frac{4}{14}\right)-\frac{6}{14}\log_2\left(\frac{6}{14}\right)-\frac{4}{14}\log_2\left(\frac{4}{14}\right)=1.5567$$

$$\text{SplitInfo}(\text{学生})=-\frac{7}{14}\log_2\left(\frac{7}{14}\right)-\frac{7}{14}\log_2\left(\frac{7}{14}\right)=1.0$$

$$\text{SplitInfo}(\text{信用})=-\frac{6}{14}\log_2\left(\frac{6}{14}\right)-\frac{8}{14}\log_2\left(\frac{8}{14}\right)=0.9852$$

依据 5.2.1 节计算的 Gain(A)及式(5.4)，可计算 GainRatio(年龄)＝0.156、GainRatio(收入)＝0.0186、GainRatio(学生)＝0.151、GainRatio(信用)＝0.049。信息增益率 GainRatio(年龄)的信息增益率最大，所以选这一属性作为进行分支的属性。

C4.5 算法继承了 ID3 算法的优点，并在以下几方面对 ID3 算法进行了改进。

(1) 用信息增益率来选择属性，克服了用信息增益选择属性时偏向选择取值多的属性的不足。

(2) 在决策树构造过程中进行剪枝。

(3) 能够完成对连续属性的离散化处理。

(4) 能够对不完整数据进行处理。

C4.5 算法的优点是产生的分类规则易于理解，准确率较高；缺点是在构造树的过程中，需要对数据集进行多次的顺序扫描和排序，因而导致算法的低效。此外，C4.5 只适合于能够驻留于内存的数据集，当训练集大得无法在内存容纳时程序无法运行。

5.2.3 分类回归树

分类回归树(Classification And Regression Tree，CART)也属于一种决策树，CART 模型最早由 Breiman 等提出，已经在统计领域和数据挖掘技术中普遍使用。CART 决策树是通过引入 GINI 指数(与信息熵的概念相似)增益 GINI_Gain(A)作为分支时属性的选择依据[7]。

同样，以表 5.3 中的数据为例，进行计算。先以年龄属性为例，介绍计算过程。其中，青年群体中有 3 个未购买，2 个购买，得到：

$$\mathrm{GINI}(\text{年龄：青年}) = 1 - \left[\left(\frac{3}{5}\right)^2 + \left(\frac{2}{5}\right)^2\right] = 0.48$$

其中，中年群体中 4 个都购买，得到：

$$\mathrm{GINI}(\text{年龄：中年}) = 1 - \left[\left(\frac{4}{4}\right)^2\right] = 0$$

其中，老年群体中 3 个购买，2 个未购买，得到：

$$\mathrm{GINI}(\text{年龄：老年}) = 1 - \left[\left(\frac{3}{5}\right)^2 + \left(\frac{2}{5}\right)^2\right] = 0.48$$

对于年龄属性的 GINI 指数增益为：

$$\mathrm{GINI\_Gain}(\text{年龄}) = \frac{5}{14} \times 0.48 + \frac{4}{14} \times 0 + \frac{5}{14} \times 0.48 = 0.3429$$

利用同样的方法，得到，GINI_Gain(收入)＝0.4405，GINI_Gain(学生)＝0.3673，GINI_Gain(信用)＝0.4048。选择最小的 GINI 指数增益作为分支属性，即选择年龄属性进行分支。

5.2.4 随机森林

随机森林指的是利用多棵决策树(类似一片森林)对样本进行训练并预测的一种分类器。该分类器最早由 Leo Breiman 和 Adele Cutler 提出，并被注册成了商标。在机器学习中，随机森林是一个包含多个决策树的分类器，并且其输出的类别是由个别树输出的类别的众数而定。这个方法则是结合 Breiman 的“Bootstrap aggregating”想法和 Ho 的“random subspace method”以建造决策树的集合[8]。

5.3 决策树算法 MATLAB 实践

在 MATLAB 中，为方便用户对决策树算法的使用，MATLAB 中针对分类决策树和回归决策树分别封装了两个函数：fitctree 和 fitrtree。由于分类决策树和回归决策树两者具有极大的相似性，因此 fitctree 和 fitrtree 两者的使用方法也基本一致。

分类决策树 fitctree 函数在决策树进行分支时，采用的是 CART 方法。其使用方法为 TREE＝fitctree(TBL,Y)，其中，TBL 为样本属性值矩阵，Y 为样本标签。利用 MATLAB 中自带的统计 3 种鸢尾属植物样本数据 fisheriris，其属性分别为花萼长度、花萼宽度、花瓣长度、花瓣宽度，标签分别为'setosa'、'versicolor'和'virginica'。具体代码如下(Dectree_Mat.m 文件)：

记笔记

```
%% CART 决策树算法 MATLAB 实现
clear all;
close all;
clc;
load fisheriris                              % 载入样本数据
t = fitctree(meas,species,'PredictorNames',{'SL' 'SW' 'PL' 'PW'})        % 定义 4 种属性显示名称
view(t)                                      % 在命令行窗口中用文本显示决策树结构
view(t,'Mode','graph')                       % 图形显示决策树结构
```

运行后显示结果如图 5.3 所示。

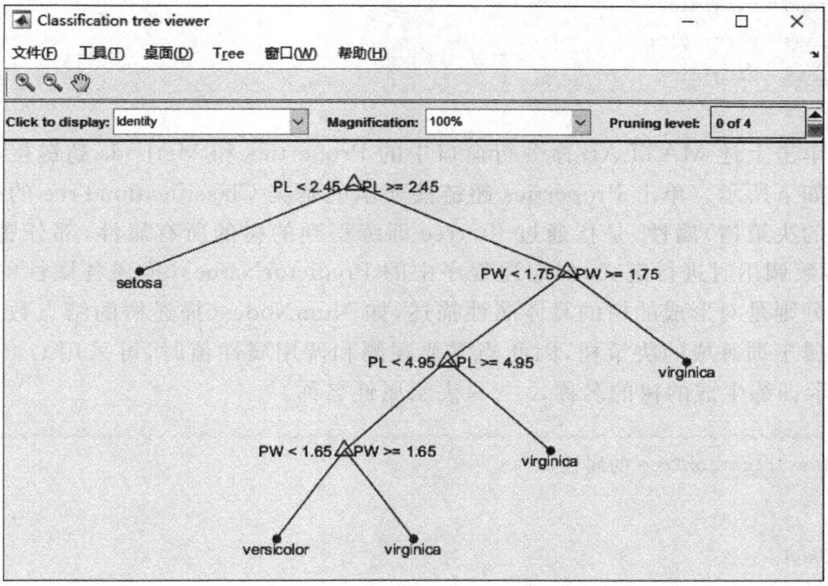

图 5.3　鸢尾属植物决策树分类

MATLAB 命令行窗口显示结果：

```
t =
  ClassificationTree
           PredictorNames: {'SL' 'SW' 'PL' 'PW'}
             ResponseName: 'Y'
    CategoricalPredictors: []
               ClassNames: {'setosa' 'versicolor' 'virginica'}
           ScoreTransform: 'none'
```

记笔记

```
        NumObservations: 150

Properties, Methods————————单击该处两超链接
Decision tree for classification
1  if PL<2.45 then node 2 elseif PL>=2.45 then node 3 else setosa
2  class=setosa
3  if PW<1.75 then node 4 elseif PW>=1.75 then node 5 else versicolor
4  if PL<4.95 then node 6 elseif PL>=4.95then node 7 else versicolor
5  class=virginica
6  if PW<1.65 then node 8 elseif PW>=1.65 then node 9 else versicolor
7  class=virginica
8  class=versicolor
9  class=virginica
```

分别单击上述 MATLAB 命令行窗口中的 Properties 和 Methods 超链接，在窗口中分别显示如下所示。单击 Properties 超链接显示的是类 ClassificationTree 的所有(可理解为生成的决策树)属性，是指通过 fitctree 训练得到的树的所有属性，部分属性值可在 fitctree 函数调用时进行定义，如上述程序中的 PredictorNames(描述各属性的名称)等。另外一部分则是对形成的树的具体属性描述，如 NumNodes(描述树的结点数)等。由于各属性是属于训练成的决策树，因此当需要观测和调用属性值时，可采用 t.×××调用，其中 t 表示训练生成的树的名称，×××表示属性名称。

```
类 ClassificationTree 的属性:
Y
X
RowsUsed
W
ModelParameters
NumObservations
HyperparameterOptimizationResults
PredictorNames
……(此处省略)
```

单击 Methods 超链接显示的是类 ClassificationTree(可理解为生成的决策树)的操作方法。

```
类 ClassificationTree 的方法:
compact   cvloss   margin   prune   resubMargin   view
```

记笔记

```
compareHoldout   edge predict   resubEdge   resubPredict
crossval   loss   predictor   Importance   resubLoss   surrogateAssociation
```

对于属性和方法的具体含义及使用方法，可通过 help ×××查询，×××为属性或方法名。下面介绍决策树的剪枝方法(Prune)和观测方法(View)的基本使用方法。

语法如下：

```
t2 = prune(t1, 'level',levelvalue)
t2 = purne(t1, 'nodes',nodes)
view(t2,'Mode','graph')
```

其中，t1 表示原决策树，t2 表示剪枝后的新决策树，'level'表示按照层进行剪枝，levelvalue 表示剪掉的层数，'nodes'表示按照结点剪枝，nodes 表示减掉该结点后的所有枝。view(t2,'Mode','graph')表示以图形化方式显示 t2 决策树。

针对上述的决策树，进行剪枝，在 MATLAB 命令行窗口中输入：

```
>> t2 = prune(t, 'level',2);      % 裁剪掉第二层之后的决策树结点
>> view(t2,'Mode','graph')
```

经过裁剪后的决策树如图 5.4 所示。

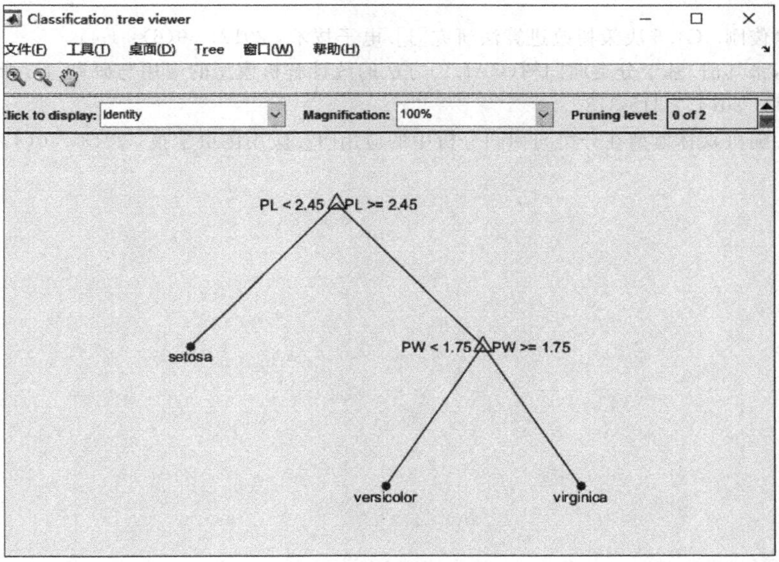

图 5.4　鸢尾属植物裁剪后决策树

经过上述对决策树的剪枝等操作后，就形成了一个具有使用价值的决策树，在MATLAB命令行窗口中输入：

```
>> predict(t2,[1 0.2 0.4 2]);      %[1 0.2 0.4 2]为测试样本数据，为向量或矩阵
```

运行后输出结果如下：

```
ans =
  cell
    'setosa'
```

表示通过决策树分类后，属性值为[1 0.2 0.4 2]的鸢尾属植物为 setosa。

参考文献

[1] 刘小虎，李生. 决策树的优化算法[J]. 软件学报，1998，9(10)：797-800.
[2] 栾丽华，吉根林. 决策树分类技术研究[J]. 计算机工程，2004，30(9)：94-96.
[3] 周志华. 机器学习[M]. 北京：清华大学出版社，2016.
[4] 冯少荣. 决策树算法的研究与改进[J]. 厦门大学学报：自然科学版，2007，46(4)：496-500.
[5] 曲开社，成文丽，王俊红. ID3 算法的一种改进算法[J]. 计算机工程与应用，2003，39(25)：104-107.
[6] 冯帆，徐俊刚. C4.5 决策树改进算法研究[J]. 电子技术，2012，39(6)：1-4.
[7] 张立彬，张其前. 基于分类回归树(CART)方法的统计解析模型的应用与研究[J]. 浙江工业大学学报，2002，30(4)：315-318.
[8] 李欣海. 随机森林模型在分类与回归分析中的应用[J]. 应用昆虫学报，2013，50(4)：1190-1197.

记笔记

第6章

支持向量机

源码

6.1 支持向量机算法原理

6.1.1 支持向量机概述

支持向量机(Support Vector Machine,SVM)是近年来受到广泛关注的一类机器学习算法,以统计学习理论(Statistical Learning Theory,SLT)为基础,由 Corinna Cortes 和 Vapnik 等于 1995 年首先提出的,它在解决小样本、非线性及高维模式识别中表现出许多特有的优势,并能够推广应用到函数拟合等其他机器学习问题中。支持向量机可以分析数据、识别模式、分类和回归分析。

支持向量机算法在解决小样本模式识别中具有较强优势,这里的小样本并不是说样本的绝对数量少,而是说与问题的复杂度相比,SVM 要求的样本数是相对比较少的。实际上,对大部分分类回归算法来说,更多的样本总是能带来更好的效果。SVM 算法擅长应对样本数据线性不可分的情况,主要通过引用核函数技术来实现。

支持向量机将向量映射到一个更高维的空间中,在这个空间中建立一个最大间隔的超平面[①]。在分开数据的超平面的两边建有两个互相平行的临界超平面,建立方向合适的分隔超平面将使两个与之平行的超平面间的距离最大化。其假定为,平行超平面间的距离或差距越大,分类器的总误差越小。

---

① 机器学习过程中的数据点是 n 维实空间中的点。希望能够把这些点通过一个 $n-1$ 维的超平面分开,通常这被称为线性分类器,有很多分类器都符合这个要求。但是还希望找到分类最佳的平面,即使属于两个不同类的数据点间隔最大的那个面,该面也称为最大间隔超平面。

笔记

所以，支持向量机主要有以下几方面的优点。

(1) 算法专门针对有限样本设计，其目标是获得现有信息下的最优解，而不是样本趋于无穷时的最优解。

(2) 算法最终转化为求解一个二次凸规划问题，因而能求得理论上的全局最优解，解决了一些传统方法无法避免的局部极值问题。

(3) 算法将实际问题通过非线性变换映射到高维特征空间中，在高维特征空间中构造线性最佳逼近来解决原空间中的非线性逼近问题。这一特殊性质保证了学习机器具有良好的泛化能力，同时巧妙地解决了维数灾难问题，特别值得注意的是支持向量机算法复杂性与数据维数无关[1]。

6.1.2 支持向量机算法及推导

1. SVM 数学模型的建立

支持向量机是一种通用机器学习算法，是统计学习理论的一种实现方法，其能够较好地实现结构风险最小化思想。将输入向量映射到一个高维的特征空间中，并在该特征空间中构造最优分类面，能够避免在多层前向网络中无法克服的一些缺点，并且理论证明了：当选用合适的映射函数时，大多数输入空间线性不可分的问题在特征空间可以转化为线性可分问题来解决。但是，在低维输入空间向高维特征空间映射过程中，由于空间维数急速增长，这使得在大多数情况下难以直接在特征空间直接计算最佳分类平面。支持向量机通过定义核函数(Kernel Function)，巧妙地利用原空间的核函数取代高维特征空间中的内积运算，即 $k(x_i,x_j)=\varphi(x_i)\cdot\varphi(x_j)$，避免了维数灾难。具体做法为，通过非线性映射把样本向量映射到高维特征空间，在特征空间中，维数足够大，使得原空间数据的像具有线性关系，再在特征空间中构造线性最优决策函数，如图 6.1 所示。

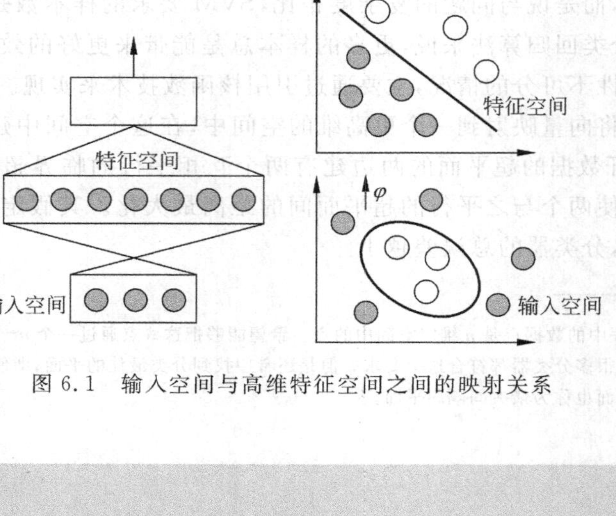

图 6.1　输入空间与高维特征空间之间的映射关系

记笔记

支持向量机具有坚实的数学理论基础，是专门针对小样本学习问题提出的。从理论上来说，由于采用了二次规划寻优，因而可以得到全局最优解，解决了在神经网络中无法避免的局部极小问题。由于采用了核函数，巧妙地解决了维数问题，使得算法复杂度与样本维数无关，非常适合于处理非线性问题。另外，支持向量机应用了结构风险最小化原则，因而支持向量机具有非常好的推广能力[2]。

给定训练样本集 $\boldsymbol{D}=\{(\boldsymbol{x}_1,y_1),(\boldsymbol{x}_2,y_2),\cdots,(\boldsymbol{x}_m,y_m)\}$，$y_i\in\{-1,+1\}$，分类学习最基本的想法就是基于训练集 $\boldsymbol{D}$ 在样本空间中找到一个划分超平面，将不同类别的样本分开。但能将训练样本分开的划分超平面可能有很多，如图 6.2 所示，但是哪一个才是最优的呢，应该选择哪一个呢？

直观上看，应该去找位于两类训练样本"正中间"的划分超平面，即图 6.2 中最中间较粗的那个，因为该划分超平面对训练样本局部扰动处理得最好。例如，由于训练集的局限性或噪声的因素，训练集外的样本可能比图 6.2 中的训练样本更接近两个类的分割界，这将使许多划分超平面出现错误，而中间的超平面受影响最小。

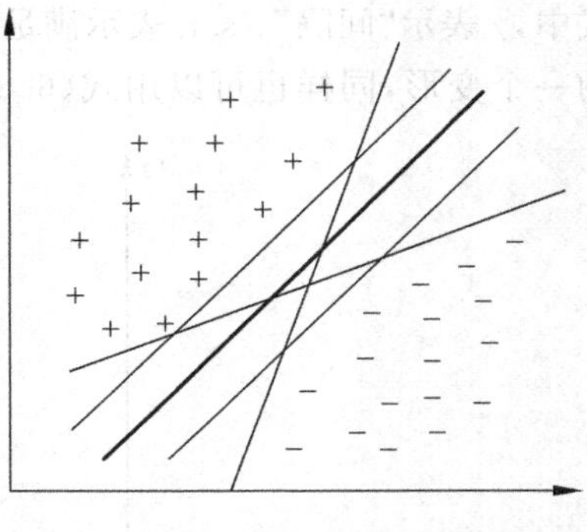

图 6.2 多个划分超平面将两类训练样本分开

在样本空间中，划分超平面可通过如下线性方程来描述。

$$\boldsymbol{w}^{\mathrm{T}}\boldsymbol{x}+b=0 \tag{6.1}$$

式中，$\boldsymbol{w}^{\mathrm{T}}=(w_1,w_2,\cdots,w_n)$ 为法向量，决定了超平面的方向；b 为位移项，是一个标量常数，决定了超平面与原点之间的距离。显然，划分超平面可被法向量 $\boldsymbol{w}$ 和位移项 b 确定，下面将其记为 $(\boldsymbol{w},b)$。样本空间中任意点 $\boldsymbol{x}_i$ 到超平面 $(\boldsymbol{w},b)$ 的距离可写为：

$$r=\frac{|\boldsymbol{w}^{\mathrm{T}}\boldsymbol{x}_i+b|}{\|\boldsymbol{w}\|} \tag{6.2}$$

式中，$\|\cdot\|$ 表示二范数。假设，超平面 $(\boldsymbol{w},b)$ 能将训练样本正确分类，即对于 $(\boldsymbol{x}_i,y_i)\in\boldsymbol{D}$，若 $y_i=+1$，则有 $\boldsymbol{w}^{\mathrm{T}}\boldsymbol{x}_i+b>0$；若 $y_i=-1$，则有 $\boldsymbol{w}^{\mathrm{T}}\boldsymbol{x}_i+b<0$。

为了能够求取出最大间隔的超平面，希望能够用 $(\boldsymbol{w},b)$ 表示出临界超平面，从而有助于进行求解。由于超平面满足式(6.1)，因此必然满足：

$$\zeta\boldsymbol{w}^{\mathrm{T}}\boldsymbol{x}+\zeta b=0$$

此时，必然存在 ζ 使临界超平面能够建立等式方程，从而进行方程表示：

$$\zeta\boldsymbol{w}^{\mathrm{T}}\boldsymbol{x}+\zeta b=1,\quad 当\ y_i=+1$$
$$\zeta\boldsymbol{w}^{\mathrm{T}}\boldsymbol{x}+\zeta b=-1,\quad 当\ y_i=-1$$

此时，将 $\zeta\boldsymbol{w}$ 重新定义为 $\boldsymbol{w}$，将 ζb 重新定义为 b。

记笔记

如图 6.3 所示，令，

$$\begin{cases} \boldsymbol{w}^{\mathrm{T}}\boldsymbol{x}_i + b \geqslant +1, & \text{当 } y_i = +1 \\ \boldsymbol{w}^{\mathrm{T}}\boldsymbol{x}_i + b \leqslant -1, & \text{当 } y_i = -1 \end{cases} \tag{6.3}$$

距离超平面最近的这几个训练样本点，也就是位于临界超平面上的点使式(6.3)的等号成立，它们被称为“支持向量”(Support Vector)，两个异类支持向量到超平面的距离之和为：

$$\gamma = \frac{2}{\|\boldsymbol{w}\|} \tag{6.4}$$

$$\text{s.t. } y_i(\boldsymbol{w}^{\mathrm{T}}\boldsymbol{x}_i + b) \geqslant 1, \quad i = 1,2,\cdots,m$$

式中，γ 表示“间隔”；s.t. 表示满足某种条件；m 表示样本数，$y_i(\boldsymbol{w}^{\mathrm{T}}\boldsymbol{x}_i + b) \geqslant 1$ 是对式(6.3)的一个变形，同样也可以用式(6.3)表示。

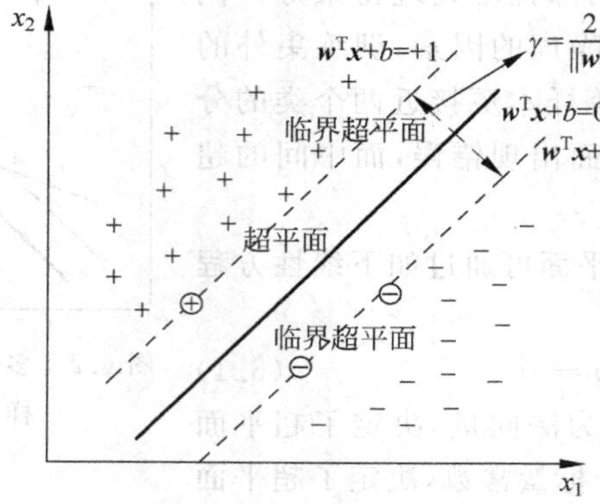

图 6.3 支持向量机与间隔

欲找到具有“最大间隔”的划分超平面，也就是要找到能满足式(6.4)中约束的参数 $\boldsymbol{w}$ 和 b，使得 γ 最大，则仅需最大化 $\|\boldsymbol{w}\|^{-1}$，这等价于最小化 $\|\boldsymbol{w}\|^2$，所以得到

$$\min_{w,b} \frac{1}{2}\|\boldsymbol{w}\|^2 \tag{6.5}$$

$$\text{s.t. } y_i(\boldsymbol{w}^{\mathrm{T}}\boldsymbol{x}_i + b) \geqslant 1, \quad i = 1,2,\cdots,m$$

这是支持向量机的基本型。希望求解式(6.5)来得到最大间隔划分超平面所对应的模型，令：

$$f(\boldsymbol{x}) = \boldsymbol{w}^{\mathrm{T}}\boldsymbol{x} + b \tag{6.6}$$

式中，$\boldsymbol{w}$ 和 b 是模型参数。

2. 拉格朗日乘子法

注意到式(6.5)本身是一个凸二次规划问题，能直接用现成的优化计算方法求解，也

记笔记

可以通过如下的拉格朗日乘子法进行高效求解。拉格朗日乘子法(Lagrange Multiplier)和 KKT(Karush-Kuhn-Tucker)条件是求解约束优化问题的重要方法,在有等式约束时使用拉格朗日乘子法,在有不等约束时使用 KKT 条件。前提是只有当目标函数为凸函数时,使用这两种方法才保证求得的是最优解。具体来说,对式(6.5)的每条约束添加拉格朗日乘子 $C \geqslant \alpha_i \geqslant 0$,其中 C 为惩罚系数,由用户自己设定。该问题的拉格朗日函数可写为:

$$L(\boldsymbol{w},b,\boldsymbol{\alpha})=\frac{1}{2}\|\boldsymbol{w}\|^2+\sum_{i=1}^{m}\alpha_i(1-y_i(\boldsymbol{w}^{\mathrm{T}}\boldsymbol{x}_i+b)) \tag{6.7}$$

式中,$\boldsymbol{\alpha}=(\alpha_1,\alpha_2,\cdots,\alpha_m)$。此时求取 $L(\boldsymbol{w},b,\boldsymbol{\alpha})$ 的极大值,就是式(6.5)的极小值。为了求取极值,令 $L(\boldsymbol{w},b,\boldsymbol{\alpha})$ 对 $\boldsymbol{w}$ 和 b 的偏导为零可得:

$$\boldsymbol{w}=\sum_{i=1}^{m}\alpha_i y_i \boldsymbol{x}_i \tag{6.8}$$

$$0=\sum_{i=1}^{m}\alpha_i y_i \tag{6.9}$$

将式(6.8)和式(6.9)带入式(6.7)中,即可将 $L(\boldsymbol{w},b,\boldsymbol{\alpha})$ 中的 $\boldsymbol{w}$ 和 b 消去就得到式(6.6)极值的另一种表示形式,也就得到了其对偶问题(用极大值表示极小值,或者用极小值表示极大值)的表达形式:

$$\max_{\alpha}\left(\sum_{i=1}^{m}\alpha_i-\frac{1}{2}\sum_{i=1}^{m}\sum_{j=1}^{m}\alpha_i\alpha_j y_i y_j \boldsymbol{x}_i^{\mathrm{T}}\boldsymbol{x}_j\right) \tag{6.10}$$

$$\text{s.t.} \sum_{i=1}^{m}\alpha_i y_i=0, \quad i=1,2,\cdots,m$$

解出 $\boldsymbol{\alpha}$ 后,求出 $\boldsymbol{w}$ 和 b 即可得到模型

$$f(\boldsymbol{x})=\boldsymbol{w}^{\mathrm{T}}\boldsymbol{x}+b=\sum_{i=1}^{m}\alpha_i y_i \boldsymbol{x}_i^{\mathrm{T}}\boldsymbol{x}+b \tag{6.11}$$

从对偶问题式(6.10)中解得的 α_i 是拉格朗日的乘子,它与训练样本相对应。式(6.5)中的约束,对于求解 α_i 的过程中同样需要满足,从而求解过程需要满足 KKT 条件为:

$$\begin{cases}\alpha_i \geqslant 0 \\ y_i f(\boldsymbol{x}_i)-1 \geqslant 0 \\ \alpha_i(y_i f(\boldsymbol{x}_i)-1)=0\end{cases}$$

对于任意训练样本 $(\boldsymbol{x}_i,y_i)$,总有 $\alpha_i=0$ 或者 $y_i f(\boldsymbol{x}_i)=1$。若 $\alpha_i=0$,则该样本将不会在式(6.11)的求和中出现,也不会对 $f(\boldsymbol{x})$ 有任何的影响;若 $\alpha_i>0$,则必须 $y_i f(\boldsymbol{x}_i)=1$,对应的样本是位于临界超平面上的点,此处的点的属性值 $\boldsymbol{x}_i$ 也就被称为支持向量。可以看出训练时,仅有位于临界超平面的点对训练的模型有影响。

下面详细讲解如何求解 $\boldsymbol{\alpha}$,从上一段的求解可知 $\boldsymbol{\alpha}$ 的形式是一个包含大量 0 的向量,向量中同时存在部分 α_i 不为 0,这些 α_i 对应的样本则是位于临界超平面上。这些点带入式

记笔记

$y_i(\boldsymbol{w}^{\mathrm{T}}\boldsymbol{x}_i+b)=1$ 中等号必然成立，但是不能作为求解 $\boldsymbol{w}$ 和 b 的充分必要条件。

3. SMO 求解拉格朗日乘子

1998 年，由 Platt 提出的序列最小最优化算法（Sequential Minimal Optimization, SMO）可以高效地解决上述求解$\boldsymbol{\alpha}$ 的问题，它将原本求解 m 个参数的二次规划问题分解为很多个子二次规划分别进行求解，每个问题只需要求解两个参数即可，节省了计算时间，且降低了内存需求。下面对其进行详细的介绍。

依据式(6.9)可知，当假设某一个 α_i 未知，其他 α_i 为固定值时，可通过式(6.9)直接计算出 α_i。此时，假设选择两个 α_a 和 α_b 参数，且其他 α_i 固定，$\alpha_a y_a+\alpha_b y_b=\text{Con}$。其中，Con 为常数，$0<a,b<m$。在编写程序时，上述表述的寓意是指需要对$\boldsymbol{\alpha}$ 进行初始值进行设置，且设置的初始值满足约束要求，之后，依据 α 初始值计算出 b 的初始值，然后再根据 SMO 方法进行迭代求解。

为了更好地理解，假设选择 α_1 和 α_2 作为可变的参数，也就是要对 α_1 和 α_2 在原有值的基础上进行一次迭代，从而进一步优化，类似于三维曲面上求极值点（两个值为变量，其他值为固定值，求目标函数的极值）。其他参数 $\alpha_3,\alpha_4,\cdots,\alpha_n$ 为固定参数，可将目标函数式(6.10)化简为只包含 α_1 和 α_2 的二元函数，化简后如下：

$$\max(\varphi(\alpha_1,\alpha_2))=\max\Big(\alpha_1+\alpha_2-\frac{1}{2}k_{11}\alpha_1^2-\frac{1}{2}k_{22}\alpha_2^2-y_1y_2k_{12}\alpha_1\alpha_2-y_1v_1\alpha_1-y_2v_2\alpha_2-\Delta\Big) \tag{6.12}$$

式中，$v_i=\sum_{j=3}^{m}\alpha_j y_j k_{ij}, i=1,2$；$k_{ij}=\boldsymbol{x}_i^{\mathrm{T}}\boldsymbol{x}_j, i=1,2$；$j=3,4,\cdots,n$；$\alpha_1y_1+\alpha_2y_2=\Delta$。

将 $\alpha_1y_1+\alpha_2y_2=\Delta$ 转换为 $\alpha_1=(\Delta-\alpha_2y_2)y_1$，并带入式(6.12)中，则得到一个仅关于 α_2 的一元函数，由于在求极值过程中，常数项不影响求解，因此下式中将省略 Δ 项，得到：

$$\max(\varphi(\alpha_2))=\max\Big((\Delta-\alpha_2y_2)y_1+\alpha_2-\frac{1}{2}k_{11}(\Delta-\alpha_2y_2)^2-\frac{1}{2}k_{22}\alpha_2^2-y_2k_{12}(\Delta-\alpha_2y_2)\alpha_2-v_1(\Delta-\alpha_2y_2)-y_2v_2\alpha_2\Big) \tag{6.13}$$

式(6.13)为仅关于 α_2 的函数，对上式求导并令其为 0 得：

$$\frac{\partial\varphi(\alpha_2)}{\partial\alpha_2}=1-(k_{11}+k_{22}-2k_{12})\alpha_2+k_{11}\Delta y_2-k_{12}\Delta y_2-y_1y_2+v_1y_2-v_2y_2=0 \tag{6.14}$$

由式(6.13)计算求得 α_2 的解，带回式 $\alpha_1=(\Delta-\alpha_2y_2)y_1$ 可得 α_1 的解，分别标记为 α_{new1} 和 α_{new2}，可假设优化前的解为 α_{old1} 和 α_{old2}，由于满足约束等式(6.9)，因此，

记笔记

$$\alpha_{\mathrm{old1}} y_1 + \alpha_{\mathrm{old2}} y_2 = -\sum_{i=3}^{n} \alpha_i y_i = \alpha_{\mathrm{new1}} y_1 + \alpha_{\mathrm{new2}} y_2 = \Delta \tag{6.15}$$

依据原有的 α 和 b 的值，可计算出此时样本 $\boldsymbol{x}_i$ 对应的预测值为 $f(\boldsymbol{x}_i)$，y_i 表示样本 $\boldsymbol{x}_i$ 的真实值，定义 E_i 表示预测值与真实值之间的差值：

$$E_i = f(\boldsymbol{x}_i) - y_i \tag{6.16}$$

由于 $v_i = \sum_{j=3}^{m} \alpha_j y_j k_{ij}, i = 1, 2$，因此，

$$v_1 = f(\boldsymbol{x}_1) - \sum_{j=1}^{2} \alpha_j y_j k_{1j} - b \tag{6.17}$$

$$v_2 = f(\boldsymbol{x}_2) - \sum_{j=1}^{2} \alpha_j y_j k_{2j} - b \tag{6.18}$$

将式(6.15)、式(6.17)、式(6.18)带入式(6.14)中，由于此时 α_{new2} 未考虑约束，因此标记为 $\alpha_{\mathrm{new,un2}}$，化简得：

$$(k_{11} + k_{22} - 2k_{12})\alpha_{\mathrm{new,un2}} = (k_{11} + k_{22} - 2k_{12})\alpha_{\mathrm{old2}} + y_2[y_2 - y_1 + f(\boldsymbol{x}_1) - f(\boldsymbol{x}_2)] \tag{6.19}$$

将式(6.16)带入式(6.19)中，得：

$$\alpha_{\mathrm{new,un2}} = \alpha_{\mathrm{old2}} + \frac{y_2(E_1 - E_2)}{\eta} \tag{6.20}$$

式中，$\eta = k_{11} + k_{22} - 2k_{12}$。

上述求解未考虑的约束条件包括：

$$\begin{cases} 0 \leqslant \alpha_1, \alpha_2 \leqslant C \\ \alpha_1 y_1 + \alpha_2 y_2 = \Delta \end{cases}$$

在二维平面上直观地表达上述两个约束条件，如图 6.4 所示，其中 k 可根据 y_1、y_2 和 Δ 求出。

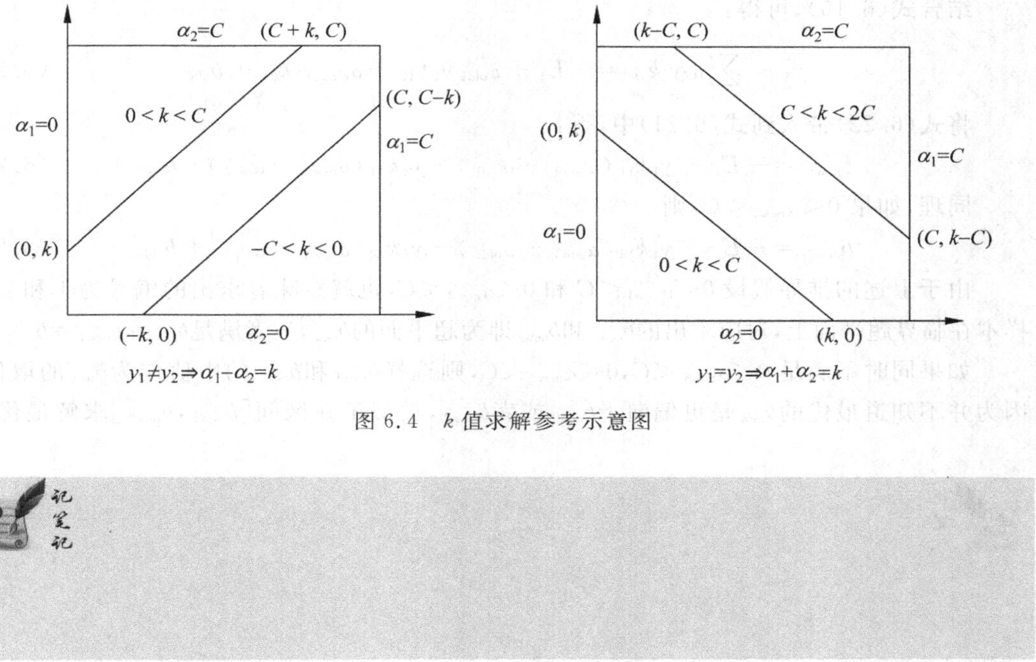

图 6.4　k 值求解参考示意图

最优解必须在方框内，且在直线上取得，可定义 $L\leqslant\alpha_{new2}\leqslant H$。

当 $y_1\neq y_2$ 时，$L=\max(0,\alpha_{old2}-\alpha_{old1})$；$H=\min(C,C+\alpha_{old2}-\alpha_{old1})$；

当 $y_1=y_2$ 时，$L=\max(0,\alpha_{old2}+\alpha_{old1}-C)$；$H=\min(C,\alpha_{old2}+\alpha_{old1})$。

经过约束后，得到的最优解可记为 α_{new2}：

$$\alpha_{new2}=\begin{cases}H, & \alpha_{new,un2}>H\\ \alpha_{new,un2}, & L\leqslant\alpha_{new,un2}\leqslant H\\ L, & \alpha_{new,un2}<L\end{cases}$$

依据式(6.15)可得 α_{new1} 的求解公式：

$$\alpha_{new1}=\alpha_{old1}+y_1y_2(\alpha_{old2}-\alpha_{new2})$$

对式(6.13)求二阶导数，依据二阶导数值，可知函数的极大值状况。式(6.13)的二阶导数恰好为 $\eta=k_{11}+k_{22}-2k_{12}$。

当 $\eta<0$ 时，目标函数没有极小值，极值在定义域的边界处取得。

当 $\eta=0$ 时，目标函数为单调函数，极值在定义域的边界处取得。

4. 阈值 b 的计算

每完成两个变量的优化后，对 b 值进行一次更新，因为 b 的值同样关系到 $f(\boldsymbol{x})$ 的计算，从而关系到 E_i 的计算。

如果 $0<\alpha_{new1}<C$，由 KKT 条件可知，此时必须满足 $y_1(\boldsymbol{w}^{\mathrm{T}}\boldsymbol{x}_1+b)=1$，将其两边同时乘以 y_1 变形为：

$$\sum_{i=1}^{m}\alpha_iy_ik_{i1}+b=y_1$$

从而得到：

$$b_{new1}=y_1-\sum_{i=3}^{m}\alpha_iy_ik_{i1}-\alpha_{new1}y_1k_{11}-\alpha_{new2}y_2k_{21}\tag{6.21}$$

结合式(6.16)，可得：

$$y_1-\sum_{i=3}^{m}\alpha_iy_ik_{i1}=-E_1+\alpha_{old1}y_1k_{11}+\alpha_{old2}y_2k_{21}+b_{old}\tag{6.22}$$

将式(6.22)带入到式(6.21)中，得：

$$b_{new1}=-E_1-y_1k_{11}(\alpha_{new1}-\alpha_{old1})-y_2k_{21}(\alpha_{new2}-\alpha_{old2})+b_{old}\tag{6.23}$$

同理，如果 $0<\alpha_{new2}<C$，则

$$b_{new2}=-E_2-y_1k_{12}(\alpha_{new1}-\alpha_{old1})-y_2k_{22}(\alpha_{new2}-\alpha_{old2})+b_{old}\tag{6.24}$$

由于上述的推导假设 $0<\alpha_{new1}<C$ 和 $0<\alpha_{new2}<C$，也就意味着求出的编号为 1 和 2 的样本在临界超平面上，对应求出的 b_{new1} 和 b_{new2} 即为超平面的 b_{new}，三者满足 $b_{new}=b_{new1}=b_{new2}$。

如果同时不满足 $0<\alpha_{new1}<C$，$0<\alpha_{new2}<C$，则选择 b_{new1} 和 b_{new2} 的中值作为 b_{new} 的取值。因为并不知道最优的 b_{new} 是更偏向于 b_{new1} 或者 b_{new2}，类似于在区间 $[b_{new1},b_{new2}]$ 求解最优的

笔记

b_{new}（当然b_{new}有可能不在此区间内），此时需要采用一定的方式逼近最优的b_{new}，取中值的做法则类似于数值最优化方法中的二分法优化方法。

以上就完成了对 α_1、α_2 和 b 的一次更新，循环多次得到取得极值点时的α_1、α_2 和 b，然后再选择另外两个 α_i 参数，进行 α_i 和 b 的更新，直到所有 α_i 和 b 更新至满足终止条件，如更新次数达到设定值、推导的模型满足一定的误差率等。通过已经得到的$\boldsymbol{\alpha}$，利用式(6.8)可直接得到 $\boldsymbol{w}$，即得到了式(6.6)的 SVM 算法模型。

6.1.3 支持向量机核函数

在前面的讨论中，假设训练样本是线性可分的，即存在一个划分超平面能将训练样本正确分类。然而在现实任务中，原始样本空间中也许并不存在一个能正确划分两类样本的超平面。例如，图 6.5 中的"异或"问题就不是线性可分的。

对这样的问题，可将样本从原始空间映射到一个更高维的特征空间中，使得样本在这个特征空间内线性可分。例如，在图 6.5 中，若将原始的二维空间映射到一个合适的三维空间中，就能找到一个合适的划分超平面。

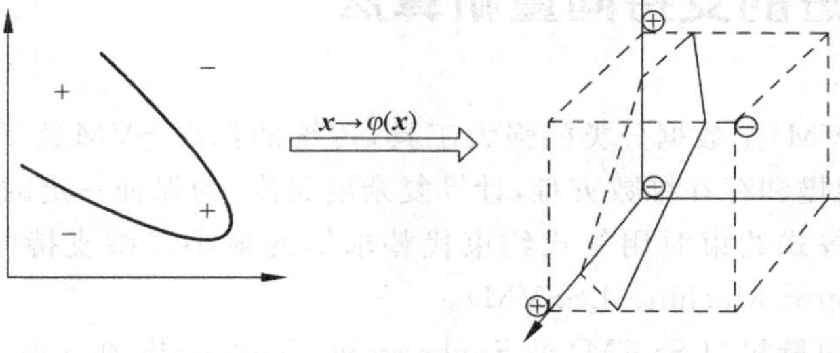

图 6.5 非线性映射

令 $\varphi(\boldsymbol{x})$表示将 $\boldsymbol{x}$ 映射后的特征向量，于是在特征空间中划分超平面所对应的模型可表示为：

$$f(\boldsymbol{x}) = \boldsymbol{w}^{\mathrm{T}}\varphi(\boldsymbol{x}) + b \tag{6.25}$$

式中，$\boldsymbol{w}$ 和 b 是模型参数。有如下关系式：

$$\min_{\boldsymbol{w},b} \frac{1}{2}\|\boldsymbol{w}\|^2 \tag{6.26}$$

$$\text{s.t.}\ y_i(\boldsymbol{w}^{\mathrm{T}}\varphi(\boldsymbol{x}_i) + b) \geqslant 1,\quad i = 1,2,\cdots,m$$

直接求解映射到特征空间之后的关系式是困难的，其对偶问题的目标函数为：

$$\max_{\alpha} \sum_{i=1}^{m}\alpha_i - \frac{1}{2}\sum_{i=1}^{m}\sum_{j=1}^{m}\alpha_i\alpha_j y_i y_j\ \varphi(\boldsymbol{x}_i)^{\mathrm{T}}\ \varphi(\boldsymbol{x}_j) \tag{6.27}$$

式中，$\boldsymbol{\alpha}$ 为每条约束添加的拉格朗日乘子，$\boldsymbol{\alpha} = (\alpha_1, \alpha_2, \cdots, \alpha_m)$，$\alpha_i \geqslant 0$。由于求解

$\varphi(\boldsymbol{x}_i)^{\mathrm{T}}\ \varphi(\boldsymbol{x}_j)$是困难的,因此设想这样的一个函数:

$$K(\boldsymbol{x}_i,\boldsymbol{x}_j)=\varphi(\boldsymbol{x}_i)^{\mathrm{T}}\ \varphi(\boldsymbol{x}_j) \tag{6.28}$$

所以不用计算高维特征空间中的内积,只需通过函数$K(\cdot,\cdot)$计算结果。这里的函数$K(\cdot,\cdot)$就是“核函数”[3]。

下面是常用的核函数。

(1) 线性核函数:$K(\boldsymbol{x}_i,\boldsymbol{x}_j)=\boldsymbol{x}_i^{\mathrm{T}}\boldsymbol{x}_j$。

(2) 多项式核函数:$K(\boldsymbol{x}_i,\boldsymbol{x}_j)=[(\boldsymbol{x}_i^{\mathrm{T}}\boldsymbol{x}_j)+1]^q$。

(3) 高斯核函数:$K(\boldsymbol{x}_i,\boldsymbol{x}_j)=\exp\left(-\dfrac{\|x_i-x_j\|^2}{g^2}\right)$。

(4) Sigmoid 核函数:$K(\boldsymbol{x}_i,\boldsymbol{x}_j)=\tanh[\beta(\boldsymbol{x}_i^{\mathrm{T}}\boldsymbol{x}_j)+c]$。

(5) 径向基核函数:$K(\boldsymbol{x}_i,\boldsymbol{x}_j)=\exp(-\gamma\|\boldsymbol{x}_i-\boldsymbol{x}_j\|^2),\gamma>0$。

式中q、g、β、c、γ为核参数,虽然 Sigmoid 核不是正定核,但在实际应用中发现它很有效。高斯核的泛化性能好,因此是目前使用最广泛的核函数。但随着科研工作的不断深入及应用性研究的推广,针对不同的问题,核函数的选择也越来越广泛[4]。

6.2 改进的支持向量机算法

支持向量机(SVM)是数据分类的强大工具,传统的标准 SVM 需要求解一个二次规划问题,往往速度很慢和存在维数灾难,计算复杂度又高,为保证一定的学习精度和速度,本文介绍在处理不等式约束时用等式约束代替求解的最小二乘支持向量机算法(Least Square Support Vector Machine,LSSVM)。

最小二乘支持向量机(LSSVM)是 Suykens 和 Vandewalb 在 1999 年提出的一种支持向量机变形算法。最小二乘算法在数学中通常代表分量差的平方和,所以这两位学者按照最小二乘的公式形式将支持向量机的优化公式进行变形,以期望得到更好的结果,而实验中恰恰证明了这一点。

首先建立如下分类问题求解方程:

$$\min_{w,b,e} F(\boldsymbol{w},b,\boldsymbol{e})=\frac{1}{2}\boldsymbol{w}^{\mathrm{T}}\boldsymbol{w}+\frac{1}{2}\gamma\sum_{i=1}^{m}e_i^2 \tag{6.29}$$

式中,$\boldsymbol{e}=[e_1,e_2,\cdots,e_m]$为偏差向量;$\gamma$表示权重,人为设定参数,用于平衡寻找最优超平面时,偏差量的影响大小,式(6.29)满足等价约束条件:

$$y_i[\boldsymbol{w}^{\mathrm{T}}\varphi(\boldsymbol{x}_i)+b]=1-e_i,\quad i=1,2,\cdots,m \tag{6.30}$$

根据式(6.30)可知e_i的物理含义,当样本$\boldsymbol{x}_i$位于两个临界超平面外时,e_i为负数,表示的物理含义为样本$\boldsymbol{x}_i$到最近的临界超平面距离的负数;当样本$\boldsymbol{x}_i$位于两个临界超平面内时,e_i为正数,表示的物理含义为样本$\boldsymbol{x}_i$到最近的临界超平面距离。

记笔记

定义拉格朗日函数，求解该函数的最大值条件，即为式(6.29)的极小值条件，拉格朗日函数为：

$$L(\boldsymbol{w},b,\boldsymbol{e},\boldsymbol{\alpha})=F(\boldsymbol{w},b,\boldsymbol{e})-\sum_{i=1}^{m}\alpha_i[y_i[\boldsymbol{w}^{\mathrm{T}}\varphi(\boldsymbol{x}_i)+b]-1+e_i] \tag{6.31}$$

式中，α_i 为拉格朗日乘子，其最优化条件为：

$$\frac{\partial L}{\partial w}=0\Rightarrow w=\sum_{i=1}^{m}\alpha_i y_i\varphi(x_i)$$

$$\frac{\partial L}{\partial b}=0\Rightarrow\sum_{i=1}^{m}\alpha_i y_i=0$$

$$\frac{\partial L}{\partial e_i}=0\Rightarrow\alpha_i=\gamma e_i,\quad i=1,2,\cdots,m$$

$$\frac{\partial L}{\partial \alpha_i}=0\Rightarrow y_i[w^{\mathrm{T}}\varphi(\boldsymbol{x}_i+b)-1+e_i]=0,\quad i=1,2,\cdots,m \tag{6.32}$$

根据式(6.32)转换为如下线性方程：

$$\begin{bmatrix}\boldsymbol{I} & 0 & 0 & -\boldsymbol{Z}^{\mathrm{T}}\\ 0 & 0 & 0 & -\boldsymbol{Y}^{\mathrm{T}}\\ 0 & 0 & \gamma\boldsymbol{I} & -\boldsymbol{I}\\ \boldsymbol{Z} & \boldsymbol{Y} & \boldsymbol{I} & 0\end{bmatrix}\begin{bmatrix}\boldsymbol{w}\\ b\\ \boldsymbol{e}\\ \boldsymbol{\alpha}\end{bmatrix}=\begin{bmatrix}0\\ 0\\ 0\\ \boldsymbol{I}\end{bmatrix} \tag{6.33}$$

式中，$\boldsymbol{Z}=[\varphi(\boldsymbol{x}_1)^{\mathrm{T}}y_1,\varphi(\boldsymbol{x}_2)^{\mathrm{T}}y_2,\cdots,\varphi(\boldsymbol{x}_m)^{\mathrm{T}}y_m]$；$\boldsymbol{Y}=[y_1,y_2,\cdots,y_m]$；$\boldsymbol{I}=[1,\cdots,1]$；$\boldsymbol{e}=[e_1,e_2,\cdots,e_m]$；$\boldsymbol{\alpha}=[\alpha_1,\alpha_2,\cdots,\alpha_m]$。同时，也可由如下形式的方程解出：

$$\begin{bmatrix}0 & -\boldsymbol{Y}^{\mathrm{T}}\\ \boldsymbol{Y} & \boldsymbol{Z}\boldsymbol{Z}^{\mathrm{T}}+\gamma^{-1}\boldsymbol{I}\end{bmatrix}\begin{bmatrix}b\\ \boldsymbol{\alpha}\end{bmatrix}=\begin{bmatrix}0\\ \boldsymbol{I}\end{bmatrix} \tag{6.34}$$

由上述过程可以发现，最小二乘支持向量机将支持向量机中的不等式约束转换为等式约束，其训练过程也由二次规划为题求解转换为线性方程组的求解，这种转换简化了计算的复杂性。但该算法的训练数据都成为支持向量并且对于大型分类问题，该算法的速度过于缓慢。另外，值得注意的是，本节介绍的最小二乘支持向量机应用的核函数均为径向基核函数(RBF)[5]。

6.3 支持向量机算法的MATLAB实践

在 MATLAB 中，SVM 算法进行分类的最基本函数为 SVMStruct = svmtrain(Training,Group)，其中，Training 表示已知标签的样本矩阵；Group 表示已知标签样本的标签。通过调用 svmtrain 可训练得到一个 SVM 分类模型。之后，通过调用 testlable= svmclassify(SVMStruct,testdata)可实现对测试数据的分类。其中，SVMStruct 为上述已训练好的 SVM 模型；testdata 为待分类的测试数据；testdata 为待分类测试数据的预

记笔记

测标签。

另外，SVMStruct＝svmtrain(Training，Group，Name，Value)为SVM算法的高级调用函数，其中，Name为可选参数的名称，Value为可选参数的参数取值，在未对可选参数赋值时，其取值为默认值。其中，包含训练模型的参数的设置、训练模型时采用的哪种形式核的设置等，具体读者可在MATLAB的命令行窗口中输入：help svmtrain，然后回车，即可详细查看svmtrain函数的使用方法，以及各参数意义。下面利用svmtrain和svmclassify编程进行SVM算法的分类实现(SVM_Mat.m文件)，其运行结果如图6.6所示。

```
%MATLAB自带SVM算法函数svmtrain实现,并依靠svmclassify建立SVM模型对测试数据进行分类。
clc;
clear;
close all;
traindata = [0,1;-1,0;2,2;3,3;-2,-1;-4.5,-4;2,-1;-1,-3];    %生成样本的属性数据
lable = [1,1,-1,-1,1,1,-1,-1]';                              %样本标签
testdata = [5,2;3,1;-4,-3];                                  %测试数据的属性数据
svm_struct = svmtrain(traindata,lable,'Showplot',true);      %训练SVM模型
testlable = svmclassify(svm_struct,testdata,'Showplot',true); %依据测试样本对模型进行测试
hold on;
plot(testdata(:,1),testdata(:,2),'ro','MarkerSize',12);
hold off
```

程序中，将可选参数'Showplot'设置为true，此时将会根据一定的规则对数据进行绘制，如图6.6所示，其中，标记出训练样本数据、测试数据、SVM超平面、支持向量等。

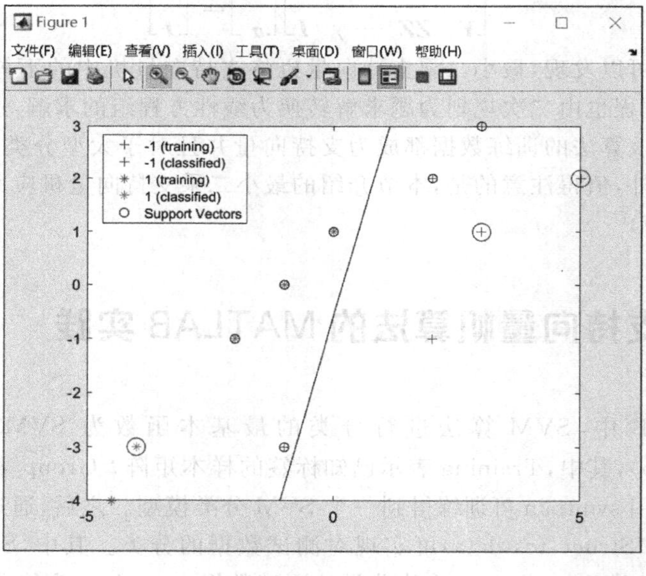

图6.6 SVM算法分类

记笔记

参 考 文 献

[1] 王文剑，门昌骞．支持向量机建模及应用[M]．北京：科学出版社，2014．
[2] 张国云．模式识别与智能信息处理[D]．长沙：湖南大学，2006．
[3] 周志华．机器学习[M]．北京：清华大学出版社，2016．
[4] 常甜甜．支持向量机学习算法若干问题的研究[D]．西安：西安电子科技大学，2010．
[5] 程然．最小二乘支持向量机的研究和应用[D]．哈尔滨：哈尔滨工业大学，2013．

记笔记

第7章

朴素贝叶斯

源码

简单地说，分类就是根据数据的不同特征将其划分为不同的类别。在数据挖掘中，一般的分类算法有很多种，如KNN分类算法、贝叶斯分类算法、神经网络分类法、决策树算法等。在实际应用中，通过对分类算法的比较发现，贝叶斯分类算法有着许多其他算法都不具备的优点，在很多情况下，它的分类效果可以与决策树算法和神经网络算法相媲美。因此，许多学者都热衷于研究该算法。

贝叶斯分类算法是统计学分类方法，是建立在经典的贝叶斯概率理论基础之上的分类模型，朴素贝叶斯分类算法是贝叶斯分类算法中的一种。本章主要介绍的是贝叶斯基本理论、朴素贝叶斯分类模型及朴素贝叶斯分类模型的改进。

7.1 贝叶斯定理

贝叶斯分类算法是一类分类算法的总称，这类算法均以贝叶斯定理为基础。朴素贝叶斯分类算法作为贝叶斯分类算法中的一种算法，自然也以贝叶斯定理为基础。因此，在讲解朴素贝叶斯分类算法之前，首先简单介绍一下贝叶斯分类算法的基础——贝叶斯定理。

贝叶斯定理(Bayes Theorem)由英国数学家贝叶斯(Thomas Bayes，1702—1761年)提出，用来描述两个条件概率之间的关系，是概率论中的一个结果。

通常情况下，事件A在事件B(发生)的条件下的概率，与事件B在事件A的条件下的概率是不一样的；然而，这二者是有确定关系的，贝叶斯定理就是这种关系的陈述。在这里不加证明地直接给出贝叶斯定理：

$$P(A \mid B)=\frac{P(B \mid A)P(A)}{P(B)} \tag{7.1}$$

记笔记

式中，$P(A)$是A的先验概率或边缘概率，之所以称为"先验"是因为它不考虑任何B方面的因素；$P(A|B)$是已知B发生后A发生的条件概率，由于取自B的取值而被称为A的后验概率；$P(B|A)$是已知A发生后B发生的条件概率，由于取自A的取值而被称为B的后验概率；$P(B)$是B的先验概率或边缘概率，也被称为标准化常量(Normalized Constant)[1,2]。

7.2 朴素贝叶斯分类

朴素贝叶斯分类算法(Naive Bayes Classifier, NBC)是贝叶斯分类模型中一种最简单、最有效的而且在实际使用中很成功的分类算法，其性能可以与神经网络、决策树相媲美，甚至在某些场合优于其他分类模型。在对大型数据库的分类方面，朴素贝叶斯分类算法具有分类准确率较高并且运算速度快的特点。

朴素贝叶斯分类算法是一种十分简单的分类算法，算法的基本思想是：对于给出的待分类项，求解在此项出现的条件下各个类别出现的概率，哪个最大就认为此待分类项属于哪个类别。

朴素贝叶斯分类模型的结构是一种网络形式，其模型如图7.1所示。其中$\boldsymbol{A}_1$，$\boldsymbol{A}_2$，…，$\boldsymbol{A}_n$是实例的属性变量，$\boldsymbol{C}$是取m个值的类变量。

朴素贝叶斯分类模型包含了一个属性独立性的假设，它假设所有的属性都条件独立于类变量$\boldsymbol{C}$，即每一个属性都以类变量作为唯一的父结点。尽管这一假设在一定程度上限制了朴素贝叶斯分类模型的适用范围，但在实际应用中，大大降低了贝叶斯网络构建的复杂性。

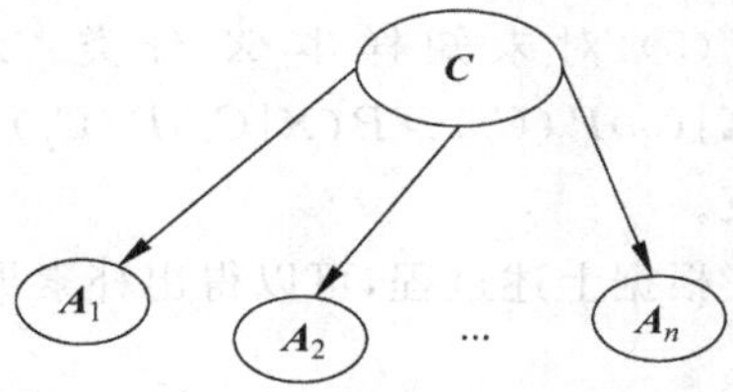

图7.1 朴素贝叶斯分类算法的模型

朴素贝叶斯分类模型的分类过程如下。

(1) 把每个数据样本都用n维特征向量$\boldsymbol{X}=\{a_1,a_2,\cdots,a_n\}$来表示，分别描述对$n$个条件属性$\{\boldsymbol{A}_1,\boldsymbol{A}_2,\cdots,\boldsymbol{A}_n\}$的$n$个度量。同时假设类变量$\boldsymbol{C}=\{C_1,C_2,\cdots,C_m\}$。

(2) 给定一个未知的数据样本$\boldsymbol{X}$(即没有类标签)，朴素贝叶斯分类模型会将未知的样本$\boldsymbol{X}$分配给类C_i，当且仅当：

$$P(C_i \mid \boldsymbol{X}) > P(C_j \mid \boldsymbol{X}),\quad 1 \leqslant i,j \leqslant m,\quad j \neq i \tag{7.2}$$

这样，把$\boldsymbol{X}$归为类别$\boldsymbol{C}$的过程就转换为了求解$P(C_i|\boldsymbol{X})$最大值的过程。其中使$P(C_i|\boldsymbol{X})$最大的类C_i称为最大后验假设。

(3) 根据贝叶斯定理得：

$$P(C_j \mid \boldsymbol{X}) = \frac{P(\boldsymbol{X} \mid C_i)P(C_i)}{P(\boldsymbol{X})} \tag{7.3}$$

记笔记

由于$P(\boldsymbol{X})$对于所有的类为常数，称为证据因子，用于使所有类的先验概率之和为1，因此$P(C_i|\boldsymbol{X})$取最大值只需要满足$P(\boldsymbol{X}|C_i)P(C_i)$达到最大即可。

如果类的先验概率$P(C_i)$，$(i=1,2,\cdots,n)$未知，则通常假设这些类是等概率的，即$P(C_1)=P(C_2)=\cdots=P(C_m)=1/m$，这时最大化$P(C_i|\boldsymbol{X})$等价于最大化$P(\boldsymbol{X}|C_i)$。又或者，类的先验概率还可以用$P(C_i)=s_i/s$来计算，其中$s_i$是类$C_i$的训练样本数，$s$是训练样本总数。

(4) 由于朴素贝叶斯分类算法包含条件属性相互独立的假设，计算$P(\boldsymbol{X}|C_i)$的过程可以表示为：

$$P(\boldsymbol{X} \mid C_i) = \prod_{k=1}^{n} P(a_k \mid C_i) \tag{7.4}$$

概率$P(a_1|C_i),P(a_2|C_i),\cdots,P(a_n|C_i)$可以由训练样本估计求出。

① 如果$\boldsymbol{A}_k$是离散属性，则$P(a_k|C_i)=s_{ik}/s_i$，其中s_{ik}是在属性A_k上具有值a_k的类C_i的训练样本数，而s_i是C_i中的训练样本数。

② 如果$\boldsymbol{A}_k$是连续值属性，则通常假设该属性服从高斯分布。因而，

$$P(a_k \mid C_i) = g(a_k, \mu_{C_i}, \sigma_{C_i}) = \frac{1}{\sqrt{2\pi\sigma_{C_i}^2}} \mathrm{e}^{\left(-\frac{(a_k-\mu_{C_i})^2}{2\sigma_{C_i}^2}\right)} \tag{7.5}$$

式中，C_i为给定类的训练样本属性A_k的值；$g(a_k,\mu_{C_i},\sigma_{C_i})$为属性$A_k$高斯密度函数；$\mu_{C_i}$，$\sigma_{C_i}$分别为平均值和标准差。

(5) 对未知样本$\boldsymbol{X}$分类。对每个类C_i，计算$P(a_k|C_i)P(C_i)$，当且仅当$P(\boldsymbol{X}|C_i)P(C_i)>P(\boldsymbol{X}|C_j)P(C_j)$，$1\leqslant i,j\leqslant m,j\neq i$时，样本$\boldsymbol{X}$属于类别$C_i$。到此，分类结束。

根据上述过程，可以得出朴素贝叶斯分类模型的数学表述为：

$$C_{\mathrm{NBC}} = \arg\max_{C_i \in C} P(C_i) \prod_{j=1}^{n} P(a_k / C_i) \tag{7.6}$$

朴素贝叶斯分类算法的优点如下。

(1) 算法形式简单，所涉及的公式源于数学中的统计学，规则清楚易懂，可扩展性强。

(2) 算法实施的时间和空间开销小，即运用该模型分类时所需要的时间复杂度和空间复杂度较小。

(3) 算法性能稳定，模型的健壮性比较好，无论是何种类型的数据，都可以利用朴素贝叶斯分类算法进行处理，而且分类预测效果在大多数情况下也比较精确。

朴素贝叶斯分类算法的缺点如下。

(1) 算法假设属性之间都是条件独立的，然而在社会活动中，数据集中的变量之间往往都存在较强的相关性，忽视这种性质会对分类结果产生很大影响。

(2) 算法将各特征属性对于分类决策的影响程度都看作是相同的，这不符合实际运用的需求，在实际应用中，各属性变量对于决策变量的影响往往是存在差异的。

记笔记

(3) 算法在使用中通常要将定类数据以上测量级的数据离散化，这样很可能会造成数据中有用信息的损失，对分类效果产生影响。

7.3 朴素贝叶斯实例分析

本节通过根据身高、体重、脚尺寸判断一个人是男性还是女性的实例，进行具体化说明朴素贝叶斯算法的计算过程。样本数据如表 7.1 所示。

表 7.1 男性与女性样本数据

序号	性别	身高/cm	体重/kg	脚尺寸/mm
1	男	180	90	265
2	男	175	80	260
3	男	168	60	250
4	男	170	66	255
5	女	158	48	235
6	女	165	56	250
7	女	162	55	245
8	女	170	58	250

假设训练集的样本特征满足高斯分布，则得到表 7.2 数据。

表 7.2 特征值高斯分布

性别	均值(身高)	方差(身高)	均值(体重)	方差(体重)	均值(脚尺寸)	方差(脚尺寸)
男	173.25	28.9167	74	184	257.5	41.667
女	163.75	25.5833	54.25	18.9167	245	50

由于样本中男女的数量是一样的，因此可假设两类别是等概率的，也就是 $P(\text{男})=P(\text{女})=0.5$。此时，给出一个测试样本，数据如表 7.3 所示，求取该样本的分类是男性还是女性。

表 7.3 测试样本

性别	身高/cm	体重/kg	脚尺寸/mm
?	168	55	250

对于上述的数据可通过计算两类的后验概率进行判断，哪一类的后验概率大，则属于哪一类。男性和女性的后验概率分别可通过下式进行计算：

记笔记

$$\text{Posterior}(男)=\frac{P(男)P(身高\mid 男)P(体重\mid 男)P(脚尺寸\mid 男)}{\text{evidence}} \tag{7.7}$$

$$\text{Posterior}(女)=\frac{P(女)P(身高\mid 女)P(体重\mid 女)P(脚尺寸\mid 女)}{\text{evidence}} \tag{7.8}$$

evidence 表示证据因子，用来使各类的后验概率之和为 1。在本实例中

$$\begin{aligned}\text{evidence} =& P(男)P(身高\mid 男)P(体重\mid 男)P(脚尺寸\mid 男)+\\ & P(女)P(身高\mid 女)P(体重\mid 女)P(脚尺寸\mid 女)\end{aligned}$$

根据表 7.2 的高斯分布均值与方差，计算式(7.7)和式(7.8)中各参数：

$$P(身高\mid 男)=\frac{1}{\sqrt{2\pi\sigma^2}}\mathrm{e}^{\left(-\frac{(168-\mu)^2}{2\sigma^2}\right)}\approx 0.0136$$

式中，$\sigma=28.9167$，$\mu=173.25$。注意，这里的值大于 1 是允许的，因为这里表示的是概率密度，而不是概率。同理可得到：

$$P(体重\mid 男)=0.0022$$
$$P(脚尺寸\mid 男)=0.0094$$
$$P(女)P(身高\mid 女)=0.0154$$
$$P(体重\mid 女)=0.0211$$
$$P(脚尺寸\mid 女)=0.0079$$

从而得到 $P(男)P(身高|男)P(体重|男)P(脚尺寸|男)=1.4062\mathrm{e}^{-7}<P(女)P(身高|女)P(体重|女)P(脚尺寸|女)=1.2835\mathrm{e}^{-6}$，从而可得到 Posterior(男)＝0.0987＜Posterior(女)＝0.9013，因此女性的后验概率大，样本预测为女性。

7.4 朴素贝叶斯分类算法的改进

朴素贝叶斯分类模型的条件属性独立性假设在很大程度上限制了其分类的性能，该领域的学者们一直致力于如何通过对算法的改进，减弱这种独立性假设带来的影响。

目前提出的改进方法中总体趋势是将朴素贝叶斯分类模型的结构复杂化，从而更准确地描述训练数据。但是，需要意识到，朴素贝叶斯分类模型的结构并不是越复杂越好。研究表明，如果模型的结构过于复杂，容易造成过分拟合的后果。也就是说，当应用过于复杂的分类模型去分类一个新的实例时，会有很高的误分率。这样，会出现两种矛盾的情况：如果结构较简单，如最原始的朴素贝叶斯分类模型，则有很强的限制条件；如果结构太复杂，则会导致过分的拟合。本章主要通过介绍和分析几种目前较经典和较成熟的朴素贝叶斯分类模型改进方法来解决原始朴素贝叶斯分类模型限制性较强的问题[3]。

记笔记

7.4.1 半朴素贝叶斯分类模型

半朴素贝叶斯分类模型(Semi Naive Bayesian Classifiers, SNBC),最早是由南斯拉夫的专家 Kononenko 于 1997 年提出的。它是朴素贝叶斯分类模型的一种改进模型。半朴素贝叶斯分类模型的基本思想是根据属性之间关联程度的大小,将它们划分为几个没有交集的属性组,从而使得各个属性组以独立的形式存在,并保证同组别内的属性之间存在一定的依赖关系。这样就可以将类条件的独立性放宽到属性的子集之间,从而有效地减少属性的独立性假设对分类性能产生的不良影响[4]。

半朴素贝叶斯分类模型的分类思想和分类过程属于朴素贝叶斯分类的范畴,它与传统的朴素贝叶斯分类模型类似,但结构比较紧凑。半朴素贝叶斯分类模型分类的关键是如何利用启发式搜索过程有效地将依赖关系较大的条件属性聚集到一组构成"组合属性"。半朴素贝叶斯分类模型如图 7.2 所示。

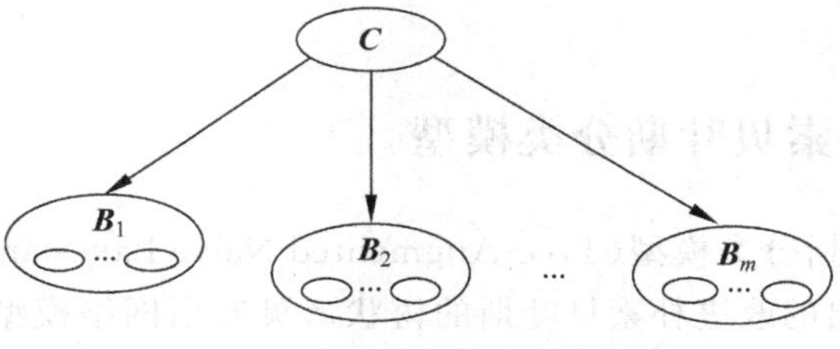

图 7.2 半朴素贝叶斯分类模型

通过对朴素贝叶斯分类模型的学习,可以知道,在分类之前,已知的数据集合为 $\boldsymbol{D}=\{\boldsymbol{A}_1,\boldsymbol{A}_2,\cdots,\boldsymbol{A}_n,\boldsymbol{C}\}$,其中 $\boldsymbol{A}_1,\boldsymbol{A}_2,\cdots,\boldsymbol{A}_n$ 表示条件属性,$\boldsymbol{C}$ 表示决策属性。下面开始介绍半朴素贝叶斯分类模型的描述。

(1) 模型由新的 m 个结点 $\boldsymbol{B}_1,\boldsymbol{B}_2,\cdots,\boldsymbol{B}_m(1\leqslant i\leqslant m\leqslant n)$ 构成,其中,$\boldsymbol{B}_i$ 是$\{\boldsymbol{A}_1,\boldsymbol{A}_2,\cdots,\boldsymbol{A}_n\}$的重新划分,是原属性集的一个子集。

(2) 划分到不同组的属性之间需要满足不相交的条件且所有组的属性合并以后所构成的整体的集合是原属性集。即:$\boldsymbol{B}_i\cap\boldsymbol{B}_j=\varnothing,i\neq j,1\leqslant i,j\leqslant m$;$\boldsymbol{B}_1\cup\boldsymbol{B}_2\cup\cdots\cup\boldsymbol{B}_m=\{\boldsymbol{A}_1,\boldsymbol{A}_2,\cdots,\boldsymbol{A}_n\}$。

(3) 当 $i\neq j$ 时,$\boldsymbol{B}_i$ 和 $\boldsymbol{B}_j$ 相对于类变量 $\boldsymbol{C}$ 而言是条件独立的,即:

$$P(\boldsymbol{B}_i,\boldsymbol{B}_j\mid\boldsymbol{C})=P(\boldsymbol{B}_i\mid\boldsymbol{C})P(\boldsymbol{B}_j\mid\boldsymbol{C}),\quad(i\neq j,1\leqslant i,j\leqslant m)\tag{7.9}$$

(4) 保证每个组属性结点 $\boldsymbol{B}_i(1\leqslant i\leqslant m)$ 中条件属性的个数不大于 k,即它的势小于或者等于预先设定的 k 值。这里所说的 k 值是用来控制网络复杂度的:当 k 等于 1 时,半朴素贝叶斯分类模型就简化为原始的朴素贝叶斯分类模型;但当 k 值过大时,半朴素贝叶斯分类模型结构就会变得很复杂,就会发生过分拟合的情况。

记笔记

根据上述过程,可以得出半朴素贝叶斯分类模型的公式为:

$$\boldsymbol{C}_{\mathrm{SNBC}} = \arg\max_{C_i \in C} P(C_i) \prod_{j=1}^{m} P(\boldsymbol{b}_j / C_i) \tag{7.10}$$

式中,$\boldsymbol{b}_j$ 是一组数值向量,是组属性 $\boldsymbol{B}_j$ 中包含的条件属性 $\boldsymbol{A}_{j1}, \boldsymbol{A}_{j2}, \cdots, \boldsymbol{A}_{jk}$ 分别取值 $a_{j1}, a_{j2}, \cdots, a_{jk}$ 时的数值向量,即 $\boldsymbol{b}_j = \{a_{j1}, a_{j2}, \cdots, a_{jk}\}$。

半朴素贝叶斯分类模型的优点:半朴素贝叶斯分类模型考虑了属性之间存在的关联,并根据属性之间的关联性分割成若干个不相交和独立的属性组,同时允许同一个属性组内的属性之间是相互依赖的。这样在很大程度上减少了属性的独立性假设对分类性能的不良影响。

半朴素贝叶斯分类模型的缺点:半朴素贝叶斯分类模型的关键是如何利用启发式搜索过程获取条件互信息,从而有效而快速构成"组合属性"。但是,如果目标数据集过于庞大,或者数据集中的属性太多,那么计算条件互信息时就可能需要指数级的时间,这对运行环境有一定的要求,很可能会造成系统的崩溃。因此半朴素贝叶斯分类模型在使用上有一定的局限性。

7.4.2 树增强朴素贝叶斯分类模型

树增强朴素贝叶斯分类模型(Tree-Augmented Naive Bayesian Classifier,TAN)是一种由 Friedman 等提出的改进朴素贝叶斯的树状形贝叶斯网络模型,在实际应用中的,它的分类性能显著高于朴素贝叶斯分类模型。

TAN 的基本思路是考虑对朴素贝叶斯分类模型进行增强,在保留其结构特点、放松朴素贝叶斯的独立性假设条件的同时,允许一定的依赖关系出现在属性变量之间。TAN 要求属性结点除了类结点为父结点外,最多能有一个其他的非类属性能够作为父结点。树增强朴素贝叶斯分类模型结构图如图 7.3 所示。

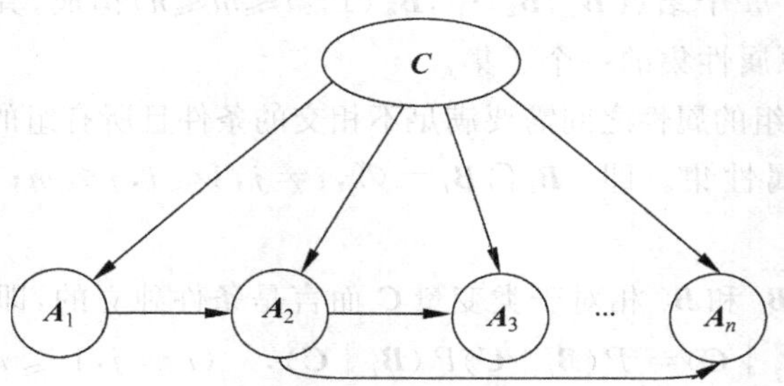

图 7.3 TAN 模型结构图

在分类之前,已知数据集合为 $\boldsymbol{D} = \{\boldsymbol{A}_1, \boldsymbol{A}_2, \cdots, \boldsymbol{A}_n, \boldsymbol{C}\}$。其中 $\boldsymbol{A}_1, \boldsymbol{A}_2, \cdots, \boldsymbol{A}_n$ 表示条件属性,$\boldsymbol{C}$ 表示类结点。在 TAN 树形结构中,属性 $\boldsymbol{A}_i$ 的父结点集合用 $\prod \boldsymbol{A}_i$ 表示。类作为

记笔记

树的根结点，是没有父结点的；条件属性最多只有一个非类的父结点。因此有：$\prod \boldsymbol{C} = \phi$，$\boldsymbol{C} \subset \prod \boldsymbol{A}_i$，$\prod \boldsymbol{A}_i \leqslant 2$。由此可得，待分类样本 $\boldsymbol{X} = \{a_1, a_2, \cdots, a_n\}$ 被 TAN 分类器判别给 $\boldsymbol{C}$ 中的某一个类 $C_i(0 \leqslant i \leqslant m)$ 的公式可以表述为：

$$\boldsymbol{C}_{\mathrm{TAN}}(\boldsymbol{X}) = \arg\max_{C_i \in C} P(C_i) \prod_{k=1}^{n} P(a_k \mid \prod a_k) \tag{7.11}$$

式中，$\prod a_k$ 有以下两种形式。

(1) $\prod a_k = \{C_j\}$，$(1 \leqslant j \leqslant m)$，即 a_k 没有非类的父结点。

(2) $\prod a_k = \{C_j, a_l\}$，$(1 \leqslant j \leqslant m, 1 \leqslant l \leqslant n, k \neq l)$，即 a_k 有一个非类的父结点。

因此，当 a_k 有一个非类的父结点时，就产生了如何确定 a_k 的非类父结点这一关键问题。

这里主要介绍由 Friedman 等提出的基于分布的构造算法（记为 Distribution Based 算法）。其步骤如下。

(1) 计算任意两个条件属性在类属性下的条件互信息值：

$$\boldsymbol{I}(\boldsymbol{A}_i, \boldsymbol{A}_j \mid \boldsymbol{C}) = \sum_{A_i, A_j, C} P(\boldsymbol{A}_i, \boldsymbol{A}_j, \boldsymbol{C}) \log_2 \frac{P(\boldsymbol{A}_i, \boldsymbol{A}_j \mid \boldsymbol{C})}{P(\boldsymbol{A}_i \mid \boldsymbol{C}) P(\boldsymbol{A}_j \mid \boldsymbol{C})}, \quad (1 \leqslant i, j \leqslant n) \tag{7.12}$$

(2) 遍历所有的条件属性，构造一个完全无向图，图中的每个点代表一个属性，每两个属性之间的弧用属性之间的条件互信息 $\boldsymbol{I}(\boldsymbol{A}_i, \boldsymbol{A}_j | \boldsymbol{C})$ 标记。

(3) 首先按计算出的权重把弧从大到小排序，然后遵守选择的弧不能构成回路的原则，按照被排好的序选择边，从而遍历构造出一颗最大权重跨度树。

(4) 在所有的属性结点中选择一个结点作为根结点。然后，从根结点开始，将所有的边设置为由根结点指向其余结点的边，从而将无向无环树转化为有向无环树。

(5) 增加一个代表类变量的结点，并增加类变量到各个条件属性结点之间的弧，构成一个最终的树增强朴素贝叶斯分类模型。

最大权重跨度树的结构如图 7.4 所示。虚线表示从类别结点指向各个属性的边，实线表示从属性之间的关系学习的最大支撑树。

在 TAN 中，采用了信息论中的条件互信息概念，利用它来度量出属性之间存在的依赖关系的程度。因为 $\boldsymbol{I}(\boldsymbol{A}_i, \boldsymbol{A}_j | \boldsymbol{C}) = \boldsymbol{I}(\boldsymbol{A}_j, \boldsymbol{A}_i | \boldsymbol{C})$，所以在 $\boldsymbol{C}$ 给定后，不论从 $\boldsymbol{A}_j$ 处获得 $\boldsymbol{A}_i$ 的信息量，还是从 $\boldsymbol{A}_i$ 处获得 $\boldsymbol{A}_j$ 的信息量，都是相等的。$\boldsymbol{I}(\boldsymbol{A}_i, \boldsymbol{A}_j | \boldsymbol{C})$ 值越大说明依赖程度越大。特别的情况是，当 $\boldsymbol{A}_i$ 和 $\boldsymbol{A}_j$ 在类属性 $\boldsymbol{C}$ 下独立时，有 $\boldsymbol{I}(\boldsymbol{A}_i, \boldsymbol{A}_j | \boldsymbol{C}) = 0$。得出这些值后，可以通过条件弧信息值来确定依赖性较高或者较低的属性对。

树增强朴素贝叶斯分类模型的优点如下。

(1) 树增强朴素贝叶斯分类模型很大程度上削弱了朴素贝叶斯模型的条件属性独立

笔记

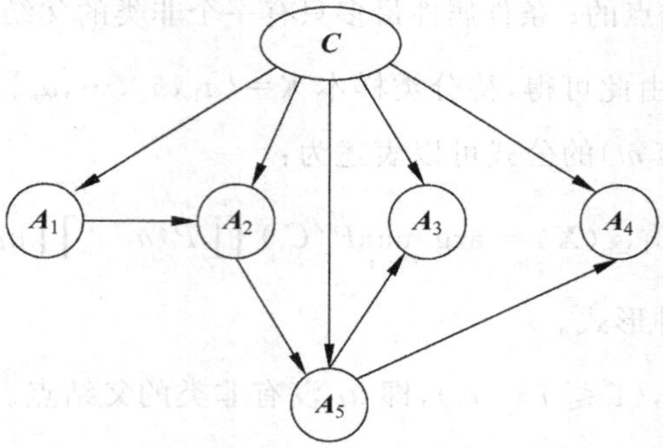

图 7.4　最大权重跨度树的结构

性假设。在数据集规模适中，额外开销不大的情况下，可以有效地提高分类的性能。

(2) 树增强朴素贝叶斯分类模型限制每个非类属性最多只能有一个非类别父结点，从而一方面可以减少搜索空间，另一方面可以有效缓解条件表的规模随着父结点的增加而急剧增长。这样不但减轻了从数据估计概率的问题，也允许了一定数量的属性之间的依赖性。

树增强朴素贝叶斯分类模型的缺点如下。

(1) 使用树增强朴素贝叶斯分类模型进行分类时，数据的属性必须是离散的。如果数据是连续型的，则需要预先做离散化处理，且要离散多少值，离散成什么样的值，都比较难以界定，在一定程度上增加了计算量。而且，离散过程也会相应地增加存储的空间，从而影响算法的性能。

(2) 树增强朴素贝叶斯分类模型需要条件属性之间的互信息值来度量属性之间的强弱关系，这就代表着树增强朴素贝叶斯分类模型与传统的朴素贝叶斯分类模型相比，需要更多的计算时间和更坚实的硬件条件(即模型的运行环境)。它以牺牲运行时间换来分类性能的提高。

(3) 树增强朴素贝叶斯分类模型是人为的分开属性，使得每个非类别属性结点最多只能有一个非类别属性结点作为其父结点，而与其他非类别属性结点之间依旧需要满足独立性假设，仍然存在朴素贝叶斯模型独立性假设带来的问题。

综上所述，树增强型朴素贝叶斯分类模型虽然有一定的缺陷，但是相比较于传统的朴素贝叶斯分类模型，在额外开销不大的情况下，仍然具有较好的分类效果。

7.4.3　贝叶斯网络

贝叶斯网络(Bayesian Network，BN)又称为贝叶斯信念网络，它的概念在 1988 年由 Pearl 提出后，已经成为近几年来研究的热点。贝叶斯网络是一种更高级、应用范围更广

记笔记

的贝叶斯分类算法。它既是概率推理的图形化网络，又是模型的一种重要的扩展。它的核心思想是将概率统计方法应用到复杂领域中进行不确定性推理及数据的分析，是目前表达不确定知识和推理的最有效果的理论模型之一。

相比于朴素贝叶斯分类算法的星形结构和 TAN 分类算法的树形结构，贝叶斯网络的结构能够避免有用信息的丢失，进而保证分类能力。贝叶斯网络分类算法使用联合概率的最优压缩展开式进行分类，充分利用了属性变量之间的依赖关系，能够更好地提高分类正确率。贝叶斯网络结构图如图 7.5 所示。

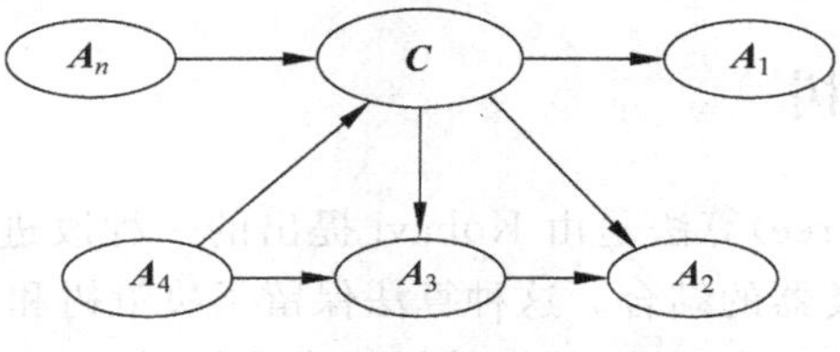

图 7.5 贝叶斯网络结构图

贝叶斯网络分类算法的结构是由$\{A_1, A_2, \cdots, A_n, C\}$构成的网络结构。一个贝叶斯网络包括两个部分，第一部分是有向无环图(DAG)，第二部分是一个条件概率表集合，两者结合就是贝叶斯网络。图 7.5 就是一个有向无环图，它含有两个部分，一个部分是结点，另一个部分是结点之间的有向边。在有向无环图中，用有向边来表示随机变量之间的条件依赖性，用每一个结点表示一个随机变量。条件概率表中的每一个元素对应有向无环图中唯一的结点。

构造与训练贝叶斯网络分为以下两个步骤。

(1) 首先要确定随机变量之间的拓扑关系，形成有向无环图。这一步通常需要实际领域的专家来辅助完成，需要进行不断迭代和改进才能建立一个好的拓扑结构。

(2) 训练贝叶斯网络。这一步也就是要完成算法中条件概率表的构造，如果每个随机变量的值都是可以直接观察的，那么这一步的训练可以较为简单的进行，方法类似于朴素贝叶斯分类。但是，如果贝叶斯网络中存在隐藏变量结点，在这种情况下训练方法就会比较复杂。

贝叶斯网络的优点如下。

(1) 贝叶斯网络采用了图像化的方式来表达数据之间的关系，给人更加直观、易懂的印象。

(2) 贝叶斯网络在继承了贝叶斯分类算法高分类精度的同时，基于联合概率分解的原理也有效避免了贝叶斯分类算法的指数复杂性问题。

(3) 贝叶斯网络能够较好地处理不确定、不完备的数据集。贝叶斯网络模型体现出的是整个的数据集之间的概率关系，因此它在数据存在缺失的情况下依然可以有效地进行建模。

记笔记

贝叶斯网络的缺点如下。

(1) 贝叶斯网络结构中的有向无环图必须是无环且是静态的。无环表示该算法考虑的是变量之间的单向关系，但是在实际中的很多情况下，变量是会相互影响的。静态则表示贝叶斯网络模型是静态的，这意味着它忽略了时间的因素，然而因果之间也是存在时间关系的。这些都会对分类效果产生影响。

(2) 贝叶斯网络在结构上比朴素贝叶斯分类算法复杂太多，要构造和训练出一个好的贝叶斯网络通常是十分困难的。

7.4.4 朴素贝叶斯树

朴素贝叶斯树(NBTree)算法是由 Kohavi 提出的一种改进的朴素贝叶斯算法，它是决策树和朴素贝叶斯分类器的结合。这种算法保留了决策树和朴素贝叶斯分类器的易解释性和计算量相对不大的特点，并且分类效果通常较好，特别适用于大型数据集。

朴素贝叶斯树算法的基本思想是在树的构建过程中，对产生的每个结点构建朴素贝叶斯分类器，并循环这个过程，直至所有结点都成为叶子结点，最后对每一个叶子结点都构建一个朴素贝叶斯分类算法。朴素贝叶斯树算法的输入为一个类别实例集合 $\boldsymbol{T}$，输出是叶子为朴素贝叶斯分类的决策树。

朴素贝叶斯树算法的描述如下。

(1) 对于属性($\boldsymbol{A}_1,\boldsymbol{A}_2,\cdots,\boldsymbol{A}_n$)，计算每个属性 $\boldsymbol{A}_i$ 的效用值$\mu(\boldsymbol{A}_i)$。如果是连续型属性，则计算阈值。

(2) 取得效用最高的属性，即

$$j=\arg\max_i \mu_i$$

(3) 如果 μ_j 不是显著优于当前结点，则为当前结点创建一个朴素贝叶斯分类器，然后返回。

(4) 根据 $\boldsymbol{A}_j$ 分割 $\boldsymbol{T}$。如果 $\boldsymbol{A}_j$ 是连续型的，则分割阈值；如果 $\boldsymbol{A}_j$ 是离散的，则对所有可能的值进行多向分割。

(5) 对每一个子结点递归调用前述步骤，使得 $\boldsymbol{T}$ 中的一部分能与子结点匹配。

朴素贝叶斯树算法在实际中的应用并不广泛，这里简单介绍一下它的两个优点：第一，算法过程非常清晰、直观，可理解性很强；第二，在计算复杂度不高的前提下能保持较高的分类正确率，有利于大型数据的集中利用。

7.4.5 属性加权朴素贝叶斯分类算法

朴素贝叶斯算法基于条件独立性假设，认为每个属性对类属性影响相同。但事实并非如此，如果把与分类无关的、冗余的及被噪声污染的属性和其他属性视为同等地位，就

记笔记

会导致分类的准确率下降。为提高朴素贝叶斯算法的准确率、扩大其适用范围，人们将各种属性加权算法和朴素贝叶斯算法相结合，根据各属性对分类影响的大小赋予不同的权重，将朴素贝叶斯算法扩展为加权朴素贝叶斯算法（WNBC）。其中，加权朴素贝叶斯分类算法的模型大多为：

$$\boldsymbol{C}(\boldsymbol{X}) = \operatorname{argmax} P(C_i)\prod_{j=1}^{n} P(X_i \mid C_i)\omega_i \quad (1 \leqslant j \leqslant n, 1 \leqslant i \leqslant m)$$

式中，ω_i 为属性 $\boldsymbol{A}_k$ 的权值。属性的权值越大表明该属性对分类的影响越大。

对于加权朴素贝叶斯分类算法而言，最重要的是权值的测量，如何找到一个合适的权值是该类算法的核心内容。这里简单介绍一下加权朴素贝叶斯分类算法，这种算法除了权值的计算外，还保留了经典的朴素贝叶斯分类算法的其他流程。算法的步骤如下。

（1）数据预处理阶段。通常情况下进行填补缺失值、数据离散化和去除无用属性的操作，也可以根据权值计算的需求对本步骤做出调整。

（2）概率统计参数学习。该步骤与朴素贝叶斯分类算法的学习过程相同。

（3）权值参数学习。扫描训练样本集，根据权值的定义规则，计算各属性 $\boldsymbol{A}_i$ 对应的权值 ω_i。

（4）算法生成。生成加权朴素贝叶斯概率表、属性权值表，即为改进的分类算法。

（5）分类。对于测试样本 $\boldsymbol{X}$，调用概率表及特征权值列表，得到分类结果。

与朴素贝叶斯算法相比，加权朴素贝叶斯算法的分类能力往往会有比较明显的提升。由此可以看出，加权朴素贝叶斯算法更加有效地利用了样本数据信息，对属性与类别之间的关联性进行了进一步利用，这也是分类性能提升的一个主要原因。

7.5 朴素贝叶斯算法 MATLAB 实践

朴素贝叶斯算法是目前公认的一种简单有效的分类方法，随着其分类模型的不断发展和完善，目前已被广泛地应用于模式识别、自然语言处理、机器人导航、规划、机器学习及利用贝叶斯网络技术构建和分析软件系统等诸多领域。当属性之间相关性较小时，分类效率好；当属性之间相关性较大时，分类不如决策树。

在 MATLAB 中，为方便用户对决策树算法的使用，MATLAB 中针对朴素贝叶斯分类算法封装了函数 fitcnb。函数最简单的使用方法为 Mdl=fitcnb(TBL,$\boldsymbol{Y}$)，其中，TBL 为样本属性值矩阵，$\boldsymbol{Y}$ 为样本标签。使用较为高级的调用方式可通过 Mdl=fitcnb(TBL,$\boldsymbol{Y}$,Name,Value)进行调用，其中，Name 为可选参数的名称，Value 为可选参数的参数取值，在未对可选参数赋值时，其取值为默认值。

利用 MATLAB 中自带的统计 3 种鸢尾属植物样本数据 fisheriris，其属性分别为花

记笔记

萼长度、花萼宽度、花瓣长度、花瓣宽度，标签分别为'setosa'、'versicolor'和'virginica'。具体代码实例如下(NB_Mat.m 文件)：

```
%% 朴素贝叶斯算法 MATLAB 实现
clear all;
close all;
clc;
load fisheriris
X = meas;
Y = species;
Mdl = fitcnb(X,Y)              % 训练朴素贝叶斯模型
Mdl.ClassNames                 % 对模型中的(分类名称)参数进行显示查看
Mdl.Prior                      % 对模型中的(先验概率)参数进行显示查看
```

运行后，MATLAB 命令行窗口显示结果如下：

```
Mdl =
  ClassificationNaiveBayes
              ResponseName: 'Y'
     CategoricalPredictors: []
                ClassNames: {'setosa' 'versicolor' 'virginica'}
            ScoreTransform: 'none'
           NumObservations: 150
         DistributionNames: {'normal' 'normal' 'normal' 'normal'}
    DistributionParameters: {3×4 cell}

Properties, Methods————单击该处

ans =
  3×1 cell 数组
    'setosa'
    'versicolor'
    'virginica'
ans =
    0.3333    0.3333    0.3333
```

分别单击上述 MATLAB 命令行窗口中的 Properties 和 Methods 超链接，在窗口中的显示分别如下。

记笔记

```
类 ClassificationNaiveBayes 的属性:
    Y
    X
    RowsUsed
    W
    ModelParameters
    NumObservations
    HyperparameterOptimizationResults
    PredictorNames
    CategoricalPredictors
    ResponseName
    ExpandedPredictorNames
    ClassNames
……(此处省略)
```

Properties 显示的是类 ClassificationNaiveBayes 的所有(可理解为生成的朴素贝叶斯模型)属性,是指通过 fitcnb 训练得到的模型所有属性,部分属性值可在 fitcnb 函数调用时进行定义,如上述程序中的 PredictorNames(描述各属性的名称)等。另外一部分则是对形成的模型的具体属性描述,如 Prior(描述模型的先验概率)等。由于各属性是属于训练成的模型,因此当需要观测和调用属性值时,可采用 MDL. XXX 调用,其中 MDL 表示训练生成的树的名称,XXX 表示属性名称。

```
类 ClassificationNaiveBayes 的方法:
compact        crossval         logP     margin    resubEdge
resubMargin    compareHoldout   edge     loss      predict
resubLoss      resubPredict
```

单击 Methods 显示的是类 ClassificationNaiveBayes(可理解为生成的朴素贝叶斯模型)的操作方法,共包括 12 种。

对于属性和方法的具体含义及使用方法,可通过 help ×××查询,×××为属性或者方法名。下面介绍分类预测(predict)的使用方法。其语法为:

```
predict(Mdl,x)
```

其中,Mdl 为上述生成的朴素贝叶斯模型,x 为预测个体的属性值向量。

在 MATLAB 命令行窗口中输入:

```
>> predict(Mdl,[1 0.2 0.4 2]);     %[1 0.2 0.4 2]为测试样本数据,可为向量和矩阵
```

记笔记

运行后输出结果为：

```
ans =
  cell
    'versicolor'
```

表示通过决策树分类后，属性值为[1 0.2 0.4 2]的鸢尾属植物为'versicolor'。

参考文献

[1] 程克非，张聪. 基于特征加权的朴素贝叶斯分类器[J]. 计算机仿真，2006，23(10)：92-94.

[2] 余芳，姜云飞. 一种基于朴素贝叶斯分类的特征选择方法[J]. 中山大学学报：自然科学版，2004，43(5)：118-120.

[3] 李方. 关于朴素贝叶斯分类算法的改进[D]. 重庆：重庆大学，2009.

[4] 喻凯西. 朴素贝叶斯分类算法的改进及其应用[D]. 北京：北京林业大学，2016.

第8章

线性回归

源码

回归是统计学中最有力的工具之一。机器学习监督学习算法分为分类算法和回归算法两种，其实就是根据类别标签分布类型为离散型、连续型而定义的。顾名思义，分类算法用于离散型分布预测，如KNN、决策树、朴素贝叶斯、AdaBoost、SVM都是分类算法。回归算法用于连续型分布预测，针对的是数值型的样本，使用回归，可以在给定输入时预测出一个数值，这是对分类方法的提升，因为这样可以预测连续型数据而不仅是离散的类别标签。

回归的目的就是建立一个回归方程用来预测目标值，回归的求解就是求这个回归方程的回归系数。预测的方法当然十分简单，回归系数乘以输入值再全部相加就得到了预测值。线性回归(Line Regression)是利用数理统计中回归分析，来确定两种或两种以上变量之间相互依赖的定量关系的一种统计分析方法，运用十分广泛。其表达形式为 $y=w^{\mathrm{T}}x+e$，e 为误差，服从均值为0的正态分布[1]。

8.1 线性回归原理

8.1.1 简单线性回归

回归最简单的定义是，给出一个点集 $\boldsymbol{D}$，用一个函数去拟合这个点集，并且使得点集与拟合函数之间的误差最小，如果这个函数曲线是一条直线，那就被称为简单线性回归。

简单线性回归就是很多做决定的过程，通常是根据两个或者多个变量之间的关系来建立方程，模拟两个或者多个变量之间如何关联。被预测的变量称为因变量(Dependent Variable)或输出(Output)；被用来进行预测的变量称为自变量(Independent Variable)或输入(Input)。

记笔记

简单线性回归包含一个自变量 x 和一个因变量 y，并且以上两个变量的关系可用一条直线来模拟。如果包含两个以上的自变量，则称为多元回归分析（Multiple Regression）。简单的线性回归模型是被用来描述因变量 y 和自变量 x 及偏差 error 之间关系的方程。其模型为：

$$y=\beta_0+\beta_1 x+\varepsilon \tag{8.1}$$

式中，$\beta_i(i=1,2)$为参数；ε 为偏差，是一个随机变量，服从均值为零的正态分布。由于正太分布的偏差 ε 的期望值是零，因此简单的线性归回方程为：

$$E(y)=\beta_0+\beta_1 x \tag{8.2}$$

这个方程对应的图像是一条直线，称为回归线。式中，β_0 为回归线的截距；β_1 为回归线的斜率；$E(y)$为在一个给定 x 值下 y 的期望值（均值）。所以 $E(y)$与 x 之间具有如下 3 种关系，分别如图 8.1～图 8.3 所示。

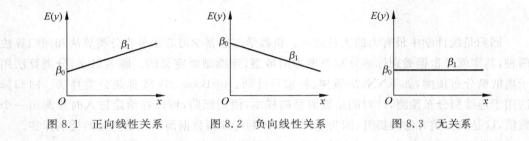

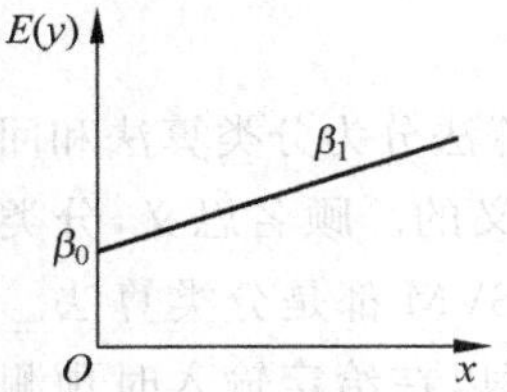

图 8.1　正向线性关系

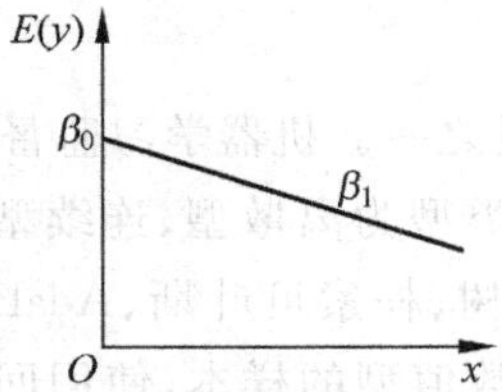

图 8.2　负向线性关系

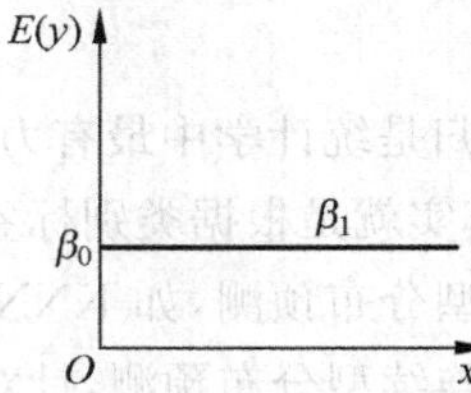

图 8.3　无关系

简单线性回归方程的估计方程为：

$$\hat{y}=b_0+b_1 x \tag{8.3}$$

这个方程称为估计的线性回归方程。式中，b_0 为估计线性方程的纵截距，是对真实的β_0 的一个估计；b_1 为估计线性方程的斜率，是对真实的β_1 的一个估计；$\hat{y}$是在自变量 x 等于一个给定值时 y 的估计值。

8.1.2　线性回归实例

下面是某商家提供的广告数量与卖出产品的数量关系，用于线性回归模型举例，如表 8.1 所示。

表 8.1　广告数量与卖出产品数量表

广告数量(x)	卖出产品数量(y)	广告数量(x)	卖出产品数量(y)
1	14	3	27
3	24	$\sum x=10$	$\sum y=100$
2	18		
1	17	$\bar{x}=2$	$\bar{y}=20$

记笔记

线性回归的目标就是找到一条最佳的直线来表达 x 与 y 的关系，如图 8.4 所示。

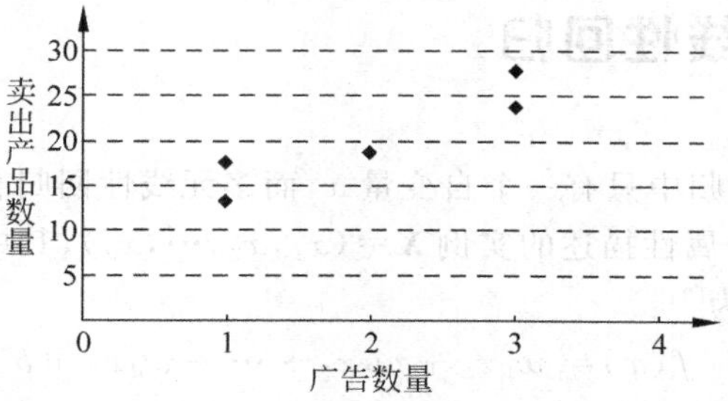

图 8.4 广告数量与卖出产品数量的关系

以式(8.4)为评价标准，可以找到这条直线。

$$\min \sum (y_i - \hat{y}_i)^2 \tag{8.4}$$

经过求导化简，可得到式(8.5)与式(8.6)

$$b_1 = \frac{\sum (x_i - \bar{x})(y_i - \bar{y})}{\sum (x_i - \bar{x})^2} \tag{8.5}$$

$$b_0 = \bar{y} - b_1 \bar{x} \tag{8.6}$$

根据表 8.1 所示的数据，可得：

$$b_1 = \frac{(1-2)(14-20)+(3-2)(24-20)+\cdots}{(1-2)^2+(3-2)^2+\cdots} = \frac{20}{4} = 5$$

$$b_0 = 20 - 5 \times 2 = 10$$

所以，线性回归方程为：

$$\hat{y} = 10 + 5x$$

得到的直线如图 8.5 所示。

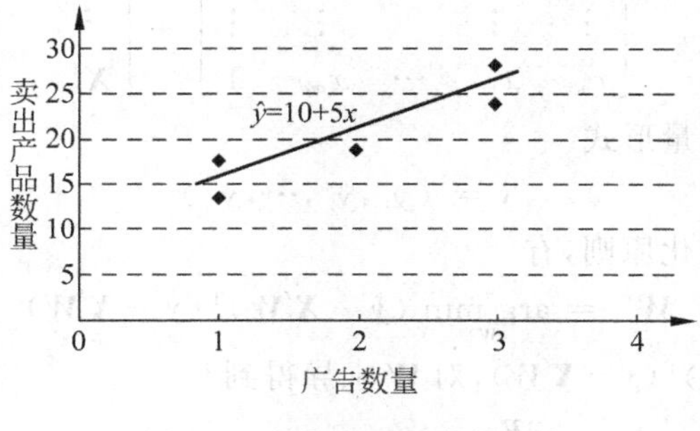

图 8.5 最优方程对应的直线

8.2 多元线性回归

前面介绍的线性回归中只有一个自变量 x，而多元线性回归有多个自变量，其形式为一个向量。给定由 d 个属性描述的实例 $\boldsymbol{X}=(x_1,x_2,\cdots,x_d)$，其中 x_i 是 $\boldsymbol{X}$ 属性的第 i 个值，多元线性回归模型为[2]：

$$f(x)=w_1x_1+w_2x_2+\cdots+w_dx_d+b \tag{8.7}$$

一般用向量的表示形式为：

$$f(x)=\boldsymbol{w}^{\mathrm{T}}\boldsymbol{X}+b \tag{8.8}$$

式中，$\boldsymbol{w}=(w_1,w_2,\cdots,w_d)$。经过学习得到 $\boldsymbol{w}$ 与 b，多元线性回归模型就确定了。多元线性回归模型形式简单、易于建模，其中蕴含着机器学习中一些重要的基本思想。许多功能更为强大的非线性模型都以线性模型为基础。

给定数据集 $\boldsymbol{D}=\{(\boldsymbol{X}_1,y_1),(\boldsymbol{X}_2,y_2),\cdots,(\boldsymbol{X}_m,y_m)\}$，其中 $\boldsymbol{X}_i=(x_{i1},x_{i2},\cdots,x_{id})$，$y_i\in\boldsymbol{R}$。多元线性回归试图用一个线性模型以尽可能准确地预测实输出。

多元线性回归试图学得模型为：

$$f(\boldsymbol{X}_i)=\boldsymbol{w}^{\mathrm{T}}\boldsymbol{X}_i+b \tag{8.9}$$

多元线性回归模型就是通过确定 $\boldsymbol{w}$ 和 b，使 $f(\boldsymbol{X}_i)$ 无限接近 y_i。均方差有非常好的几何意义，它对应了常用的欧几里得距离或简称“欧式距离”。均方差是多元线性回归任务中常用的性能度量，因此可试图让反应 $f(\boldsymbol{X}_i)$ 与 y_i 接近程度的均方差最小化，即利用最小二乘法对 $\boldsymbol{w}$ 和 b 进行估计。为便于讨论，把 $\boldsymbol{w}$ 和 b 吸收入向量形式 $\boldsymbol{W}=(\boldsymbol{w},b)$，相应地，把数据集 $\boldsymbol{D}$ 表示为一个 $m\times(d+1)$ 大小的矩阵 $\boldsymbol{X}'$，其中每行对应于一个实例，该行前 d 个元素对应于实例的 d 个属性值，最后一个元素横置为 1，即

$$\boldsymbol{X}'=\begin{bmatrix} x_{11} & x_{12} & \cdots & x_{1d} & 1 \\ x_{21} & x_{22} & \cdots & x_{2d} & 1 \\ \vdots & \vdots & & \vdots & \vdots \\ x_{m1} & x_{m2} & \cdots & x_{md} & 1 \end{bmatrix}=\begin{bmatrix} \boldsymbol{X}_1^{\mathrm{T}} & 1 \\ \boldsymbol{X}_2^{\mathrm{T}} & 1 \\ \vdots & \vdots \\ \boldsymbol{X}_m^{\mathrm{T}} & 1 \end{bmatrix} \tag{8.10}$$

再把输出也写成向量形式

$$\boldsymbol{y}=(y_1,y_2,\cdots,y_m) \tag{8.11}$$

根据均方误差最小化原则，有

$$\boldsymbol{W}^*=\arg\min_{\boldsymbol{W}}(\boldsymbol{y}-\boldsymbol{X}'\boldsymbol{W})^{\mathrm{T}}(\boldsymbol{y}-\boldsymbol{X}'\boldsymbol{W}) \tag{8.12}$$

令，$\boldsymbol{E}_W=(y-\boldsymbol{X}'\boldsymbol{W})^{\mathrm{T}}(y-\boldsymbol{X}'\boldsymbol{W})$，对 $\boldsymbol{W}$ 求导得到

$$\frac{\partial \boldsymbol{E}_W}{\partial \boldsymbol{W}}=2\boldsymbol{X}'^{\mathrm{T}}(\boldsymbol{X}'\boldsymbol{W}-\boldsymbol{y}) \tag{8.13}$$

令式(8.13)为零可得 $\boldsymbol{W}$ 最优解的闭式解，但由于涉及矩阵逆的计算，比单变量形要

记笔记

复杂一些。下面做一个简单的讨论。

当$\boldsymbol{X}'^{\mathrm{T}}\boldsymbol{X}'$为满秩矩阵或正定矩阵时，令式(8.13)为零可得

$$\boldsymbol{W}^* = (\boldsymbol{X}'^{\mathrm{T}}\boldsymbol{X}')^{-1}\boldsymbol{X}'^{\mathrm{T}}\boldsymbol{y} \tag{8.14}$$

式中，$(\boldsymbol{X}'^{\mathrm{T}}\boldsymbol{X}')^{-1}$为矩阵$\boldsymbol{X}'^{\mathrm{T}}\boldsymbol{X}'$的逆矩阵。令$\boldsymbol{X}_i^* = (\boldsymbol{X}_i, 1)$，则最终得到的多元线性回归模型为：

$$f(\boldsymbol{X}_i^*) = \boldsymbol{X}_i^{*\mathrm{T}}(\boldsymbol{X}'^{\mathrm{T}}\boldsymbol{X}')^{-1}\boldsymbol{X}'^{\mathrm{T}}\boldsymbol{y} \tag{8.15}$$

然而，现实任务中$\boldsymbol{X}'^{\mathrm{T}}\boldsymbol{X}'$往往不是满秩矩阵。例如，在许多任务中会遇到大量的变量，其数目甚至超过样例数，导致$\boldsymbol{X}'$的列数多于行数，$\boldsymbol{X}'^{\mathrm{T}}\boldsymbol{X}'$显然不满秩。此时可解出多个$W$，它们都能使均方差最小化，选择哪一个解作为输出，将由学习算法的归纳偏好决定，常见的做法是引入正则化项[3]。

8.3 线性回归算法的MATLAB实践

在MATLAB中，为方便用户对线性回归算法的使用，MATLAB中针对线性回归封装了函数fitlm，该函数不仅适用于前面提到的简单线性回归，同时也适用于多元线性回归。函数fitlm的使用方法有如下几种。

```
mdl = fitlm(tbl)
mdl = fitlm(tbl,modelspec)
mdl = fitlm(X,y)
mdl = fitlm(X,y,modelspec)
mdl = fitlm(X,y,Name,Value) 或者 mdl = fitlm(tbl,Name,Value)
```

其中，tbl表示样本的属性和标签的Table格式的数据，且最后一列为样本标签；modelspec表示线性拟合的方式，其相关参数可为：'constant'，'linear'，'interactions'，'purequadratic'，'quadratic'等，分别表示常数回归拟合(即一条横线)，直线拟合，可存在交叉项的拟合(但不存在平方项)，存在平方项的拟合(但不存在交叉项)，交叉项和平方项同时存在的拟合；$\boldsymbol{X}$表示样本属性矩阵；$\boldsymbol{y}$表示样本标签的向量；Name为可选参数的名称；Value为可选参数的参数取值，在未对可选参数赋值时，其取值为默认值。

本实例的数据来源于MATLAB自带的carsmall数据集，在本实例中将以Weight和Acceleration为自变量，MPG(Miles Per Gallon)为因变量进行拟合。具体代码实例如下(LineRe_Mat.m文件)：

```
%% 线性回归算法 MATLAB 实现
clear all;
```

记笔记

```
close all;
clc;
load carsmall                                              % 载入汽车数据
tbl = table(Weight,Acceleration,MPG,'VariableNames'...
,{'Weight','Acceleration','MPG'});
lm = fitlm(tbl,'MPG~Weight + Acceleration')   % 以 Weight 和 Acceleration 为自变量,MPG 为
                                              % 因变量的线性回归
plot3(Weight,Acceleration,MPG,'*')                         % 绘制数据点图
hold on
axis([min(Weight) + 2  max(Weight) + 2  min(Acceleration) + 1  max(Acceleration) + 1
  min(MPG) + 1  max(MPG) + 1])
title('二元回归')                                          % 编辑图形名称
xlabel('Weight')                                           % 编辑 x 坐标轴名称
ylabel('Acceleration')                                     % 编辑 y 坐标轴名称
zlabel('MPG')                                              % 编辑 z 坐标轴名称
X = min(Weight):20:max(Weight) + 2 ;                       % 生成用于绘制二元拟合面的 X 轴数据
Y = min(Acceleration):max(Acceleration) + 1;               % 生成用于绘制二元拟合面的 Y 轴数据
[XX,YY] = meshgrid(X,Y);                                   % 生成 XY 轴的网格数据
Estimate = table2array(lm.Coefficients);                   % 将计算得到的 table 格式的拟合参数转换为
                                                           % 矩阵形式
Z = Estimate(1,1) + Estimate(2,1) * XX + Estimate(3,1) * YY;    % 计算拟合面的 Z 轴数据
mesh(XX,YY,Z)                                              % 绘制网格形式的二元拟合面
hold off
```

运行后 MATLAB 命令行窗口显示结果如下：

```
lm =
Linear regression model:
    MPG ~ 1 + Weight + Acceleration

Estimated Coefficients:
                       Estimate         SE          tStat        pValue
                     __________    __________    _________    __________

    (Intercept)         45.155         3.4659       13.028    1.6266e-22
    Weight          -0.0082475     0.00059836      -13.783    5.3165e-24
    Acceleration       0.19694        0.14743       1.3359       0.18493

Number of observations: 94, Error degrees of freedom: 91
```

记笔记

```
Root Mean Squared Error: 4.12
R-squared: 0.743, Adjusted R-Squared 0.738
F-statistic vs. constant model: 132, p-value = 1.38e-27
```

其中,lm 输出了模型的相关参数,MPG～1＋Weight＋Acceleration 表示该拟合模型是包含常量的,且以 Weight 和 Acceleration 为自变量,MPG 为因变量的模型。Estimated Coefficients(参数估计表)为 3×4 的 Table 数据,第一列表示拟合参数,第二列(SE)表示残差平方,第三列(tStat)表示 t 统计量,第四列(pValue)表示 P 检验值。plot3 和 mesh 函数进行绘图输出线性拟合结果如图 8.6 所示。

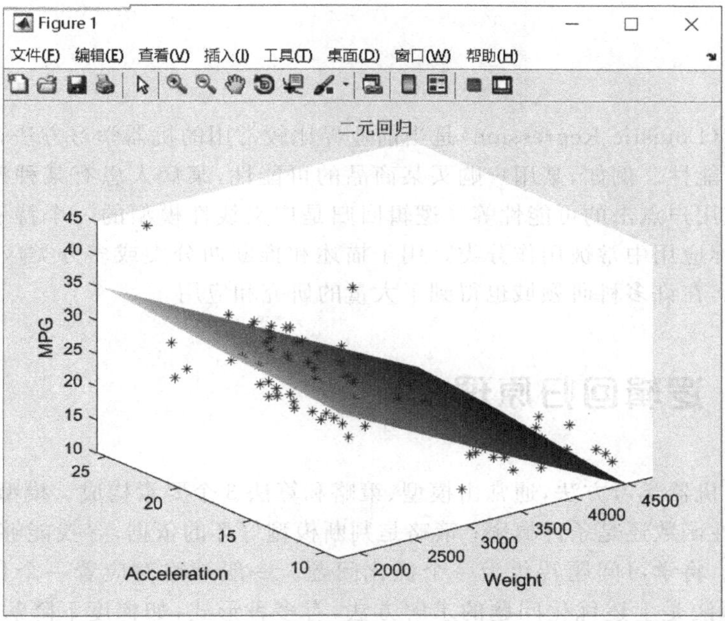

图 8.6　二元拟合图

参考文献

[1]　王松桂,陈敏,陈立萍. 线性统计模型：线性回归与方差分析[M]. 北京：高等教育出版社,1999.

[2]　王惠文,孟洁. 多元线性回归的预测建模方法[J]. 北京航空航天大学学报, 2007, 33(4): 500-504.

[3]　周志华. 机器学习[M]. 北京：清华大学出版社,2016.

第9章

逻辑回归

源码

逻辑回归(Logistic Regression)是当前业界比较常用的机器学习方法,用于估计某个事件发生的可能性。例如,某用户购买某商品的可能性,某病人患有某种疾病的可能性,以及某广告被用户点击的可能性等。逻辑回归是广义线性模型的一个特例,虽然被称为回归,但在实际应用中常被用作分类。用于描述和推断两分类或多分类应变量与一组解释变量的关系,在许多科研领域也得到了大量的研究和应用。

9.1 逻辑回归原理

对于一个机器学习方法,通常由模型、策略和算法3个要素构成。模型是假设空间的形式,如是线性函数还是条件概率;策略是判断模型好坏的依据,寻找能够表示模型好坏的数学表达式,将学习问题转化为一个优化问题。一般策略对应着一个代价函数(Cost Function);算法是上述优化问题的求解方法,有多种形式,如梯度下降法、直接求导、遗传算法等。对于逻辑回归也一样。首先,它依然是基于线性模型的,但是为了解决分类问题,需要把线性模型的输出做一个变换,这就用到了Sigmoid函数,它能够把实数域的输出映射到(0,1)区间。这就为输出提供了很好的概率解释。但是从本质上来说,逻辑回归还是一种广义的线性模型。对于策略来说,经过推导可以知道,它采用了交叉熵损失函数。最后为了最小化损失函数,逻辑回归采用了梯度下降方法。综合这3个因素,就构成了逻辑回归算法[1]。

9.1.1 Sigmoid函数

Sigmoid函数的表达式如下:

记笔记

$$g(z)=\frac{1}{1+e^{-z}} \tag{9.1}$$

函数形式如图 9.1 所示。

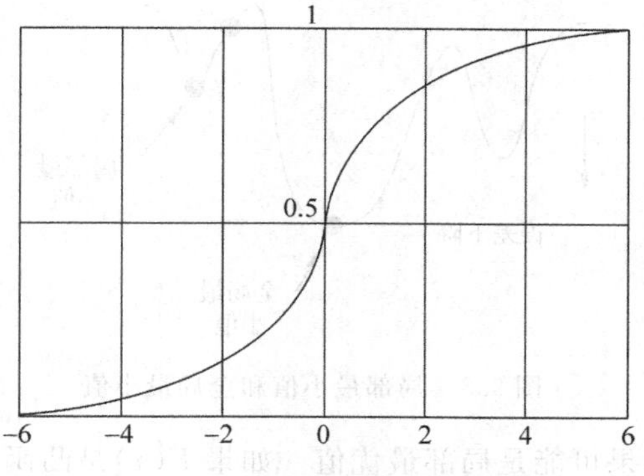

图 9.1　Sigmoid 函数形式

由此可见 Sigmoid 函数的值域范围为(0,1)。实际上这是一个逻辑分布的特例。后面会讲到如何使用 Sigmoid 函数来构造逻辑回归算法。

9.1.2　梯度下降法

梯度下降法(Gradient Descent,GD)是一种常见的最优化算法,用于求解函数的最大值或最小值。在高等数学中,求解一个函数的最小值时,最常用的方法就是求出它的导数为 0 的那个点,进而判断这个点是否能够取最小值。但是,在实际很多情况中,很难求解出使函数的导数为 0 的解析表达式,这时就可以使用梯度下降。梯度下降法的含义是不断地沿着梯度的方向更新参数以期望到达函数的极值点。主要是因为对于一个函数来说梯度方向下降是最快的方向,所以这种更新不仅合理,而且很有效率。具体来说,为了选取一个 θ 并且使 $J(\theta)$ 最小,首先可以先随机选择 θ 的一个初始值,然后不断修改 θ 以减小 $J(\theta)$,直到 θ 的值不再改变,其过程如图 9.2 所示。对于梯度下降法,可以表示为:

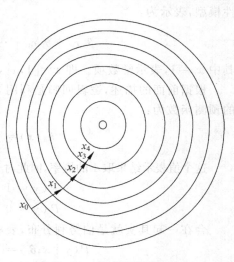

$$\theta_j \leftarrow \theta_j-\alpha\frac{\partial J(\theta)}{\partial \theta_j}$$

即不断地向梯度的那个方向(减小最快的方向)更新 θ,最终使得 $J(\theta)$ 最小。式中,α 为学

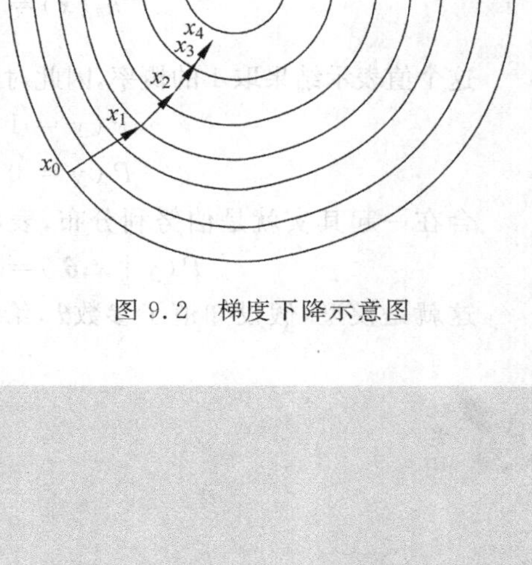

图 9.2　梯度下降示意图

习速率(Learning Rate),取值太小会导致迭代过慢,取值太大可能错过最值点,如图 9.3 所示。

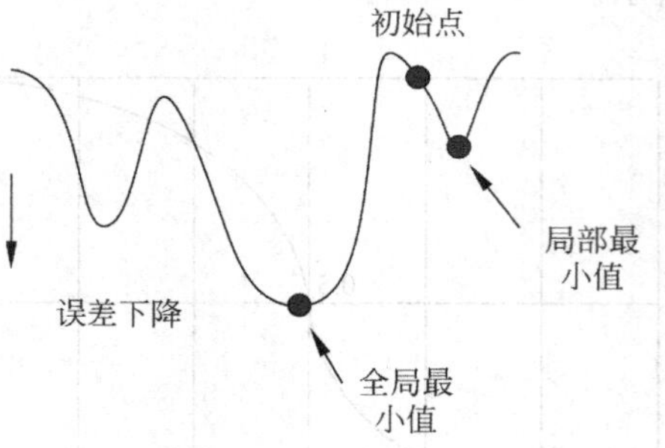

图 9.3 局部最小值和全局最小值

梯度下降得到的结果可能是局部最优值。如果 $F(x)$ 是凸函数,则可以保证梯度下降得到的是全局最优值。

9.2 逻辑回归理论推导

9.2.1 逻辑回归理论公式推导

9.1 节介绍了一些背景铺垫知识和逻辑回归的思想,本节将正式推导逻辑回归算法。包括模型的建立、代价函数的选择及利用 GD 推导得到的迭代结果。首先,假设有一个线性模型,表示为:

$$\theta_0 x_0 + \theta_1 x_1 + \cdots + \theta_n x_n = \sum_{i=0}^{n} \theta_i x_i = \boldsymbol{\theta}^{\mathrm{T}} \boldsymbol{x} \tag{9.2}$$

其中 $x_0=1$,表示常数项。即 $\boldsymbol{x}=[1,x_1,x_2,\cdots,x_n]^{\mathrm{T}}$。

根据前面的描述,逻辑回归是利用 Sigmoid 函数对线性输出做了变换,因此最终构造的预测函数为:

$$h_\theta(\boldsymbol{x}) = g(\boldsymbol{\theta}^{\mathrm{T}}\boldsymbol{x}) = \frac{1}{1+\mathrm{e}^{-\boldsymbol{\theta}^{\mathrm{T}}\boldsymbol{x}}} \tag{9.3}$$

这个值表示结果取 1 的概率,因此对于输入 $\boldsymbol{x}$ 分类结果为类别 1 和类别 0 的概率分别为:

$$\begin{aligned} P(y=1 \mid \boldsymbol{x};\boldsymbol{\theta}) &= h_\theta(\boldsymbol{x}) \\ P(y=0 \mid \boldsymbol{x};\boldsymbol{\theta}) &= 1-h_\theta(\boldsymbol{x}) \end{aligned} \tag{9.4}$$

合在一起其实就是伯努利分布,表示为:

$$P(y \mid \boldsymbol{x};\boldsymbol{\theta}) = (h_\theta(\boldsymbol{x}))^y (1-h_\theta(\boldsymbol{x}))^{1-y} \tag{9.5}$$

这就是模型,假设知道了参数 $\boldsymbol{\theta}$,给定一个输入 $\boldsymbol{x}$,根据预测模型,就能得到当前样本

记笔记

点属于两个类的概率。问题是如何求解$\boldsymbol{\theta}$，显然需要定义一个指标来衡量$\boldsymbol{\theta}$的表现，这就是代价函数。利用最大似然法，对于一个具有 m 个样本的训练集来说，似然函数表示为：

$$L(\boldsymbol{\theta})=\prod_{i=1}^{m}P(y^{(i)}\mid \boldsymbol{x}^{(i)};\boldsymbol{\theta})=\prod_{i=1}^{m}(h_\theta(\boldsymbol{x}^{(i)}))^{y^{(i)}}(1-h_\theta(\boldsymbol{x}^{(i)}))^{1-y^{(i)}} \tag{9.6}$$

对数似然函数为：

$$l(\boldsymbol{\theta})=\log L(\boldsymbol{\theta})=\sum_{i=1}^{m}(y^{(i)}\log h_\theta(\boldsymbol{x}^{(i)})+(1-y^{(i)})\log(1-h_\theta(\boldsymbol{x}^{(i)}))) \tag{9.7}$$

最合适的$\boldsymbol{\theta}$应该是使式(9.7)的值最大。在一般文献中，代价函数的形式为：

$$\begin{aligned}J(\boldsymbol{\theta})&=\frac{1}{m}\sum_{i=1}^{m}\mathrm{Cost}(h_\theta(\boldsymbol{x}^{(i)}),y^{(i)})\\&=-\frac{1}{m}\left[\sum_{i=1}^{m}y^{(i)}\log h_\theta(\boldsymbol{x}^{(i)})+(1-y^{(i)})\log(1-h_\theta(\boldsymbol{x}^{(i)}))\right]\end{aligned} \tag{9.8}$$

式(9.8)是式(9.7)的$-1/m$，而一个是求最大值，一个是求最小值，因此是等价的，这就是逻辑回归代价函数的由来。有了代价函数，算法就是利用梯度下降寻找$\boldsymbol{\theta}$的更新策略。根据前面的介绍：

$$\theta_j:=\theta_j-\alpha\frac{\partial}{\partial\theta_j}J(\boldsymbol{\theta}),\quad(j=0,1,\cdots,n) \tag{9.9}$$

带入，并求偏导：

$$\begin{aligned}\frac{\partial}{\partial\theta_j}J(\boldsymbol{\theta})&=-\frac{1}{m}\sum_{i=1}^{m}\left(y^{(i)}\frac{1}{h_\theta(X^{(i)})}\frac{\partial}{\partial\theta_j}h_\theta(X^{(i)})-(1-y^{(i)})\frac{1}{1-h_\theta(X^{(i)})}\frac{\partial}{\partial\theta_j}h_\theta(X^{(i)})\right)\\&=-\frac{1}{m}\sum_{i=1}^{m}\left(y^{(i)}\frac{1}{g(\theta^{\mathrm{T}}x^{(i)})}-(1-y^{(i)})\frac{1}{1-g(\theta^{\mathrm{T}}x^{(i)})}\right)\frac{\partial}{\partial\theta_j}g(\theta^{\mathrm{T}}x^{(i)})\\&=-\frac{1}{m}\sum_{i=1}^{m}\left(y^{(i)}\frac{1}{g(\theta^{\mathrm{T}}x^{(i)})}-(1-y^{(i)})\frac{1}{1-g(\theta^{\mathrm{T}}x^{(i)})}\right)g(\theta^{\mathrm{T}}x^{(i)})\\&\quad(1-g(\theta^{\mathrm{T}}x^{(i)}))\frac{\partial}{\partial\theta_j}\theta^{\mathrm{T}}x^{(i)}\\&=-\frac{1}{m}\sum_{i=1}^{m}(y^{(i)}(1-g(\theta^{\mathrm{T}}x^{(i)}))-(1-y^{(i)})g(\theta^{\mathrm{T}}x^{(i)}))x_j^{(i)}\\&=-\frac{1}{m}\sum_{i=1}^{m}(y^{(i)}-g(\theta^{\mathrm{T}}x^{(i)}))x_j^{(i)}\\&=-\frac{1}{m}\sum_{i=1}^{m}(y^{(i)}-h_\theta(X^{(i)}))x_j^{(i)}\\&=\frac{1}{m}\sum_{i=1}^{m}(h_\theta(X^{(i)})-y^{(i)})x_j^{(i)}\end{aligned}$$

Sigmoid 函数求导结果为：

$$f(\boldsymbol{x})=\frac{1}{1+\mathrm{e}^{g(x)}}$$

记笔记

$$\frac{\partial}{\partial x}f(\boldsymbol{x})=\frac{1}{(1+\mathrm{e}^{g(x)})^2}\mathrm{e}^{g(x)}\frac{\partial}{\partial x}g(\boldsymbol{x})$$
$$=\frac{1}{1+\mathrm{e}^{g(x)}}\frac{\mathrm{e}^{g(x)}}{1+\mathrm{e}^{g(x)}}\frac{\partial}{\partial \boldsymbol{x}}g(\boldsymbol{x})$$
$$=f(\boldsymbol{x})(1-f(\boldsymbol{x}))\frac{\partial}{\partial \boldsymbol{x}}g(\boldsymbol{x}) \tag{9.10}$$

因此，式(9.9)的更新过程可以写成：

$$\theta_j := \theta_j - \alpha\frac{1}{m}\sum_{i=1}^{m}(h_\theta(X^{(i)})-y^{(i)})x_j{}^{(i)},\quad (j=0,1,\cdots,n) \tag{9.11}$$

因为，式中 α 本来为一常量，所以 $1/m$ 一般会省略，所以最终的$\boldsymbol{\theta}$更新过程为：

$$\theta_j := \theta_j - \alpha\sum_{i=1}^{m}(h_\theta(X^{(i)})-y^{(i)})x_j{}^{(i)},\quad (j=0,1,\cdots,n) \tag{9.12}$$

式中，α 为迭代步长；$h_\theta(X^{(i)})$为假设集在第 i 个样本处的取值；$y^{(i)}$为真实的标签值。

9.2.2 向量化

式(9.12)采用的是流处理的形式，也就是说每次只能更新$\boldsymbol{\theta}$的一个维度，然后利用循环计算向量$\boldsymbol{\theta}$。这种形式的代码实现，至少需要用到两层 for 循环，一层是对于$\boldsymbol{\theta}$的各个分量，一层是对于样本个数。而循环往往效率很低。因此有必要将式(9.12)改写成向量的形式，这样不仅计算效率高，代码也会变得很简洁。

为了向量化，第一步很直观地把 θ_j 变为$\boldsymbol{\theta}$。这个只需要把$x_j{}^{(i)}$替换成$\boldsymbol{x}^{(i)}$即可。结果如下：

$$\boldsymbol{\theta} := \boldsymbol{\theta} - \alpha\sum_{i=1}^{m}(h_\theta(X^{(i)})-y^{(i)})\boldsymbol{x}^{(i)},\quad (j=0,1,\cdots,n) \tag{9.13}$$

这里的$\sum$是一个求和的过程，显然需要一个 for 语句循环 m 次，所以根本没有完全地实现向量化。为了去掉求和符号，需要向量形式的表达，然后利用内积的形式计算求和。因此先对样本和标签向量化，即：

$$\boldsymbol{X}=\begin{bmatrix}\boldsymbol{x}^{(1)}\\ \boldsymbol{x}^{(2)}\\ \vdots\\ \boldsymbol{x}^{(m)}\end{bmatrix}=\begin{bmatrix}x_0{}^{(1)} & x_1{}^{(1)} & \cdots & x_n{}^{(1)}\\ x_0{}^{(2)} & x_1{}^{(2)} & \cdots & x_n{}^{(2)}\\ \vdots & \vdots & & \vdots\\ x_0{}^{(m)} & x_1{}^{(m)} & \cdots & x_n{}^{(m)}\end{bmatrix}$$

$$\boldsymbol{y}=\begin{bmatrix}y^{(1)}\\ y^{(2)}\\ \vdots\\ y^{(m)}\end{bmatrix} \tag{9.14}$$

记笔记

一般情况下，在机器学习的文章中，约定 $\boldsymbol{X}$ 的每一行为一条训练样本，而每一列为不同的特称值。待求取的参数 $\boldsymbol{\theta}$ 的矩阵形式为：

$$\boldsymbol{\theta}=\begin{bmatrix}\theta_0\\ \theta_1\\ \vdots\\ \theta_n\end{bmatrix} \tag{9.15}$$

用 $\boldsymbol{A}$ 表示线性输出，那么有：

$$\boldsymbol{A}=\boldsymbol{X}\cdot\boldsymbol{\theta}=\begin{bmatrix}x_0^{(1)} & x_1^{(1)} & \cdots & x_n^{(1)}\\ x_0^{(2)} & x_1^{(2)} & \cdots & x_n^{(2)}\\ \vdots & \vdots & & \vdots\\ x_0^{(m)} & x_1^{(m)} & \cdots & x_n^{(m)}\end{bmatrix}\cdot\begin{bmatrix}\theta_0\\ \theta_1\\ \vdots\\ \theta_n\end{bmatrix}=\begin{bmatrix}\theta_0 x_0^{(1)}+\theta_1 x_1^{(1)}+\cdots+\theta_n x_n^{(1)}\\ \theta_0 x_0^{(2)}+\theta_1 x_1^{(2)}+\cdots+\theta_n x_n^{(2)}\\ \vdots\\ \theta_0 x_0^{(m)}+\theta_1 x_1^{(m)}+\cdots+\theta_n x_n^{(m)}\end{bmatrix} \tag{9.16}$$

$\boldsymbol{A}$ 是一个列向量，经过 Sigmoid 函数变换后就得到预测输出，预测输出和真实标签的插值就是误差，表示为：

$$\boldsymbol{E}=h_\theta(\boldsymbol{X})-\boldsymbol{y}=\begin{bmatrix}g(\boldsymbol{A}^{(1)}-y^{(1)})\\ g(\boldsymbol{A}^{(2)}-y^{(2)})\\ \vdots\\ g(\boldsymbol{A}^{(m)}-y^{(m)})\end{bmatrix}=\begin{bmatrix}e^{(1)}\\ e^{(2)}\\ \vdots\\ e^{(m)}\end{bmatrix}=g(\boldsymbol{A})-\boldsymbol{y} \tag{9.17}$$

与式(9.13)相比，可以得到：

$$\begin{aligned}\begin{bmatrix}\theta_0\\ \theta_1\\ \vdots\\ \theta_n\end{bmatrix}&:=\begin{bmatrix}\theta_0\\ \theta_1\\ \vdots\\ \theta_n\end{bmatrix}-\alpha\cdot\begin{bmatrix}x_0^{(1)} & x_0^{(2)} & \cdots & x_0^{(m)}\\ x_1^{(1)} & x_1^{(2)} & \cdots & x_1^{(m)}\\ \vdots & & & \\ x_n^{(1)} & x_n^{(2)} & \cdots & x_n^{(m)}\end{bmatrix}\cdot\boldsymbol{E}\\ &=\boldsymbol{\theta}-\alpha\cdot\boldsymbol{X}^{\mathrm{T}}\cdot\boldsymbol{E}\end{aligned} \tag{9.18}$$

所以，综上所属，为了得到向量化的表达，只需要以下 3 步。

(1) 求 $\boldsymbol{A}=\boldsymbol{X\theta}$。

(2) 求 $\boldsymbol{E}=\boldsymbol{g}(\boldsymbol{A})-\boldsymbol{y}$。

(3) 求 $\boldsymbol{\theta}:=\boldsymbol{\theta}-\boldsymbol{\alpha}\boldsymbol{X}^{\mathrm{T}}\boldsymbol{E}$，其中 $\boldsymbol{X}^{\mathrm{T}}$ 表示矩阵 $\boldsymbol{X}$ 的转置。

9.2.3 逻辑回归算法的实现步骤

经过理论推导后，可以总结一下逻辑回归算法的实现步骤。逻辑回归算法大体分为 3 个步骤，即准备数据、训练模型和应用模型。具体如下。

(1) 给定训练集 $\boldsymbol{X}$、标签 $\boldsymbol{y}$、终止条件 ε、初始参数 $\boldsymbol{\theta}^0$、学习步长 α。

记笔记

(2) 重复以下步骤:

① 计算 $\boldsymbol{A}=\boldsymbol{X}\boldsymbol{\theta}_t$。

② 计算误差,$\boldsymbol{E}=\mathrm{Sigmoid}(\boldsymbol{A})-\boldsymbol{y}$。

③ 更新$\boldsymbol{\theta}$,$\boldsymbol{\theta}_{t+1}:=\boldsymbol{\theta}_t-\alpha\boldsymbol{X}^{\mathrm{T}}\boldsymbol{E}$。

④ 比较$|\boldsymbol{\theta}_{t+1}-\boldsymbol{\theta}_t|\leqslant\varepsilon$则跳出循环,执行步骤(3),否则继续循环执行步骤(2)。

(3) 预测,给定一个新样本 $\boldsymbol{x}_{\mathrm{new}}$,预测 $P(y_{\mathrm{new}}=1|\boldsymbol{x}_{\mathrm{new}})=\mathrm{Sigmoid}(\boldsymbol{x}_{\mathrm{new}}\boldsymbol{\theta}_{\mathrm{final}})$。

9.2.4 逻辑回归的优缺点

逻辑回归的优点如下。

(1) 预测结果的概率为 0~1。

(2) 可以适用于连续型和离散型变量。

(3) 容易使用和解释。

逻辑回归的缺点如下。

(1) 对模型中自变量多重共线性较为敏感,如两个高度相关自变量同时放入模型,可能导致较弱的一个自变量回归符号不符合预期,符号被扭转。需要利用因子分析或者变量聚类分析等手段来选择代表性的自变量,以减少候选变量之间的相关性。

(2) 预测结果呈"S"形,因此从 log(odds)向概率转化的过程是非线性的,在两端随着 log(odds)值的变化,概率变化很小,边际值太小,斜率太小,而中间概率的变化很大,很敏感。导致很多区间的变量变化对目标概率的影响没有区分度,无法确定阈值。

9.3 逻辑回归算法的改进

9.3.1 逻辑回归的正则化

正则化不是只在逻辑回归中存在,它是一个通用的算法和思想,所有会产生过拟合现象的算法都可以使用正则化来避免过拟合。一般来说,防止过拟合可以从两方面入手,一是减少模型复杂度,二是增加训练集样本数[2]。而正则化就是减少模型复杂度的一个方法。一般通过在目标函数上增加一个惩罚项。对于逻辑回归来说,为

$$J(\omega)=-\frac{1}{m}\left[\sum_{i=1}^{m}y_i\log h_\omega(x_i)+(1-y_i)\log(1-h_\omega(x_i))\right]+\lambda\Phi(\omega)$$

而这个正则化项一般会采用 L_1 范数或者 L_2 范数。其形式分别为:

$$\Phi(\omega)=\|x\|_1;\quad \Phi(\omega)=\|x\|_2$$

首先,针对 L_1 范数 $\Phi(\omega)=\lceil\omega\rceil$,当采用梯度下降方式来优化目标函数时,对目标函

数进行求导，正则化项导致的梯度变化当 $\omega_j>0$ 时取 1，当 $\omega_j<0$ 时取 -1。因此当 $\omega_j>0$ 时，ω_j 会减去一个正数，导致 ω_j 减小，而当 $\omega_j<0$ 时，ω_j 会减去一个负数，导致 ω_j 又变大，因此这个正则项会导致参数 ω_j 取值趋近于 0，也就是为什么 L_1 正则能够使权重稀疏，结果就是参数值受到控制会趋近于 0。L_1 正则还被称为 Lasso Regularization。

然后针对 L_2 范数 $\Phi(\omega)=\omega^T\omega$，同样对它求导，得到梯度变化为：

$$\frac{\partial \Phi(\omega)}{\partial \omega_j}=2\omega_j$$

一般会通过 $\lambda/2m$ 把这个系数 2 消掉。同样的更新之后使得 ω_j 的值不会变得特别大。在机器学习中也将 L_2 正则称为权重衰减(Weight Decay)，在回归问题中，关于 L_2 正则的回归还被称为岭回归(Ridge Regression)。权重衰减还有一个好处，它使得目标函数变为凸函数，梯度下降法和拟牛顿法(L-BFGS)都能收敛到全局最优解。

9.3.2 主成分改进的逻辑回归方法

逻辑回归是现今进行病因分析、生存分析常用的多元统计方法。但在逻辑回归中的变量筛选及参数估计，都要求各自变量之间相互独立，而在很多研究中各自变量之间并不独立，而是相互之间存在一定程度的线性依存关系，被称为多重共线性(Multico Linearity)，这种多重共线性关系常会增大估计参数的均方误差和标准误差，有的甚至使回归系数的方向相反，导致方程极不稳定，从而引起 Logistic 回归模型拟合上的矛盾及不合理。采用主成分分析产生若干主成分，它们必定会将相关性较强的变量综合在同一个主成分中，而不同的主成分又是互相独立的。只要多保留几个主成分，原变量的信息不致过多损失。然后，以这些主成分为自变量进行逻辑回归就不会再出现共线性的困扰[3]。

但是在统计学领域，不仅需要得到好的模型，往往还特别注重模型对于实际情况的解释性。主成分能够包含原始自变量的大部分信息(取决于特征值)，但是常不好解释主成分的含义。如果用主成分进行逻辑回归建模，即便是得到较好的模型，也不好用来解释模型的实际意义。因而也可以选择解释性更好的逐步回归方法或者因子分析来降维，消除共线性。

9.4 逻辑回归的 MATLAB 实践

由于逻辑回归属于广义的线性模型(Generalized Linear Model Regression)，因此在 MATLAB 中通过广义线性模型函数 glmfit 来实现。对于 glmfit 函数的调用有以下几种方式。

记笔记

```
b = glmfit(X, y, distr)
b = glmfit(X, y, distr, param1, val1, param2, val2, ...)
[b, dev] = glmfit(...)
[b, dev, stats] = glmfit(...)
```

其中，**X** 表示样本矩阵，维度是 $n \times p$，表示有 n 个样本，每个样本点有 p 个特征；**y** 一般情况是一维向量，表示样本标签，同时，也可表示为二维向量；distr 表示回归时回归曲线与样本之间偏差的误差分布，相关分布包括正太分布(Normal)、伯努利分布(Binomial)、伽马分布(Gamma)、逆高斯分布(Inverse Gaussian)、泊松分布(Poisson)；param1 表示可设置的相关参数的名称；val1 表示相关参数的取值；dev 表示拟合偏差；stats 表示逻辑回归时相关的统计参数，是一个结构体，其内部包含各种与统计相关的参数，如 t 统计量、p 检验值等。

下面通过实例来了解广义线性模型和 Logistic 回归。一个回归模型定义了因变量 y 关于自变量 x 的分布。在 MATLAB 的工具箱中自变量称为 predictor，因变量称为 response。最常用的回归模型也就是线性回归模型，将 y 建模为一个正太随机变量，它的均值是 x 的线性函数，方差是一个常数。假设 x 是一维的，一个实例如下(glml.m 文件)：

```
%% 广义线性模型%   一个关于线性拟合的简单实例
mu = @(x) - 1.9 + 0.23 * x;          % 拟合方程，系数分别是 - 1.9 和 0.23
x = 5:0.1:15;                        % 定义作用域
yhat = mu(x);                        % 对应值
% 下面的代码是在 X 的某个点处，估计一个高斯模型，并做出它的广义高斯模型
% dy 是 y 的变化范围，k 是中位数
dy = - 3.5:0.1:3.5; sz = size(dy); k = (length(dy) + 1)/2;
% x1 是截断点，z1 表示在 x1 处，y1 取不同值的概率
x1 =  7 * ones(sz); y1 = mu(x1) + dy; z1 = normpdf(y1, mu(x1), 1);
x2 = 10 * ones(sz); y2 = mu(x2) + dy; z2 = normpdf(y2, mu(x2), 1);
x3 = 13 * ones(sz); y3 = mu(x3) + dy; z3 = normpdf(y3, mu(x3), 1);
line = plot3(x, yhat, zeros(size(x)), 'b - ', ...
        x1, y1, z1, 'r - ', x1([k k]), y1([k k]), [0 z1(k)], 'r:', ...
        x2, y2, z2, 'r - ', x2([k k]), y2([k k]), [0 z2(k)], 'r:', ...
        x3, y3, z3, 'r - ', x3([k k]), y3([k k]), [0 z3(k)], 'r:');
set(line, 'LineWidth', 2);
zlim([0 1]);
xlabel('X'); ylabel('Y'); zlabel('概率密度');
grid on; view([ - 45 45]);
```

本例是为了说明线性模型的思想。总的来说假设输出 y 是均值等于$X^T W$，方差为常数的高斯分布，结果如图 9.4 所示。

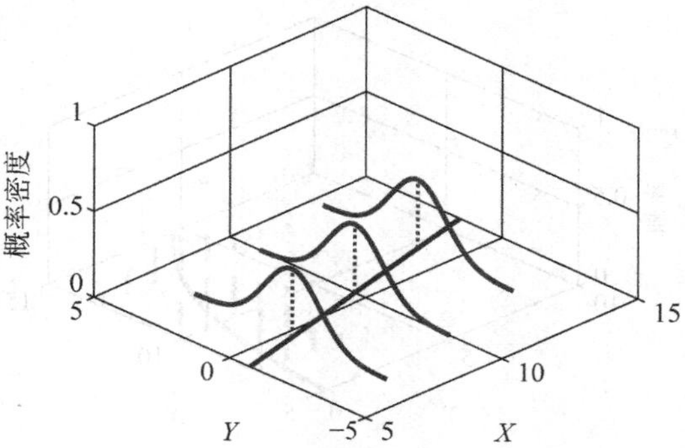

图 9.4 线性回归模型的实例结果

如图 9.4 所示（详见文前彩插），蓝色线条是实际的回归模型，可见它是关于 x 的线性函数。在每个 $x=x_i$ 处，y 可以有多个值，如红色曲线所示，这是一个高斯分布，但是 y 最有可能的取值是红色曲线和蓝色线的交点，因为此时概率最大。

对于一个广义的线性模型，response 的均值经过了一个非线性变换 $g(b_0+b_1x+\cdots)$。对于 Logistic 回归来说，这个变换就是 Sigmoid 函数，其中 g 的逆函数称为 Link 函数。同时 y 也可以是其他分布，如二项分布和泊松分布，一个采用泊松分布的回归问题的实例如下（glmgl. m 文件）：

```
%待拟合的函数,指数形式,所以 link 采用 log 函数
mu = @(x) exp( - 1.9 + 0.23 * x);
%产生数据集
x = 5:0.1:15;
yhat = mu(x);
%在 x = 7,10,13 处,y 分别取不同的值,画出他们的泊松分布概率
%poisspdf(k, lambda)表示 y = k,参数为 lambda 时泊松分布的概率
x1 = 7 * ones(1,5); y1 = 0:4; z1 = poisspdf(y1,mu(x1));
x2 = 10 * ones(1,7); y2 = 0:6; z2 = poisspdf(y2,mu(x2));
x3 = 13 * ones(1,9); y3 = 0:8; z3 = poisspdf(y3,mu(x3));
plot3(x,yhat,zeros(size(x)),'b-', ...
      [x1; x1],[y1; y1],[z1; zeros(size(y1))],'r-', x1,y1,z1,'r.', ...
      [x2; x2],[y2; y2],[z2; zeros(size(y2))],'r-', x2,y2,z2,'r.', ...
      [x3; x3],[y3; y3],[z3; zeros(size(y3))],'r-', x3,y3,z3,'r.');
zlim([0 1]);
xlabel('X'); ylabel('Y'); zlabel('概率');
grid on; view([ - 45 45]);
```

记笔记

本段代码和前面的一段代码很相似，此时是广义线性模型，对于线性输出做了指数变化，结果如图 9.5 所示。

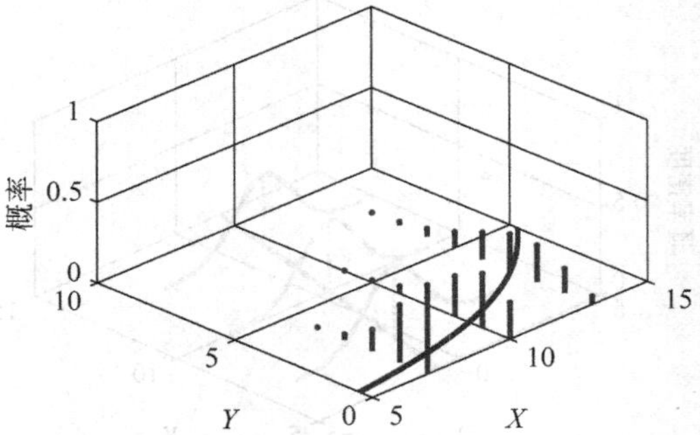

图 9.5 广义线性模型拟合指数曲线的实例

图 9.5(详见文前彩插)中蓝色曲线是真实的函数关系 $y=e^{-1.9+0.23x}$。由于假设 y 服从泊松分布，泊松分布是离散的，因此在图 9.5 中用一系列离散的火柴棒表示。火柴棒的长短代表 y 取不同值时的概率。如图 9.5 所示，当 y 位于真实的数值范围内时，出现的概率较大。下面的实例将展示如何拟合一个 Logistic 回归。

实例中以一个实际的应用问题为例，这个问题是为了对建模车辆里程数测试中出现问题的比例和车重量之间的关系。观测值包括车重、车的数量和损坏的数量。原始数据如下(CarData. m 文件)，程序输出结果如图 9.6 所示。

```
%一系列不同重量的车
weight = [2100 2300 2500 2700 2900 3100 3300 3500 3700 3900 4100 4300]';
%各个重量类型的车的数目
tested = [48 42 31 34 31 21 23 23 21 16 17 21]';
%每个重量的车辆在测试中 fail 掉的数目
failed = [1 2 0 3 8 8 14 17 19 15 17 21]';
%故障率
proportion = failed ./ tested;
plot(weight,proportion,'s')
xlabel('重量'); ylabel('比例');
```

对于上述问题，一个合理的假设是车辆的损坏数应该服从二项分布。但是二项分布的参数 P 该如何变化呢？最简单的想法是 P 和重量呈线性关系。利用线性拟合(Carglml. m 文件)，得到拟合曲线如图 9.7 所示。

记笔记

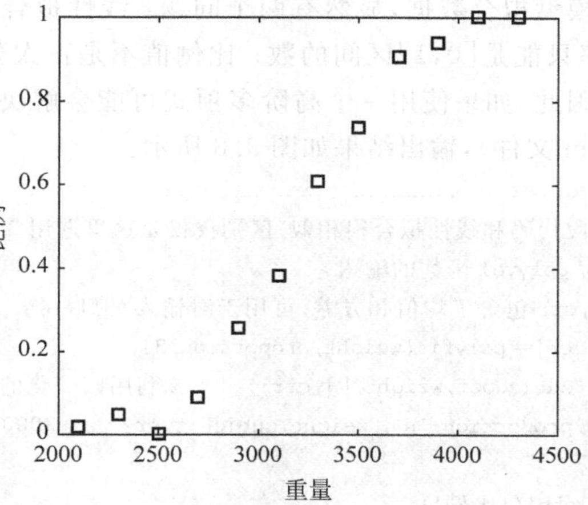

图 9.6 散点数据

```
%线性拟合 %polyfit(x,y,n)执行多项式拟合,n代表多项式阶数,当n=1时,就是线性关系,返
%回多项式系数
linearCoef = polyfit(weight,proportion,1);
%value = polyval(p, x)返回多项式的值,p是多项式的系数,降序排列
linearFit = polyval(linearCoef,weight);
line = plot(weight,proportion,'s', weight,linearFit,'r-', [2000 4500],[0 0],'k:', [2000
4500],[1 1],'k:');
xlabel('重量'); ylabel('比例');
set(gcf, 'Position', [100 100 350 280]);
set(gca, 'FontSize', 9);
set(line, 'LineWidth', 1.5)
```

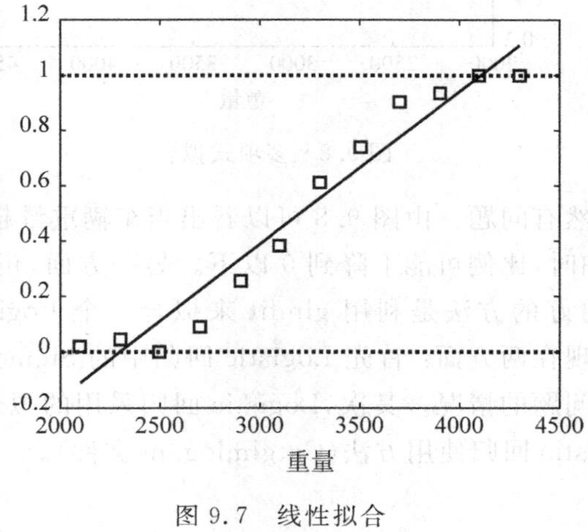

图 9.7 线性拟合

如果使用上面的模型拟合数据，显然有两个问题：线性拟合会出现比例小于 0 或者大于 1 的情况，而概率只能是[0,1]区间的数；比例值不是正太分布的，这违背了线性回归模型的假设条件。因此，如果使用一个高阶多项式可能会解决这些问题。多项式拟合程序如下(Carglmml.m 文件)，输出结果如图 9.8 所示。

```
%多项式拟合%这段代码和线性拟合很相似,区别仅仅是这里选用 3 阶多项式,返回的 stats 是
%一个结构体,作为 polyval 函数的输入
%可用于误差估计,ctr 包含了均值和方差,可用于对输入 x 归一化
[cubicCoef,stats,ctr] = polyfit(weight,proportion,3);
cubicFit = polyval(cubicCoef,weight,[],ctr);      %利用归一化的 weight 进行多项式拟合
line = plot(weight,proportion,'s', weight,cubicFit,'r-', [2000 4500],[0 0],'k:', [2000
4500],[1 1],'k:');
xlabel('重量'); ylabel('比例');
set(gcf, 'Position', [100 100 350 280]);
set(gca, 'FontSize', 9);
set(line, 'LineWidth', 1.5)
```

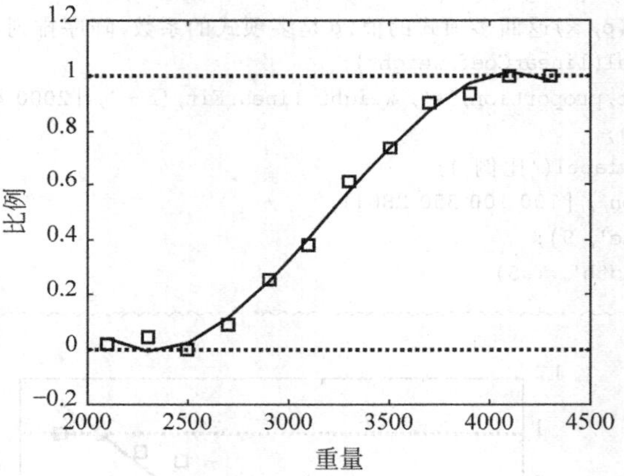

图 9.8　多项式拟合

但是这个模型依然有问题。由图 9.8 可以看出当车辆重量超过 4000 时，比例开始下降了，当重量继续增加时，比例可能下降到 0 以下。另一方面，正太分布的假设依然是不合理的。因此，一个更好的方法是利用 glmfit 来拟合一个 Logistic 回归模型。Logistic 回归优于线性回归表现在两方面：首先 Logistic 回归中的 Sigmoid 函数将输出值限制在[0,1]之间，这符合本问题的情况。其次，Logistic 回归采用的拟合方法适用于二项分布。下面的实例展示 Logistic 回归使用方法(Catglmlog.m 文件)。

记笔记

```
%利用glmfit拟合,在glmfit中一般response是一个列向量,但是当分布是二项分布时,y可以
%是一个二值向量,表示单次观测中成功还是失败,也可以是一个两列的矩阵,第一列表示成功
%的次数(目标出现的次数),第二列表示总共的观测次数,因此这里 y = [failed, tested]
%另外指定 distri = 'binomial', link = 'logit'
[logitCoef,dev] = glmfit(weight,[failed tested],'binomial','logit');
%glmval用于测试拟合的模型,计算出估计的y值
logitFit = glmval(logitCoef,weight,'logit');
line = plot(weight,proportion,'bs', weight,logitFit,'r-');
xlabel('重量'); ylabel('比例');
set(gcf, 'Position', [100 100 350 280]);
set(gca, 'FontSize', 9);
set(line, 'LineWidth', 1.5)
legend('数据', 'logistic回归')
```

上面的代码中,主要是利用广义线性模型实现 Logistic 回归。计算后结果显示如图 9.9 所示。

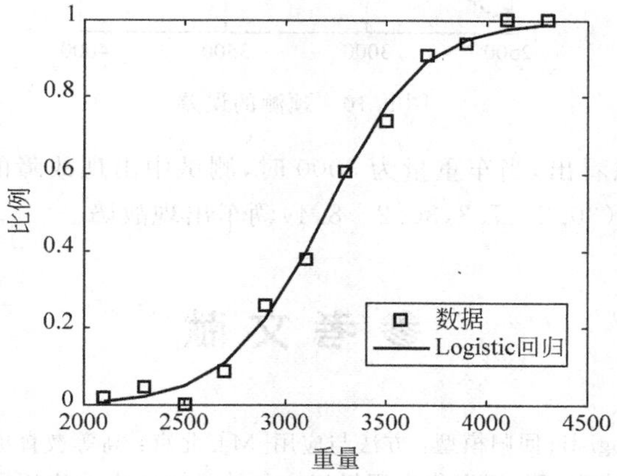

图 9.9 Logistic 回归

拟合的 Logistic 模型当重量太小或者太大时,故障率要么无限接近 0,要么接近 1。而且曲线也很好地刻画了数据点的分布,因此这是一个合理的模型。现在有了这个模型,自然是希望用它来预测某个重量下,车辆里程测试的故障率。下面的程序利用模型预测输出(PreCarData.m 文件),相应的输出结果如图 9.10 所示。

```
%模型拟合,返回stats是一个结构体
[logitCoef,dev,stats] = glmfit(weight,[failed tested],'binomial','logit');
```

记笔记

```
normplot(stats.residp);
% 这里测试了 4 个类型的车,重量分别是 2500 到 4000
weightPred = 2500:500:4000;
% logitCoef 是拟合出的模型的系数。failedPred 是预测故障的车辆数,dlo 和 dhi 分别是 95%
% 置信区间的下限和上限
[failedPred,dlo,dhi] = glmval(logitCoef,weightPred,'logit',stats,.95,100);
line = errorbar(weightPred,failedPred,dlo,dhi,'r:');
```

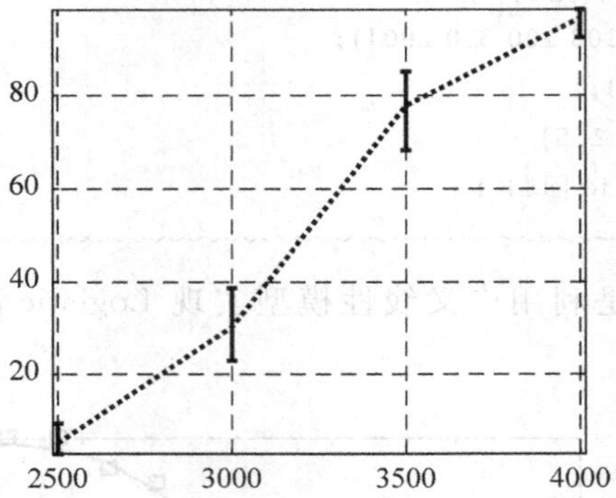

图 9.10 预测的误差

从图 9.10 中可以看出,当车重量为 3000 时,测试中出现故障的车辆数约为 30.2 辆。而有 95%的概率会有(30.2－7.3,30.2＋8.4)辆车出现故障。

参考文献

[1] 王济川,郭志刚. Logistic 回归模型:方法与应用[M]. 北京:高等教育出版社,2001.

[2] 朱劲夫,刘明哲,赵成强,等. 正则化在逻辑回归与神经网络中的应用研究[J]. 信息技术,2016,40(7):1-5.

[3] 梁琪. 企业经营管理预警:主成分分析在 Logistic 回归方法中的应用[J]. 管理工程学报,2005,19(1):100-103.

记笔记

第10章

神经网络

源码

10.1 神经网络算法原理

人工神经网络(Artificial Neural Networks,ANN)也简称为神经网络(NN)或称为连接模型(Connection Model),它是一种模仿动物神经网络行为特征,进行分布式并行信息处理的算法数学模型。这种网络依靠系统的复杂程度,通过调整内部大量结点之间相互连接的关系,从而达到处理信息的目的。

神经网络的研究内容相当广泛,反映了多学科交叉技术领域的特点。主要的研究工作集中在以下几个方面。

(1) 建立模型:根据生物原型的研究,建立神经元、神经网络的理论模型。其中包括概念模型、知识模型、物理化学模型、数学模型等。

(2) 算法:在理论模型研究的基础上构建具体的神经网络模型,以实现计算机模拟或准备制作硬件,包括网络学习算法的研究,这方面的工作也称为技术模型研究。

(3) 应用:在网络模型与算法研究的基础上,利用人工神经网络组成实际的应用系统,如完成某种信号处理或模式识别的功能、构建专家系统、制成机器人、复杂系统控制等。

10.1.1 神经网络工作原理

人工神经网络是由大量的简单基本元件(神经元)相互连接而成的自适应非线性动态系统。每个神经元的结构和功能比较简单,但大量神经元组合产生的系统行为却非常复杂。与数字计算机比较,人工神经网络在构成原理和功能特点等方面更加接近人脑,它不

笔记

是按给定的程序一步一步地执行运算,而是能够自身适应环境、总结规律、完成某种运算、识别或过程控制。

人工神经网络首先要以一定的学习准则进行学习,然后才能工作。现以人工神经网络对手写的“A”“B”两个大写字母的识别为例进行说明。规定当“A”输入网络时,应该输出“1”,而当输入“B”时,输出为“0”。所以网络学习的准则应该是:如果网络做出错误的判决,则通过网络的学习,应使得网络减少下次犯同样错误的可能性。首先,给网络的各连接权值赋予(0,1)区间内的随机值,将“A”所对应的图像模式输入给网络,网络将输入模式加权求和、与门限比较、再进行非线性运算,得到网络的输出。在此情况下,网络输出为“1”和“0”的概率各为50%,也就是说是完全随机的。这时如果输出为“1”(结果正确),则使连接权值增大,以便使网络再次遇到“A”模式输入时,仍然能做出正确的判断。如果输出为“0”(结果错误),则把网络连接权值朝着减小综合输入加权值的方向调整,其目的在于使网络下次再遇到“A”模式输入时,减小犯同样错误的可能性。如此操作调整,当给网络轮流输入若干个手写字母“A”“B”后,经过网络按以上学习方法进行若干次学习后,网络判断的正确率将大大提高。这说明网络对这两个模式的学习已经获得了成功,它已将这两个模式分布地记忆在网络的各个连接权值上。当网络再次遇到其中任何一个模式时,能够做出迅速、准确的判断和识别。一般说来,网络中所含的神经元个数越多,则它能记忆、识别的模式也就越多。

决定神经网络模型性能的三大要素为:神经元(信息处理单元)的特性;神经元之间相互连接的形式——拓扑结构;为适应环境而改善性能的学习规则。

10.1.2 神经网络的特点

人工神经网络具有一定的自适应与自组织能力。在学习或训练过程中改变突触权重值,以适应周围环境的要求。同一网络因学习方式及内容不同可具有不同的功能。人工神经网络是一个具有学习能力的系统,可以发展知识,以致超过设计者原有的知识水平。通常,它的学习训练方式可分为两种,一种是有监督(或称为有导师的学习),这时利用给定的样本标准进行分类或模仿;另一种是无监督学习(或称为无导师学习),这时,只规定学习方式或某些规则,则具体的学习内容随系统所处环境(即输入信号情况)而异,系统可以自动发现环境特征和规律性,具有更近似人脑的功能。

泛化能力指对没有训练过的样本,有很好的预测能力和控制能力。特别是,当存在一些有噪声的样本,神经网络具备很好的预测能力。

当系统对于设计人员来说,很透彻或者很清楚时,则一般利用数值分析,偏微分方程等数学工具建立精确的数学模型,但当对系统很复杂,或者系统未知,系统信息量很少,建立精确的数学模型很困难时,神经网络的非线性映射能力则表现出优势,因为它不需要对系统进行透彻的了解,但是同时能达到输入与输出的映射关系,这就大大简化了设计的

记笔记

难度。

神经网络是根据人的大脑而抽象出来的数学模型，由于人可以同时做一些事，因此从功能的模拟角度上看，神经网络也应具备很强的并行性。

10.1.3 人工神经元模型

神经元及其突触是神经网络的基本器件。因此，模拟生物神经网络应首先模拟生物神经元。在人工神经网络中，神经元常被称为“处理单元”。有时从网络的观点出发常把它称为“结点”。人工神经元是对生物神经元的一种形式化描述。

如图 10.1 所示的是典型的人工神经元模型，通常被称为 MP 模型。它有 3 个基本要素，分别是连接权、求和单元和激活函数。

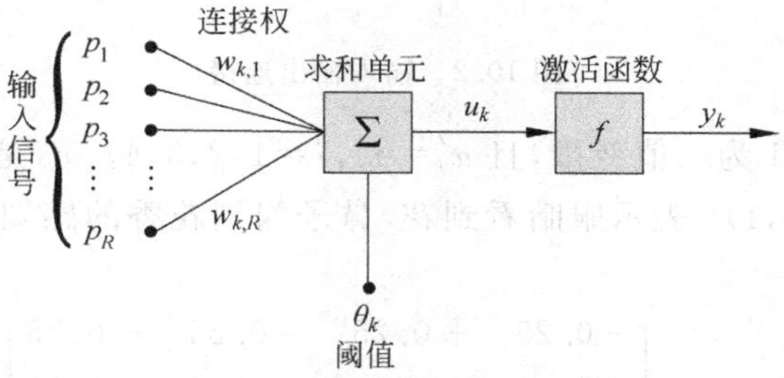

图 10.1 人工神经元模型

其中，w_{ki} 代表神经元 k 与神经元 i 之间的连接强度(模拟生物神经元之间突触连接强度)，称为连接权；u_k 代表神经元 k 的活跃值，即神经元状态；y_k 代表神经元的输出，即下一个神经元的输入；p_i 代表神经元的输入；θ_k 代表神经元 k 的阈值；f 表达了神经元的输入输出特性，常见的激活函数有双曲正切函数 tanh()与 Logistic()函数。

人工神经网络是一个并行和分布式的信息处理网络结构，该网络结构一般由许多个神经元组成，每个神经元有一个单一的输出，它可以连接到很多其他的神经元，其输入有多个连接通路，每个连接通路对应一个连接权系数。

所以，人工神经元的输入输出关系为

$$y_k = f\left(\sum_{i=1}^{R} w_{ki} x_i(t) - \theta_k\right) \tag{10.1}$$

为了更直观地了解神经网络的特点，下面举例说明。如图 10.2 所示，设 x_1、x_2、x_3、x_4 为神经网络输入，经神经元 N_1、N_2、N_3、N_4 的输出分别为 x_1'、x_2'、x_3'、x_4'，然后经过连接权 w_{ij} 连接到 y_1'、y_2'、y_3'、y_4' 的输入端，进行累加。为简单起见，设 $\theta_i=0$，则有

$$u_i = \sum_{j=1}^{n} w_{ij} x'_j \tag{10.2}$$

$$y_i = f(u_i) = \begin{cases} +1 & u_i \geqslant 0 \\ -1 & u_i < 0 \end{cases} \tag{10.3}$$

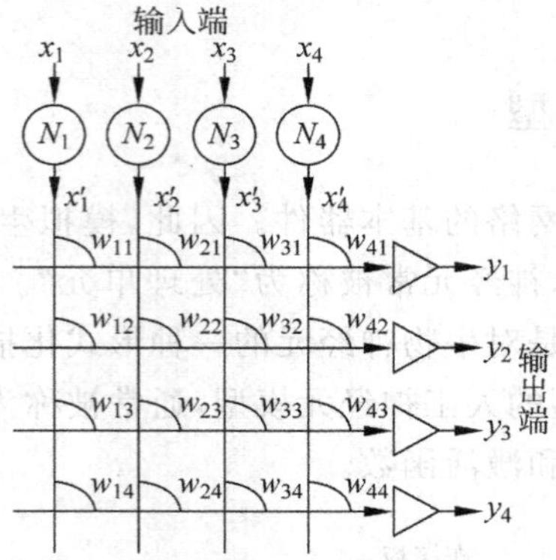

图 10.2 输入输出连接

又设输入 $x_j' = \pm 1$ 为二值变量，且 $x_j' = x_j, j = 1,2,3,4$。x_j 是感知器输入，假设，用向量 $x^1 = (1, -1, -1, 1)^{\mathrm{T}}$ 表示眼睛看到花，鼻子闻到花香的感知输入，从 x^1 到 y^1 可通过一个连接矩阵得到

$$\boldsymbol{W}_1 = \begin{bmatrix} -0.25 & +0.25 & +0.25 & -0.25 \\ -0.25 & +0.25 & +0.25 & -0.25 \\ +0.25 & -0.25 & -0.25 & +0.25 \\ +0.25 & -0.25 & -0.25 & +0.25 \end{bmatrix}$$

由式(10.2)与式(10.3)可得

$$y^1 = f(\boldsymbol{W}_1)x^1 \tag{10.4}$$

经计算得到

$$y^1 = [1, -1, +1, +1]^{\mathrm{T}}$$

这表明神经网络决策 x^1 为一朵花。可以看出 $x^1 \to y^1$ 不是串行计算得到的，因为 W_1 是在硬件实现时可以用一个 VLSI 中的电阻矩阵实现，而 $y_i = f(v_i)$ 也可以用一个简单运算放大器来模拟，不管 x^1 和 y^1 维数如何增加，整个计算只用了一个运算放大器的转换时间，显然网络的动作是并行的。

如果假设，$x^2 = [-1, +1, -1, +1]^{\mathrm{T}}$ 表示眼睛看到苹果，鼻子闻到苹果香味的感知输入，通过矩阵

$$\boldsymbol{W}_2 = \begin{bmatrix} +0.25 & -0.25 & +0.25 & -0.25 \\ -0.25 & +0.25 & -0.25 & +0.25 \\ -0.25 & +0.25 & -0.25 & +0.25 \\ +0.25 & -0.25 & +0.25 & -0.25 \end{bmatrix}$$

记笔记

经计算得到

$$y^2 = [-1, +1, +1, -1]^T$$

这表明神经网络决策 x^2 为苹果。从上面两个权矩阵 $\boldsymbol{W}_1$ 和 $\boldsymbol{W}_2$ 中，并不知道其输出结果是什么。从局部权的分布也很难看出 $\boldsymbol{W}$ 中存储了什么，将 $\boldsymbol{W}_1$ 和 $\boldsymbol{W}_2$ 相加，得到一组新的权矩阵

$$\boldsymbol{W} = \boldsymbol{W}_1 + \boldsymbol{W}_2 = \begin{bmatrix} 0 & 0 & 0.5 & -0.5 \\ -0.5 & 0.5 & 0 & 0 \\ 0 & 0 & -0.5 & 0.5 \\ 0.5 & -0.5 & 0 & 0 \end{bmatrix}$$

由 x^1 输入，通过权矩阵 $\boldsymbol{W}$ 运算可得到 y^1，由 x^2 输入，通过权矩阵 $\boldsymbol{W}$ 运算可得到 y^2，这说明 $\boldsymbol{W}$ 存储了两种信息，当然也可以存储多种信息。

如果感知器中某个元件损坏了一个，设第三个元件损坏，则

$$x^1 = [1, -1, 0, 1]^T$$

经 $\boldsymbol{W}$ 计算，$y^1 = [-1, -1, +1, +1]^T$。这与之前的计算结果一致，说明人工神经网络具有一定的容错能力。

10.2 前向神经网络

前向神经网络包括输入层、隐层（一层或多层）和输出层，如图 10.3 所示为一个三层网络。这种网络的特点是，只有前后相邻两层之间的神经元相互连接，各神经元之间没有反馈。每个神经元可以从前一层接收多个输入，并且只有一个输出给下一层的神经元。

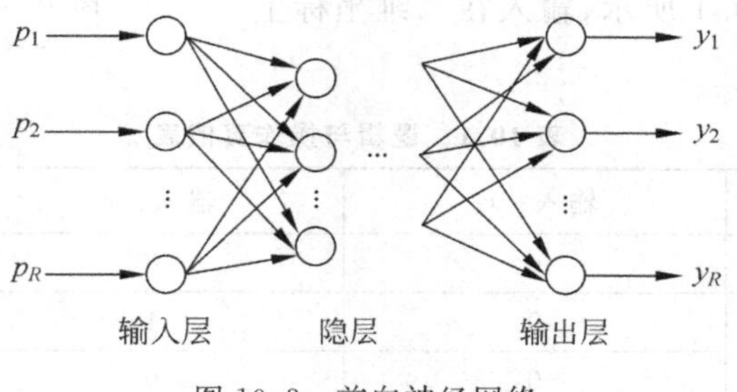

图 10.3 前向神经网络

10.2.1 感知器

感知器是一种早期的神经网络模型，由美国学者 F. Rosenblatt 于 1957 年提出。感

记笔记

知器中第一次引入了学习的概念，使人脑所具备的学习功能在基于符号处理的数学模型中得到了一定程度的模拟，所以引起了广泛的关注。

感知器是最简单的前向神经网络，主要用于模式分类，其模型如图10.4所示。

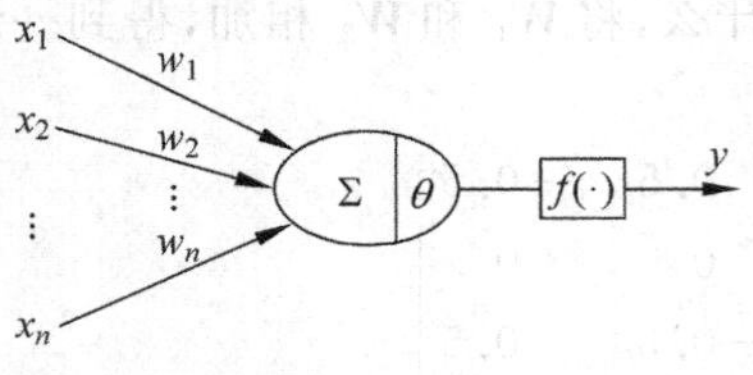

图10.4 单层感知器模型

感知器处理单元对 n 个输入进行加权和操作，则输出为：

$$y = f\left(\sum_{i=0}^{n} w_i x_i - \theta\right) \tag{10.5}$$

式中，$x_1, x_2, \cdots, x_n$ 为感知器的 n 个输入；$w_1, w_2, \cdots, w_n$ 为与输入相对应的 n 个连接权值；θ 为阈值；$f(\cdot)$为激活函数；y 为单层感知器的输出。单层感知器可将外部输入分为两类。例如，当感知器的输出为+1时，输入属于 l_1 类；当感知器的输出为−1时，输入属于 l_2 类，从而实现两类目标的识别。在二维空间中，单层感知器进行分类的判决超平面由下式决定：

$$\sum_{i=0}^{n} w_i x_i + b = 0 \tag{10.6}$$

对于只有两个输入的判别边界是直线，如式(10.7)，选择合适的学习算法可训练出满意的 w_1 和 w_2，如图10.5所示。当它用于超过两类模式的分类时，相当于在高维样本空间中，用一个超平面将两类样本分开。

$$w_1 x_1 + w_2 x_2 + b = 0 \tag{10.7}$$

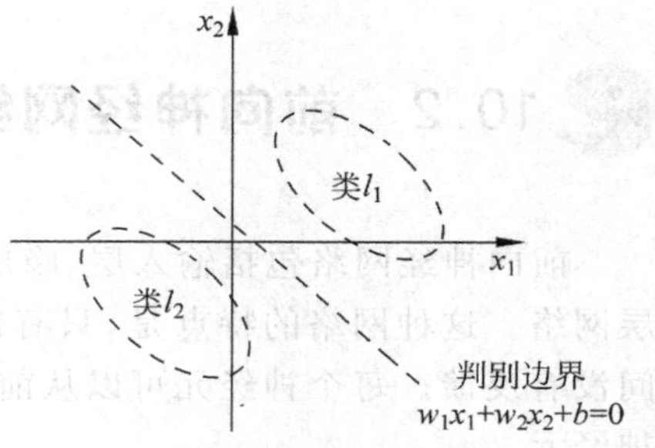

图10.5 判别边界实例

通过以下实例来进一步理解单层感知器学习算法，构建一个神经元，它能实现逻辑与操作，其真值表(训练集)如表10.1所示，输入在二维坐标上的表示如图10.6所示。

表10.1 逻辑与操作真值表

编　　号	输入：x_1	输入：x_2	预测值：d
1	0	0	0
2	0	1	0
3	0	0	0
4	1	1	1

假设阈值为−0.8，初始连接权值均为0.1，学习率 η 为0.6，误差值要求为0，神经元的激活函数为硬限幅函数 $H(x)$(图10.7)，其表达式如式(10.9)所示，以此来求取权值 w_1 与 w_2。

记笔记

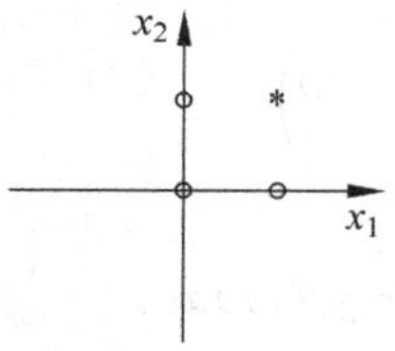

图 10.6 样本二维分布图

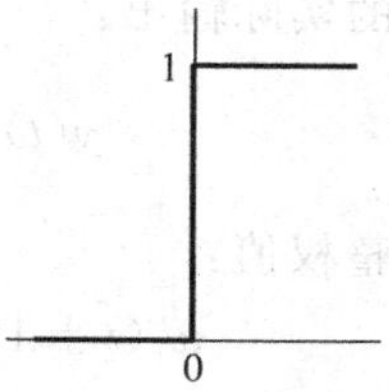

图 10.7 硬限幅函数 $H(x)$

表10.1 的每一行都代表了一个训练样本，对于样本 1，神经元的输出为：

$$\begin{aligned} y^1(0) &= H\{w_1^1(0)x_1(0)+w_2^1(0)x_2(0)+b\} \\ &= H(0.1\times 0+0.1\times 0-0.8)=0 \end{aligned} \tag{10.8}$$

$$H(x)=\begin{cases}1 & x>0 \\ 0 & x\leqslant 0\end{cases} \tag{10.9}$$

$$w_1^1(1)=w_1^1(0)+\eta(d-y^1(0))x_1=0.1 \tag{10.10}$$

$$w_2^1(1)=w_2^1(0)+\eta(d-y^1(0))x_2=0.1$$

对于样本 2，神经元的输出为：

$$\begin{aligned} y^1(1) &= H\{w_1^1(1)x_1(1)+w_2^1(1)x_2(1)+b\} \\ &= H(0.1\times 0+0.1\times 1-0.8)=0 \end{aligned} \tag{10.11}$$

$$w_1^1(2)=w_1^1(1)+\eta(d-y^1(1))x_1=0.1 \tag{10.12}$$

$$w_2^1(2)=w_2^1(1)+\eta(d-y^1(1))x_2=0.1$$

同理，对于样本 3，并不修改权值。对于样本 4，神经元的输出为：

$$\begin{aligned} y^1(3) &= H\{w_1^1(3)x_1(3)+w_2^1(3)x_2(3)+b\} \\ &= H(0.1\times 1+0.1\times 1-0.8)=0 \end{aligned} \tag{10.13}$$

$$w_1^1(4)=w_1^1(3)+\eta(d-y^1(3))x_1=0.7 \tag{10.14}$$

$$w_2^1(4)=w_2^1(3)+\eta(d-y^1(3))x_2=0.7$$

此时完成一次循环过程，由于误差没有达到 0，返回第二步继续循环，在第二次循环中，前三个样本输入时因误差均为 0，所以没有对权值进行调整，各连接权值仍保持第一次循环的最后值，第四个样本输入时，$y^2(3)=1$，因此误差为 0，但权值并不会调整，最终的权值为 $w_1=w_2=0.7$，能达到分类的效果，如图 10.8 所示。

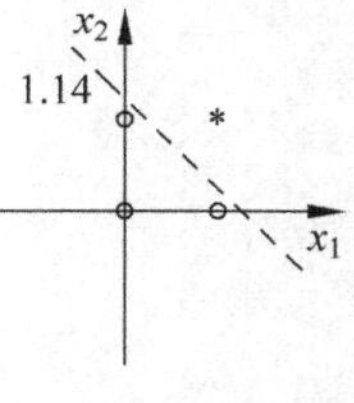

图 10.8 分类效果

综上所述，感知器的学习算法可总结为以下几步。

(1) 确定激活函数 $f(\cdot)$。

(2) 给 $w_i(0)$ 及阈值 θ 分别赋予一个较小的非零随机数作为初值。

(3) 输入一个样本 $\boldsymbol{X}=\{x_1,x_2,\cdots,x_n\}$ 和一个期望的输出 d。

笔记

(4) 计算网络的实际输出：

$$y(t)=f\left(\sum_{i=0}^{n}w_i(t)x_i-\theta\right) \tag{10.15}$$

(5) 按下式调整权值：

$$w_i(t+1)=w_i(t)+\eta(d-y_i(t))x_i$$

式中，η 为学习率常数，且 $\eta>0$。

(6) 转至步骤(3)，直到 w_i 对所有样本都稳定不变为止。

感知器在形式上与 MP 模型差不多，它们之间的区别在于神经元之间连接权的变化。感知器的连接权定义为可变的，这样感知器就被赋予了学习的特性。如果在输入层和输出层之间加上一层或多层的神经元(隐层神经元)，就可构成多层前向网络，这里称为多层感知器。

10.2.2 BP 算法

多层网络的学习能力比单层感知器增强了很多。欲训练多层网络，需要更强大的学习算法。误差逆传播(Error Back Propagation，BP)算法就是其中最杰出的代表，它是迄今最成功的神经网络学习算法，现实任务中使用神经网络时，大多是在使用 BP 算法进行训练。值得指出的是，BP 算法不仅可用于多层前馈神经网络，还可用于其他类型的神经网络，如训练递归神经网络。但通常说 BP 网络时，一般是指用 BP 算法训练的多层前馈神经网络[1]，三层 BP 神经网络结构图如图 10.9 所示。

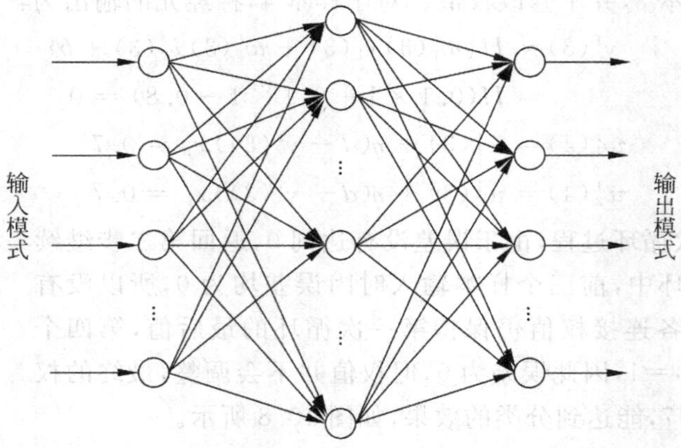

图 10.9 三层 BP 神经网络结构图

1986 年，Rumelhart 和 McCelland 领导的科学家小组在《并行分布式处理》一书中，对神经网络算法进行了详尽的分析，实现了关于多层网络的设想。算法的基本思想是，学习过程由信号的正向传播与误差的反向传播两个过程组成。正向传播时，输入样本从输入层传入，经过各隐层逐层处理后，传向输出层。若输出层的实际输出与期望的输出不相等，则转到误差的反向传播过程。误差反向传播是将输出误差以某种形式通过隐层逐层反传，并将误差分摊给各层的所有神经元，从而获得各层神经元的误差信号，此误差信号即作为修正各神经元权值的依据。这种信号正向传播与误差反向传播的各层权值调整过程，是周而复始地进行的。权值不断调整的过程，也就是网络的学习训练过程。此过程一直进行到网络输出的误差减少到可接受的程度，或进行到预先设定的学习时间，或进行到预先设定的学习次数为止。

如图 10.9 所示，输入层由 n 个神经元组成，$x_i(i=1,2,\cdots,n)$表示其输入亦即该层的输出；隐层由 q 个神经元组成，$z_k(k=1,2,\cdots,q)$表示隐层的输出；输出层由 m 个神经元组成，$y_j(j=1,2,\cdots,m)$表示其输出；用 $v_{ki}(i=1,2,\cdots,n;k=1,2,\cdots,q)$表示从输入层到隐层的连接权；用 $w_{jk}(k=1,2,\cdots,q;\ j=1,2,\cdots,m)$表示从隐层到输出层的连接权。

隐层与输出层的神经元的操作特性表示为：

(1) 隐层：输入(含阈值 θ_k)与输出分别为：

$$\begin{aligned} S_k &= \sum_{i=0}^{n} v_{ki} \cdot x_i \\ z_k &= f(S_k) \end{aligned} \tag{10.16}$$

(2) 输出层：输入(含阈值φ_j)与输出分别为：

$$\begin{aligned} S_j &= \sum_{k=0}^{q} w_{jk} \cdot z_k \\ y_j &= f(S_j) \end{aligned} \tag{10.17}$$

激活函数 $f(\cdot)$设计为非线性的输入-输出关系，一般选用下面形式的 Sigmoid 函数(通常称为 S 函数，如图 10.10 所示)：

$$f(s) = \frac{1}{1+e^{-\lambda s}} \tag{10.18}$$

式中，系数 λ 决定着 S 函数压缩的程度。

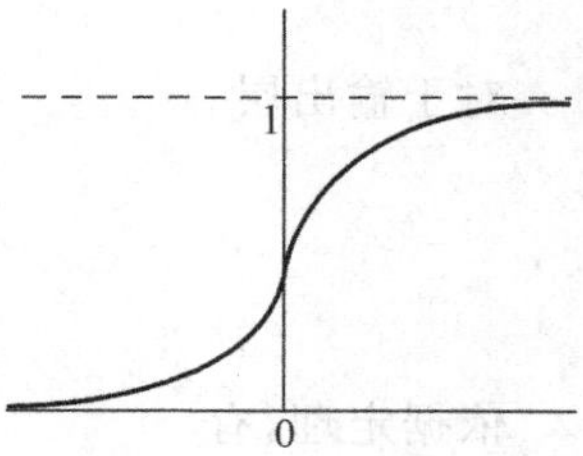

图 10.10 S 函数

S 函数的特点：它是有上、下界的；它是单调增长的；它是连续光滑的，即是连续可微的。它可使同一网络既能处理小信号，也能处理大信号，因为该函数中区的高增益部分解决了小信号需要高放大倍数的问题；而两侧的低增益区正好适于处理大的净输入信号。这正像生物神经元在输入电平范围很大的情况下也能正常工作一样。

Rumelhart 等为 BP 网设计了依据反向传播的误差来调整神经元连接权的学习算法，有效地解决了多层神经网络的学习问题。该算法的基本思路是：当给网络提供一个输入

记笔记

模式时，该模式由输入层传送到隐层，经隐层神经元作用函数处理后传送到输出层，再经由输出层神经元作用函数处理后产生一个输出模式。如果输出模式与期望的输出模式有误差，就从输出层反向将误差逐层传送到输入层，把误差“分摊”给各神经元并修改连接权，使网络实现从输入模式到输出模式的正确映射。对于一组训练模式，可以逐个用训练模式作为输入，反复进行误差检测和反向传播过程，直到不出现误差为止。这时，BP 网络完成了学习阶段，具备所需的映射能力。

BP 网络的学习算法采用的是 Delta 学习规则，即基于使输出方差最小的思想而建立的规则。设共有 P 个模式对(一组输入和一组目标输出组成一个模式对)，当第 P 个模式作用时，输出层的误差函数定义为：

$$E_p = \frac{1}{2}\sum_{j=0}^{m-1}(y_{jp} - t_{jp})^2 \tag{10.19}$$

式中，$(y_{jp} - t_{jp})^2$ 为输出层第 j 个神经元在模式 p 作用下的实际输出与期望输出之差的平方。当然，式(10.19)并不是误差函数的唯一形式。定义误差函数的原则是，当 $y_{jp} = t_{jp}$ 时，E_p应为最小。

对 P 个模式进行学习，其总的误差为：

$$E = \sum_{p=1}^{P} E_p = \frac{1}{2}\sum_{p=1}^{P}\sum_{j=0}^{m-1}(y_{jp} - t_{jp})^2 \tag{10.20}$$

对任意两个神经元之间的连接权 w_{ij}，其值的修正应使误差 E 减小。根据梯度下降原理，对每个 w_{ij} 的修正方向为 E 的函数梯度的反方向为：

$$\Delta w_{ij} = -\sum_{p=1}^{P}\eta\frac{\partial E_p}{\partial w_{ij}} \tag{10.21}$$

式中，η 为步长，又称为学习率或学习参数。具体学习算法的解析式为：

$$\Delta E = \sum_{p=1}^{P}\sum_{ij}\frac{\partial E_p}{\partial w_{ij}}\Delta w_{ij} = -\eta\sum_{p=1}^{P}\sum_{ij}\left(\frac{\partial E_p}{\partial w_{ij}}\right)^2 \tag{10.22}$$

对于输出层

$$\Delta w_{jk} = -\eta\frac{\partial E_p}{\partial w_{jk}} \tag{10.23}$$

$$k = 1,2,\cdots,q \quad j = 1,2,\cdots,m$$

依据定理，有

$$\frac{\partial E_p}{\partial w_{jk}} = \frac{\partial E_p}{\partial S_j}\frac{\partial S_j}{\partial w_{jk}} \tag{10.24}$$

定义

$$\delta_{yj} = -\frac{\partial E_p}{\partial S_j} \tag{10.25}$$

把式(10.19)带入式(10.24)，得：

记笔记

$$\delta_{yj}=(t_j-y_j)f'_{yj}(S_j) \tag{10.26}$$

式(10.25)称为误差信号项。由式(10.17)得：

$$\frac{\partial S_j}{\partial w_{jk}}=z_k \tag{10.27}$$

此时，有

$$\frac{\partial E_p}{\partial w_{jk}}=-\delta_{yj}z_k \tag{10.28}$$

则对于输出层

$$\Delta w_{jk}=\eta\delta_{yj}z_k=\eta(t_j-y_j)z_kf'_{yj}(S_j) \tag{10.29}$$

同理，对隐层有

$$\Delta v_{ki}=\eta\delta_{zk}x_i \tag{10.30}$$

其中，

$$\delta_{zk}=-\frac{\partial E_p}{\partial S_k} \tag{10.31}$$

下面对δ_{zk}的表达式进行推导。输出层的 j 单元的净输入 S_j 只影响单元 j 的输出；但隐层单元 k 的净输入 S_k 影响到 E_p的每一个组成分量(因为 k 的输出 z_k 连至输出层的所有单元)。

按链规则，式(10.31)可写成

$$\delta_{zk}=-\frac{\partial E_p}{\partial S_k}=-\frac{\partial E_p}{\partial z_k}\frac{\partial z_k}{\partial S_k} \tag{10.32}$$

式(10.32)中的第一项可表示为

$$\frac{\partial E_p}{\partial z_k}=\frac{\partial}{\partial z_k}\left[\frac{1}{2}\sum_{j=1}^{m}(y_j-t_j)^2\right]=-\sum_{j=1}^{m}(y_j-t_j)\frac{\partial y_j}{\partial z_k} \tag{10.33}$$

其中，式(10.32)中的第二项可表示为

$$\frac{\partial z_k}{\partial S_k}=f'_{zk}(S_k)=f'_z(S_k) \tag{10.34}$$

是隐层作用函数的偏微分。

按链定理有

$$\frac{\partial y_j}{\partial z_k}=\frac{\partial y_j}{\partial S_j}\frac{\partial S_j}{\partial z_k}=f'_y(S_j)\frac{\partial S_j}{\partial z_k} \tag{10.35}$$

将式(10.35)带入式(10.33)得

$$\frac{\partial E_p}{\partial z_k}=-\sum_{j=1}^{m}(y_j-t_j)f'_y(S_j)\frac{\partial S_j}{\partial z_k} \tag{10.36}$$

考虑到式(10.26)及

笔记

$$\frac{\partial S_j}{\partial z_k} = w_{jk} \tag{10.37}$$

式(10.36)可写为

$$\frac{\partial E_p}{\partial z_k} = -\sum_{j=1}^{m}(y_j - t_j)f'_y(S_j)\frac{\partial S_j}{\partial z_k} = -\sum_{j=1}^{m}\delta_{yj}w_{jk} \tag{10.38}$$

将式(10.38)及式(10.34)代入式(10.32)，得隐层单元的误差信号式为：

$$\delta_{zk} = -\frac{\partial E_p}{\partial z_k}\frac{\partial z_k}{\partial S_k} = \left(\sum_{j=1}^{m}\delta_{yj}w_{jk}\right)f'_z(S_k) \tag{10.39}$$

把式(10.39)代入式(10.30)，则得隐层各神经元的权值调整公式为：

$$\Delta v_{ki} = \eta\delta_{zk}x_i = \eta\left(\sum_{j=1}^{m}\delta_{yj}w_{jk}f'_z(S_k)\right)x_i \tag{10.40}$$

当神经元的作用函数取 Sigmoid 型函数时，作用函数的导数项为：

$$f'_{zk}(S_k) = z_k(1 - z_k) \tag{10.41}$$

将式(10.41)代入式(10.29)与式(10.40)，则无须复杂的微分过程而可直接求出输出层及隐层权值调整量。

这里，权的修正是采用批处理的方式进行的，也就是在所有样本输入后，计算其总的误差，然后根据误差来修正权值。采用批处理可以保证其方向减小，在样本数较多时，它比分别处理的收敛速度快。

在 BP 网络中，信号正向传播与误差逆向传播的各层权矩阵的修改过程是周而复始地进行的。权值不断修改的过程，也就是网络的学习(或称训练)过程。此过程一直进行到网络输出的误差逐渐减少到可接受的程度或达到设定的学习次数为止。

学习完成后，网络可进入工作阶段。当待测样本输入到已学习好神经网络输入端时，根据类似输入产生类似输出的原则，神经网络按内插或外延的方式在输出端产生相应的映射。

图 10.11 给出了 BP 算法的流程图[2]。下面通过实例来体会 BP 算法的计算流程。如图 10.12 所示的是三层神经网络结构图。

对于输入层：　$\mathrm{Err}_j = y_j(1-y_j)(T_j - y_j)$

对于隐层：　$\mathrm{Err}_j = y_j(1-y_j)\sum_k \mathrm{Err}_k w_{jk}$

权值变化量：　$\Delta w_{ij} = (l)\mathrm{Err}_j y_i$

权重更新：　$w_{ij} \leftarrow w_{ij} + \Delta w_{ij}$

偏向变化量：　$\Delta\theta_j = (l)\mathrm{Err}_j$

偏向更新：　$\theta_j \leftarrow \theta_j + \Delta\theta_j$

式中，Err_j 为误差；y_j 为输出；T_j 为期望的输出；θ_j 为神经元的偏向；l 为学习率。

记笔记

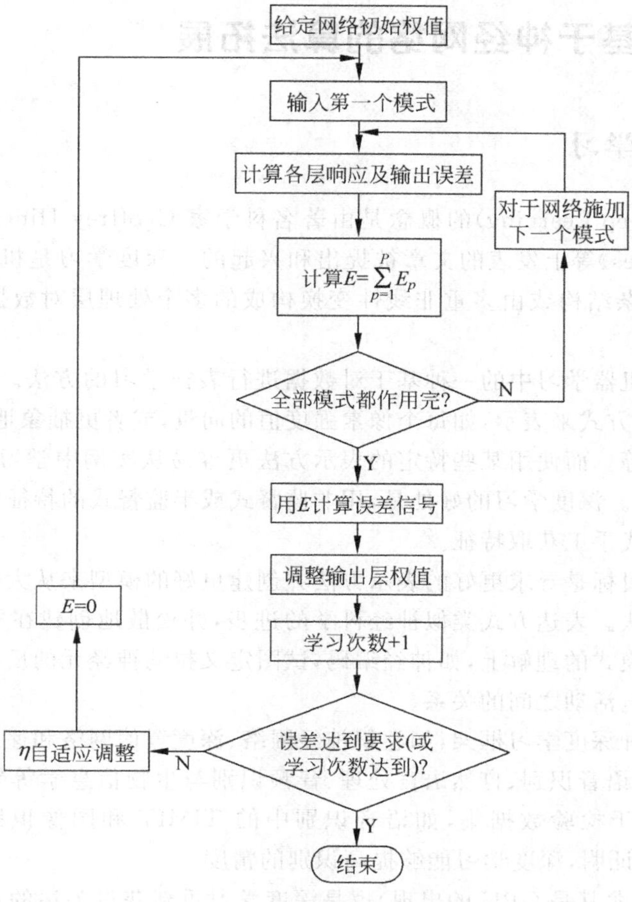

图 10.11 BP 网络算法流程图

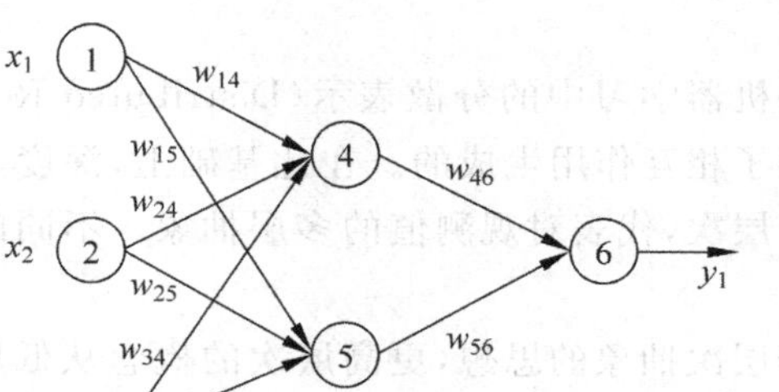

图 10.12 三层神经网络结构图

记笔记

10.3 基于神经网络的算法拓展

10.3.1 深度学习

深度学习(Deep Learning)的概念是由著名科学家 Geoffrey Hinton 等于 2006 年和 2007 年在《Sciences》等上发表的文章被提出和兴起的。深度学习是机器学习的分支,它试图使用包含复杂结构或由多重非线性变换构成的多个处理层对数据进行高层抽象的算法。

深度学习是机器学习中的一种基于对数据进行表征学习的方法。观测值(如一幅图像)可以使用多种方式来表示,如每个像素强度值的向量,或者更抽象地表示成一系列边、特定形状的区域等。而使用某些特定的表示方法更容易从实例中学习任务(如人脸识别或面部表情识别)。深度学习的好处是,用非监督式或半监督式的特征学习和分层特征提取高效算法来替代手工获取特征。

表征学习的目标是寻求更好的表示方法并创建更好的模型来从大规模未标记数据中学习这些表示方法。表达方式类似神经科学的进步,并松散地创建在类似神经系统中的信息处理和通信模式的理解上,如神经编码,试图定义拉动神经元的反应之间的关系及大脑中的神经元的电活动之间的关系。

至今已有数种深度学习框架,如卷积神经网络、深度置信网络和递归神经网络已被应用于计算机视觉、语音识别、自然语言处理、音频识别与生物信息学等领域并获取了极好的效果。通常用于检验数据集,如语音识别中的 TIMIT 和图像识别中的 ImageNet, Cifar10 上的实验证明,深度学习能够提高识别的精度。

硬件的进步(尤其是 GPU 的出现)也是深度学习重新获得关注的重要因素。高性能图形处理器的出现极大地提高了数值和矩阵运算的速度,使得机器学习算法的运行时间得到了显著缩短。

深度学习的基础是机器学习中的分散表示(Distributed Representation)。分散表示假定观测值是由不同因子相互作用生成的。在此基础上,深度学习进一步假定这一相互作用的过程可分为多个层次,代表对观测值的多层抽象。不同的层数和层的规模可用于不同程度的抽象。

深度学习运用了分层次抽象的思想,更高层次的概念从低层次的概念学习得到。这一分层结构常常使用贪婪算法逐层构建而成,并从中选取有助于机器学习的更有效特征。

深度学习的结构主要包括深度神经网络、深度置信网络和卷积神经网络。

(1) 深度神经网络(Deep Neural Networks,DNN)是一种具备至少一个隐层的神经网络。与浅层神经网络类似,深度神经网络也能够为复杂非线性系统提供建模,但多余的

记笔记

层次为模型提供了更高的抽象层次，因而提高了模型的能力。深度神经网络是一种判别模型，可以使用反向传播算法进行训练。

（2）深度置信网络（Deep Belief Networks，DBN）是一种包含多层隐单元的概率生成模型，可被视为多层简单学习模型组合而成的复合模型。

深度置信网络可以作为深度神经网络的预训练部分，并为网络提供初始权重，再使用反向传播或者其他判定算法作为调优的手段。这在训练数据较为缺乏时很有价值，因为不恰当的初始化权重会显著影响最终模型的性能，而预训练获得的权重在权值空间中比随机权重更接近最优的权重。这不仅提升了模型的性能，也加快了调优阶段的收敛速度。

深度置信网络中的每一层都是典型的受限玻尔兹曼机（Restricted Boltzmann Machine，RBM），可以使用高效的无监督逐层训练方法进行训练。受限玻尔兹曼机是一种无向的基于能量的生成模型，包括一个输入层和一个隐层。单层 RBM 的训练方法最初由杰弗里·辛顿在训练“专家乘积”中提出，被称为对比分歧。对比分歧提供了一种对最大似然的近似，被理想地用于学习受限玻尔兹曼机的权重。当单层 RBM 被训练完毕后，另一层 RBM 可被堆叠在已经训练完成的 RBM 上，形成一个多层模型。每次堆叠时，原有的多层网络输入层被初始化为训练样本，权重为先前训练得到的权重，该网络的输出作为新增 RBM 的输入，新的 RBM 重复先前的单层训练过程，整个过程可以持续进行，直到达到某个期望中的终止条件。

（3）卷积神经网络（Convolutional Neuron Networks，CNN）由一个或多个卷积层和顶端的全连通层（对应经典的神经网络）组成，同时也包括关联权重和池化层。这一结构使得卷积神经网络能够利用输入数据的二维结构。与其他深度学习结构相比，卷积神经网络在图像和语音识别方面能够给出更优的结果。这一模型也可以使用反向传播算法进行训练。相比其他深度、前馈神经网络，卷积神经网络需要估计的参数更少，使之成为一种颇具吸引力的深度学习结构[3]。

10.3.2 极限学习机

极限学习机（Extreme Learning Machine，ELM）是由学者黄广斌提出来的求解单隐层神经网络的算法。ELM 最大的特点是，对于传统的神经网络，尤其是单隐层前馈神经网络（SLFNs），在保证学习精度的前提下比传统的学习算法速度更快，其结构如图 10.13 所示。

ELM 是一种新型的快速学习算法，对于单隐层神经网络，ELM 可以随机初始化输入权重和偏置，并得到相应的输出权重。

对于一个单隐层神经网络（图 10.13），假设有 N 个任意的样本(X_i,t_i)，其中，$X_i=[x_{i1},x_{i2},\cdots,x_{in}]^{\mathrm{T}}\in R^n$，$t_i=[t_{i1},t_{i2},\cdots,t_{im}]^{\mathrm{T}}\in R^m$。对于一个有 L 个隐层结点的单隐层神经网络可以表示为：

记笔记

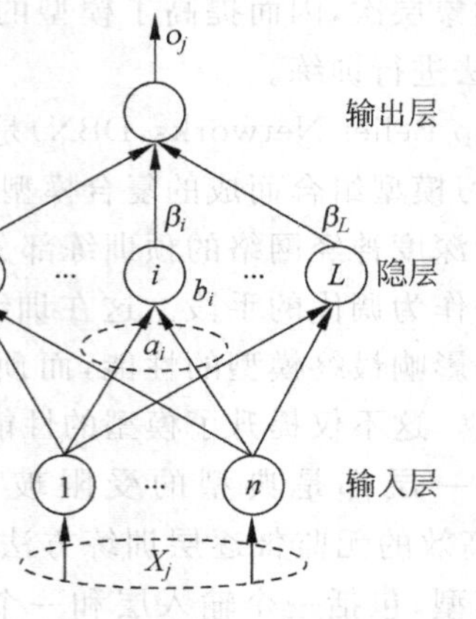

图 10.13 单隐层前馈神经网络结构

$$\sum_{i=1}^{L} \beta_i g(W_i \cdot X_j + b_i) = O_j, \quad j = 1,2,\cdots,N \tag{10.42}$$

式中，$g(x)$为激活函数；$\boldsymbol{W}_i = [w_{i,1}, w_{i,2}, \cdots, w_{i,n}]^{\mathrm{T}}$为输入权重；$\beta_i$为输出权重；$b_i$是第$i$个隐层单元的偏置。$\boldsymbol{W}_i \cdot \boldsymbol{X}_j$表示$\boldsymbol{W}_i$和$\boldsymbol{X}_j$的内积。

单隐层神经网络学习的目标是使得输出的误差最小，可以表示为：

$$\sum_{j=1}^{N} \| O_j - t_i \| = 0 \tag{10.43}$$

即存在β_i、$\boldsymbol{W}_i$和b_i，使得：

$$\sum_{i=1}^{L} \beta_i g(\boldsymbol{W}_i \cdot \boldsymbol{X}_j + b_i) = t_j, \quad j = 1,2,\cdots,N \tag{10.44}$$

可以矩阵表示为：

$$\boldsymbol{H\beta} = \boldsymbol{T} \tag{10.45}$$

式中，$\boldsymbol{H}$为隐层结点的输出；$\boldsymbol{\beta}$为输出权重；$\boldsymbol{T}$为期望输出。

$$\boldsymbol{H}(\boldsymbol{W}_1, \cdots, \boldsymbol{W}_L, b_1, \cdots, b_L, \boldsymbol{X}_1, \cdots, \boldsymbol{X}_L) = \begin{bmatrix} g(\boldsymbol{W}_1 \cdot \boldsymbol{X}_1 + b_1) & \cdots & g(\boldsymbol{W}_L \cdot \boldsymbol{X}_1 + b_L) \\ \vdots & & \vdots \\ g(\boldsymbol{W}_1 \cdot \boldsymbol{X}_N + b_1) & \cdots & g(\boldsymbol{W}_L \cdot \boldsymbol{X}_N + b_L) \end{bmatrix}_{N\times L} \tag{10.46}$$

$$\boldsymbol{\beta} = \begin{bmatrix} \beta_1^{\mathrm{T}} \\ \vdots \\ \beta_L^{\mathrm{T}} \end{bmatrix}_{L\times m} \quad \boldsymbol{T} = \begin{bmatrix} T_1^{\mathrm{T}} \\ \vdots \\ T_N^{\mathrm{T}} \end{bmatrix}_{N\times m} \tag{10.47}$$

为了能够训练单隐层神经网络，希望得到$\hat{\boldsymbol{W}}_i$、$\hat{b}_i$和$\hat{\boldsymbol{\beta}}_i$，使得：

$$\| \boldsymbol{H}(\hat{\boldsymbol{W}}_i, \hat{b}_i) \hat{\boldsymbol{\beta}}_i - \boldsymbol{T} \| = \min_{W,b,\beta} \| \boldsymbol{H}(\boldsymbol{W}_i, b_i) \boldsymbol{\beta}_i - \boldsymbol{T} \| \tag{10.48}$$

记笔记

其中，$i=1,2,\cdots,L$，这等价于最小化损失函数：

$$E=\sum_{j=1}^{N}\left(\sum_{i=1}^{L}\boldsymbol{\beta}_i g(\boldsymbol{W}_i\cdot\boldsymbol{X}_j+b_i)-t_j\right)^2 \tag{10.49}$$

传统的一些基于梯度下降法的算法，可以用来求解这样的问题，但是基本的基于梯度的学习算法需要在迭代的过程中调整所有参数。而在 ELM 算法中，一旦输入权重 $\boldsymbol{W}_i$ 和隐层的偏置 b_i 被随机确定，隐层的输出矩阵 $\boldsymbol{H}$ 就被唯一确定。训练单隐层神经网络可以转化为求解一个线性系统 $\boldsymbol{H\beta}=\boldsymbol{T}$。并且输出权重$\boldsymbol{\beta}$可以被确定为：

$$\hat{\boldsymbol{\beta}}=\boldsymbol{H}^{-1}\boldsymbol{T} \tag{10.50}$$

式中，$\boldsymbol{H}^{-1}$ 是矩阵 $\boldsymbol{H}$ 的广义逆矩阵。且可证明求得的解$\hat{\boldsymbol{\beta}}$ 的范数是最小的并且唯一[4]。

10.4 神经网络的 MATLAB 实践

神经网络从发展至今约 30 年，其早已被集成在 MATLAB 的函数中，且为了便于使用，其已经被制作成较为专业的工具箱。在 MATLAB 的界面的右上角查询框中输入：Neural Network Toolbox Functions，则会查找与神经网络工具箱函数相关的帮助文件，如图 10.14 所示中搜索的第 3 项。

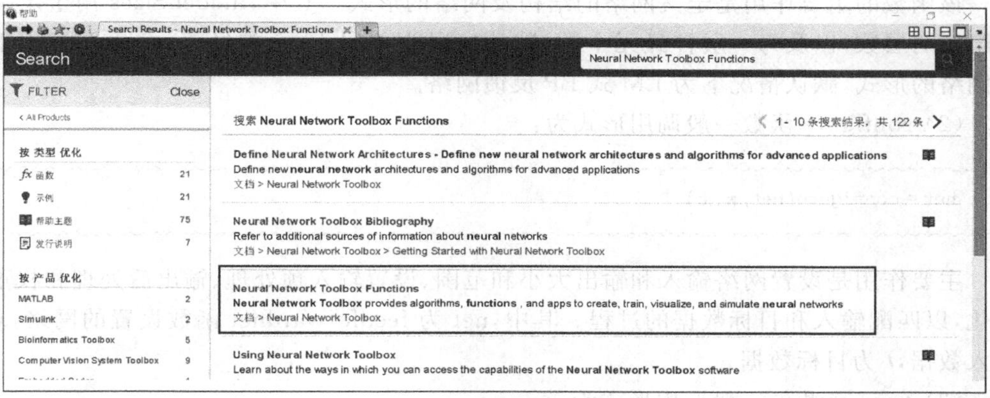

图 10.14 Neural Network Toolbox Functions 文档搜索

单击第 3 项后，则展示出所有与神经网络相关的 MATLAB 函数，如图 10.15 所示。读者可根据兴趣进行逐个了解。

下面介绍一个简单的基于神经网络工具箱函数的实例，以便读者更加深入理解。涉及的函数主要包括 feedforwardnet、configure 和 train。

笔记

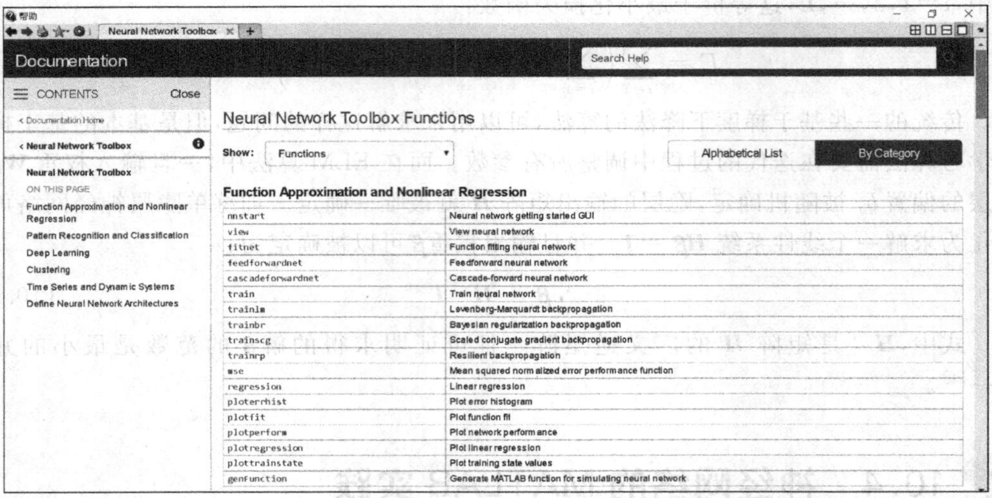

图 10.15 MATLAB 神经网络工具箱函数

（1）feedforwardnet 函数其调用形式为：

```
feedforwardnet(hiddenSizes,trainFcn)
```

该函数的主要作用是定义网络的结构及网络的形式。其中，hiddenSizes 用于定义网络隐层的层数，以及每一层神经元个数，默认情况为单层 10 个神经元；trainFcn 用于定义网络的形式，默认情况下为 LM 式 BP 反馈网络。

（2）configure 函数一般调用形式为：

```
net = configure(net, x, t)
```

主要作用是设置网络输入和输出大小和范围、设置输入预处理、输出后处理和权重初始化，以匹配输入和目标数据的过程。其中，net 为 feedforwardnet 函数设置的网络，$\boldsymbol{x}$ 为输入数据，$\boldsymbol{t}$ 为目标数据。

（3）train 函数的一般调用形式为：

```
[net,tr] = train(net, x, t,xi,ai,EW)
```

主要作用为需要神经网络模型。其中，net 为 configure 配置的初始网络；xi 为初始输入延迟条件，默认为 0；ai 为初始层延迟条件，默认为 0；EW 表示权重偏差；tr 表示训练过程的记录值。

记笔记

利用上述 3 个函数，实现一个简单的神经网络训练模型，程序如下（ANN_Mat.m 文件），其运行结果如图 10.16 和图 10.17 所示。

```
%%神经网络 MATLAB 实践
clc
clear
close
x = [0 1 2 3 4 5 6 7 8];                                    %样本属性值
t = [0 0.84 0.91 0.14 - 0.77 - 0.96 - 0.28 0.66 0.99];     %样本的目标标签值
net = feedforwardnet(10);                                   %定义神经网络一层隐层，且神经元数量为10个
net = configure(net,x,t);       %利用构建的网络，对网络各参数进行初始化赋值，形成初始网络
y1 = net(x);                                                %初始网络对输入进行计算后的输出
net = train(net,x,t);                                       %对构建的神经网络进行训练，输出训练完成的网络
y2 = net(x);                                                %训练完成后的网络对输入进行计算后的输出
plot(x,t,'o',x,y1,'x',x,y2,'*')                             %对三者数据进行绘图
legend('原始数据值','初始网络预测值','训练后网络预测值')
```

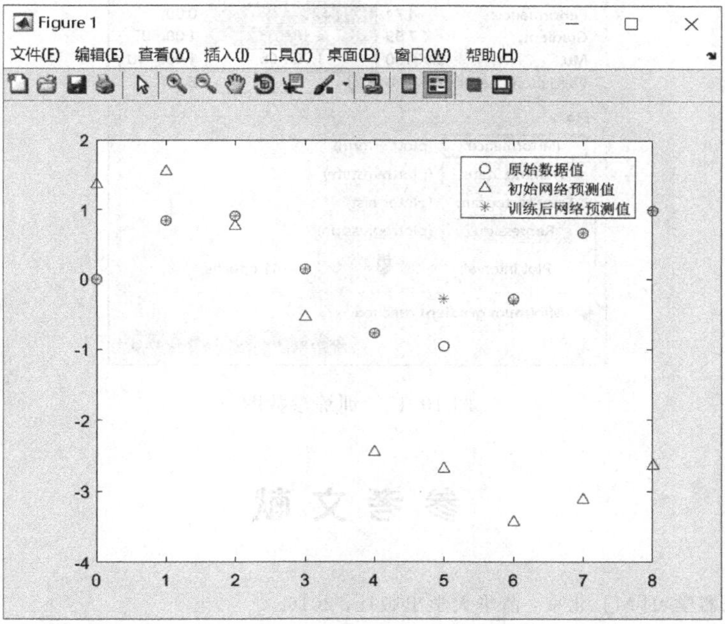

图 10.16　神经网络训练数据图

如图 10.16 所示，绘制了三组数据，分别为原始数据值、初始网络预测值和训练后网络预测值。从数据的拟合程度可看出该神经网络模型能够较好地预测数据。值得注意的

是，读者可能在运行上述程序时，得到的结果和图 10.16 有较大的差异，主要原因是 configure 配置网络的初始权重是随机的，并且，由于初始权重的随机性，不能保证每次的训练都能达到较好的效果，换言之，在一定条件下，模型权重的初始值对模型训练的好坏也有至关重要的作用，类似于局部最优和全局最优的概念。

如图 10.17 所示，显示了本次训练模型的相关参数，如网络结构、算法实现过程中的一些方法及模型计算过程中的输出参数。

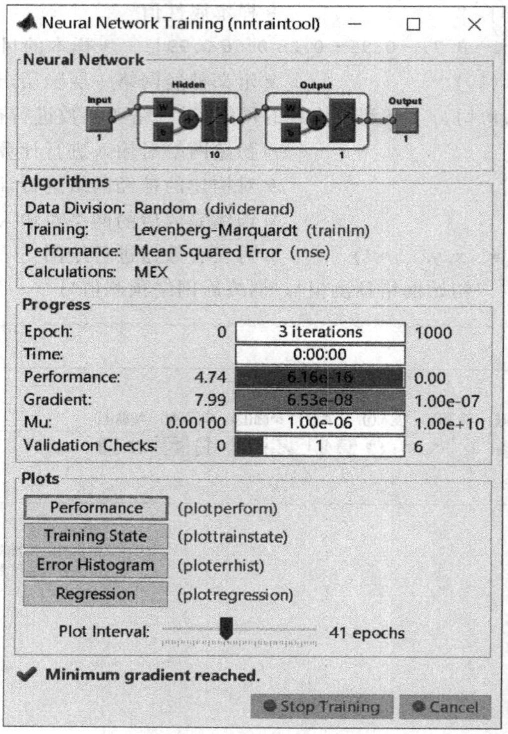

图 10.17 训练参数图

参考文献

[1] 周志华. 机器学习[M]. 北京：清华大学出版社，2016.
[2] 周斌. 基于 BP 神经网络的内燃机排放性能建模与应用研究[D]. 四川：西南交通大学，2004.
[3] https://zh.wikipedia.org/wiki/深度学习.
[4] http://blog.csdn.net/google19890102/article/details/18222103.

第11章

AdaBoost算法

源码

本章将介绍在机器学习和数据挖掘领域中的一个使用相当广泛的算法，被列为数据挖掘十大算法之一：AdaBoost 算法。AdaBoost 算法是一种集成算法。为了更好地理解 AdaBoost 算法的思想，本章首先介绍一下集成学习的历史背景、主要思想及代表方法。然后自然地引入 AdaBoost 算法。最后同其他所有章节一样，会详细地介绍算法的步骤及如何在 MATLAB 实现。

11.1 集成学习方法简介

一个概念如果存在一个多项式的学习算法能够学习它，并且正确率很高，那么，这个概念是强可学习的；一个概念如果存在一个多项式的学习算法能够学习它，并且学习的正确率仅比随机猜测略好，那么，这个概念是弱可学习的。那么一个很自然地想法就是如果已经发现了"弱学习算法"，能否将它提升为"强学习算法"。也就是说能不能通过很多弱学习器得到一个强学习器。答案是肯定的。在机器学习中专门有一个分支称为集成学习(Ensemble Learning)，集成学习本身不是一个单独的机器学习算法，而是通过构建并结合多个机器学习器来完成学习任务，也就是常说的"博采众长"[1]。图 11.1 展示了集成学习的思想。

11.1.1 集成学习方法分类

集成学习需要解决两个问题，一是如何得到若干个个体学习器；二是如何选择一种结合策略，将这些个体学习器集合成一个强学习器。

记笔记

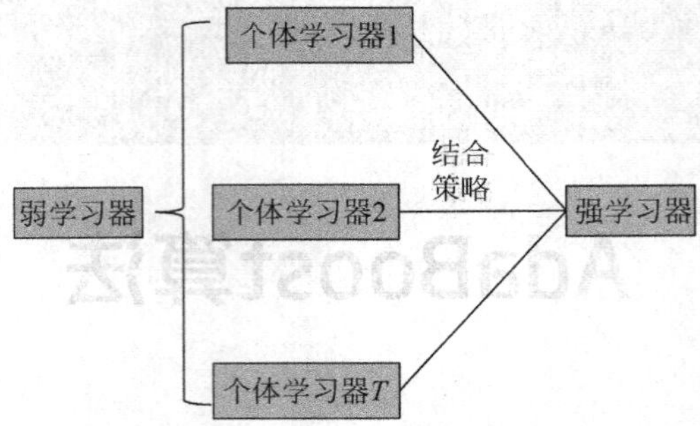

图 11.1 集成学习思想

第一种就是所有的个体学习器都是一个种类的，或者说是同质的。例如，都是决策树个体学习器，或者都是神经网络个体学习器。第二种是所有的个体学习器不全是一个种类的，或者说是异质的。例如，有一个分类问题，对训练集分别采用支持向量机个体学习器、逻辑回归个体学习器和朴素贝叶斯个体学习器，然后通过某种结合策略来得到一个强分类学习器。

目前来说，同质个体学习器的应用是最广泛的，一般常说的集成学习的方法都指的是同质个体学习器。而同质个体学习器使用最多的模型是 CART 决策树和神经网络。同质个体学习器按照个体学习器之间是否存在依赖关系可以分为两类，一类是个体学习器之间存在强依赖关系，一系列个体学习器基本都需要串行生成，代表算法是 Boosting 系列算法；另一类是个体学习器之间不存在强依赖关系，一系列个体学习器可以并行生成，代表算法是 bagging 和随机森林(Random Forest)系列算法。

11.1.2 集成学习 Boosting 算法

Boosting 算法的个体分类器之间是有依赖性的，也就是说下一个分类器的构造和上一个分类器有关，如图 11.2 所示。

从图 11.2 中可以看出，Boosting 算法的工作机制是，首先从训练集中用初始权重训练出一个弱学习器 1，根据弱学习器 1 的学习误差率表现来更新训练样本的权重，使得之前弱学习器 1 学习误差率高的训练样本点的权重变高，以便于这些误差率高的点在后面的弱学习器 2 中得到更多的重视。然后基于调整权重后的训练集来训练弱学习器 2，如此重复进行，直到弱学习器数达到事先给定的数目 T，最终将这 T 个弱学习器通过集合策略进行整合，得到最终的强学习器。

而 AdaBoost 算法是 Boosting 算法的一个代表，当然也符合图 11.2 所示的框架。实际上这个框架已经阐述了 AdaBoost 算法的核心步骤。唯一的细节就是如何更新权重，以及如何设计最后的组合策略。基于上面这些知识的铺垫，下面正式介绍 AdaBoost 算法。

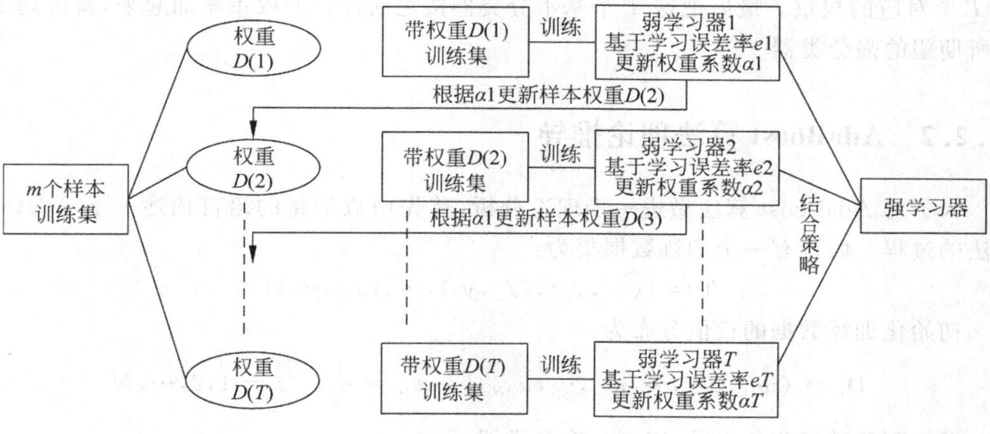

图 11.2 分类器构造之间的关系

11.2 AdaBoost 算法原理

AdaBoost 是英文 Adaptive Boosting(自适应增强)的缩写,由 Yoav Freund 和 Robert Schapire[1] 于 1995 年提出。它的自适应在于:前一个基本分类器分错的样本会得到加强,加权后的全体样本再次被用来训练下一个基本分类器。同时,在每一轮中加入一个新的弱分类器,直到达到某个预定的足够小的错误率或达到预先指定的最大迭代次数。

11.2.1 AdaBoost 算法思想

AdaBoost 首先基于原始数据分布构建第一个简单的分类器 h_1,其次 bootstrap 生成 T 个分类器,这 T 个分类器是相互关联的,最后把这些不同的分类器集合起来,构成一个更强的最终的分类器(强分类器)。理论证明,只要每个弱分类器分类能力比随机猜测要好(分类的正确率大于 0.5),当其个数趋向于无穷个数时,强分类器的错误率将趋向于零。AdaBoost 算法中不同的训练集是通过调整每个样本对应的权重实现的。最开始时,每个样本对应的权重是相同的,在此样本分布下训练出一个基本分类器 $h_1(x)$。对于 $h_1(x)$错分的样本,则增加其对应样本的权重;而对于正确分类的样本,则降低其权重。这样可以突出错分的样本。同时,根据误差赋予 $h_1(x)$一个权重,表示该基本分类器的重要程度,错分得越少权重越大。在新的样本权重下,再次训练一个基本分类器,得到基本分类器 $h_2(x)$及其权重。依次类推,经过 T 次这样的循环,就得到了 T 个基本分类器,以

笔记

及 T 个对应的权重。最后把这 T 个基本分类器按之前计算的权重累加起来，就得到了最终所期望的强分类器[2]。

11.2.2 AdaBoost 算法理论推导

为了对 AdaBoost 算法做进一步理论分析，首先用数学化的语言描述一下 AdaBoost 算法的过程。假设有一个训练数据集为：

$$\boldsymbol{T}=\{(x_1,y_1),(x_2,y_2),\cdots,(x_N,y_N)\}$$

初始化训练数据的权值分布为：

$$\boldsymbol{D}_1=(w_{11},w_{12},\cdots,w_{1i},\cdots,w_{1N}),\quad w_{1i}=\frac{1}{N},\quad i=1,2,\cdots,N$$

通过更改数据集的权重，得到一个分类器：

$$G_m(x):x\rightarrow\{-1,+1\}$$

利用 AdaBoost 算法，计算 $G_m(x)$的系数，也就是每个子分类器的权重公式为：

$$\alpha_m=\frac{1}{2}\log\frac{1-e_m}{e_m}$$

式中，e_m 为 $G_m(x)$在训练数据集上的分类误差率，可以表示为：

$$e_m=P(G_m(x_i)\neq y_i)=\sum_{i=1}^{N}w_{mi}\boldsymbol{I}(G_m(x_i)\neq y_i)$$

更新训练数据集的权值分布，计算如下：

$$\boldsymbol{D}_{m+1}=(w_{m+1,1},w_{m+1,2},\cdots,w_{m+1,i},\cdots,w_{m+1,N}),$$

$$w_{m+1,i}=\frac{w_{mi}}{Z_m}\exp(-\alpha_m y_i G_m(x_i)),\quad i=1,2,\cdots,N$$

式中，Z_m 为规范化因子，$Z_m=\sum_{i=1}^{N}w_{mi}\exp(-\alpha_m y_i G_m(x_i))$，它使 $\boldsymbol{D}_{m+1}$ 成为一个概率分布。

构建基本分类器的线性组合为：

$$f(x)=\sum_{m=1}^{M}\alpha_m G_m(x)$$

得到最终分类器为：

$$G(x)=\operatorname{sign}(f(x))=\operatorname{sign}\left(\sum_{m=1}^{M}\alpha_m G_m(x)\right)$$

至此，介绍了 AdaBoost 的完整过程，包括核心的分类器加权的计算公式及样本权重的更新公式。读者可能会疑惑，这些公式是怎么得到的。详细的细节不做介绍，但是通过下面的分析，读者会明白选择这些公式的合理性。首先分析 AdaBoost 算法得到的分类器的误差限。有以下的结论：

记笔记

$$\frac{1}{N}\sum_{i=1}^{N} I(G_m(x_i) \neq y_i) \leqslant \frac{1}{N}\sum_i \exp(-y_i f(x_i)) = \prod_m Z_m$$

证明：当 $G(x_i) \neq y_i$ 时，$y_i f(x_i) < 0$，因而 $\exp(-y_i f(x_i)) \geqslant 1$，前半部分得证。对于后半部分：

$$\begin{aligned}
\frac{1}{N}\sum_i \exp(-y_i f(x_i)) &= \frac{1}{N}\sum_i \exp\left(-\sum_{m=1}^{M} \alpha_m y_i G_m(x_i)\right) \\
&= w_{1i}\sum_i \exp\left(-\sum_{m=1}^{M} \alpha_m y_i G_m(x_i)\right) \\
&= w_{1i}\prod_{m=1}^{M} \exp(-\alpha_m y_i G_m(x_i)) \\
&= Z_1 \sum_i w_{2i} \prod_{m=2}^{M} \exp(-\alpha_m y_i G_m(x_i)) \\
&= Z_1 Z_2 \sum_i w_{3i} \prod_{m=3}^{M} \exp(-\alpha_m y_i G_m(x_i)) \\
&= Z_1 Z_2 \cdots Z_{M-1} \sum_i w_{Mi} \exp(-\alpha_M y_i G_M(x_i)) \\
&= \prod_{m=1}^{M} Z_m
\end{aligned}$$

证明过程中用到的结论：

$$w_{m+1,i} = \frac{w_{mi}}{Z_m}\exp(-\alpha_m y_i G_m(x_i))$$

$$Z_m w_{m+1,i} = w_{mi}\exp(-\alpha_m y_i G_m(x_i))$$

又有：

$$\prod_{m=1}^{M} Z_m = \prod_{m=1}^{M}\left(2\sqrt{e_m(1-e_m)}\right) = \prod_{m=1}^{M}\sqrt{1-4{\gamma_m}^2} \leqslant \exp\left(-2\sum_{m=1}^{M}{\gamma_m}^2\right)$$

$$\gamma_m = \frac{1}{2} - e_m$$

取 γ_1，γ_2，…的最小值，记作 γ，那么经过放缩可以得到：

$$\frac{1}{N}\sum_{i=1}^{N} I(G(x_i) \neq y_i) \leqslant \exp(-2M\gamma^2)$$

这说明 AdaBoost 算法的误差是以指数级缩减的。式中，关于前半部分的推导如下：

$$\begin{aligned}
Z_m &= \sum_{i=1}^{N} w_{mi}\exp(-\alpha_m y_i G_m(x_i)) = \sum_{y_i = G_m(x_i)} w_{mi}\,\mathrm{e}^{-\alpha_m} + \sum_{y_i \neq G_m(x_i)} w_{mi}\,\mathrm{e}^{\alpha_m} \\
&= (1-e_m)\mathrm{e}^{-\alpha_m} + e_m \mathrm{e}^{\alpha_m} = 2\sqrt{e_m(1-e_m)} = \sqrt{1-4{\gamma_m}^2}
\end{aligned}$$

对于分类器加权的计算公式及样本权重的更新公式可以通过前向分布算法推导得到。准确地说，AdaBoost 算法是模型为加法模型、损失函数为指数函数、学习算法为前向

记笔记

分步算法时的二类学习方法，详细过程可参考相关文献。

11.2.3 AdaBoost 算法的实现步骤

具体地说，整个 AdaBoost 迭代算法分如下 3 步。

(1) 初始化训练数据的权值分布。每一个训练样本最开始时都被赋予相同的权值：$1/N$。

$$\boldsymbol{D}_1 = (w_{11}, w_{12}, \cdots, w_{1i}, \cdots, w_{1N}), w_{1i} = \frac{1}{N}, \quad i = 1, 2, \cdots, N$$

(2) 进行 m 次迭代，用 $G_m(x)$ 表示当前 m 轮迭代的分类器，e_m 表示当前的分类误差，α_m 表示加和系数。其中：

① 使用具有权值分布 $\boldsymbol{D}_m$ 的训练数据集学习，得到基本分类器：

$$G_m(x): x \to \{-1, +1\}$$

② 计算 $G_m(x)$ 在训练数据集上的分类误差率：

$$e_m = P(G_m(x_i) \neq y_i) = \sum_{i=1}^{N} w_{mi} I(G_m(x_i) \neq y_i)$$

③ 计算 $G_m(x)$ 的系数，α_m 表示 $G_m(x)$ 在最终分类器中的重要程度：

$$\alpha_m = \frac{1}{2} \log \frac{1 - e_m}{e_m}$$

由上述式子可知，$e_m \leqslant 1/2$ 时，$\alpha_m \geqslant 0$，且 α_m 随着 e_m 的减小而增大，意味着分类误差率越小的基本分类器在最终分类器中的作用越大。

④ 更新训练数据集的权值分布（目的：得到样本的新的权值分布），用于下一轮迭代：

$$D_{m+1} = (w_{m+1,1}, w_{m+1,2}, \cdots, w_{m+1,i}, \cdots, w_{m+1,N})$$

$$w_{m+1,i} = \frac{w_{mi}}{Z_m} \exp(-\alpha_m y_i G_m(x_i)), \quad i = 1, 2, \cdots, N$$

其中：

$$Z_m = \sum_{i=1}^{N} w_{mi} \exp(-\alpha_m y_i G_m(x_i))$$

使得被基本分类器 $G_m(x)$ 误分类样本的权值增大，而被正确分类样本的权值减小。这样，通过此方式，AdaBoost 算法能“重点关注”或“聚焦于”那些较难分辨的样本上。

(3) 组合各个弱分类器：

$$f(x) = \sum_{m=1}^{M} \alpha_m G_m(x)$$

最终分类器为：

$$G(x) = \text{sign}(f(x)) = \text{sign}\left(\sum_{m=1}^{M} \alpha_m G_m(x)\right)$$

记笔记

11.2.4 AdaBoost 算法的特点

AdaBoost 是一种有很高精度的分类器，可以使用各种方法构建子分类器，AdaBoost 算法提供的是一个框架。当使用简单分类器时，计算出的结果是可以理解的。而且弱分类器构造极其简单，不用做特征筛选，不容易过拟合，关于这一点的解释有两种看法，分布式 margin 理论和统计观点，其细节读者可以查看相关文献。

11.2.5 通过实例理解 AdaBoost 算法

下面通过一个实例来说明 AdaBoost 算法的计算过程。首先假设有一个二分类问题，数据分布如图 11.3 所示，目的是寻找一个分类器使它能够将正负样本分开。

图 11.3 中，训练数据集中"＋"和"－"分别代表两个类别。符号的大小代表每个样本的权重，D_1 是当前数据的分布。

使用 AdaBoost 算法来实现分类目的。按照 AdaBoost 的思想需要构造多个简单的分类器，然后用分类器加和的结果作为最终的分类器。那么第一步先找到第一个分类器 h_1，如图 11.4 所示。

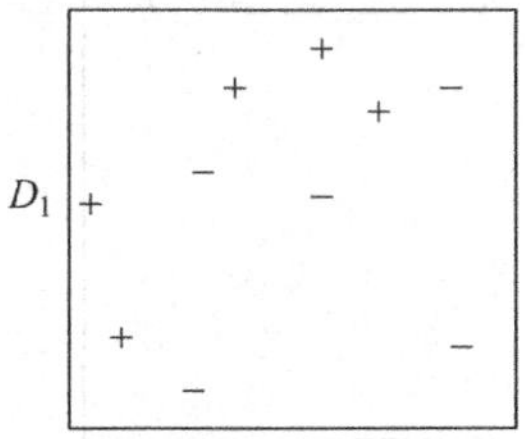

图 11.3　二分类数据分布图

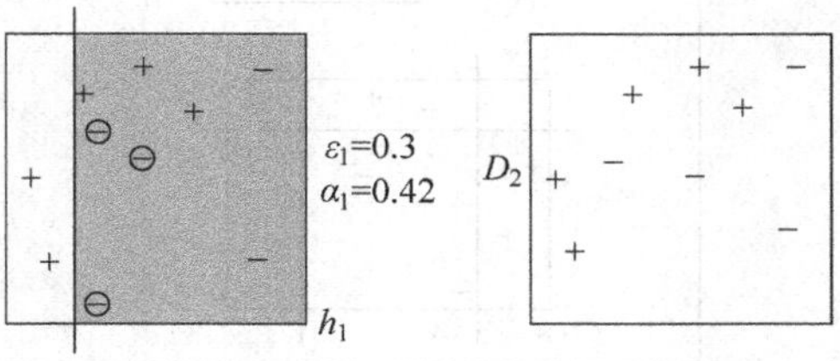

图 11.4　分类器 h_1 数据分类

图 11.4 中 ε_1 和 α_1 的计算过程如下。

第一步，算法最开始给了一个均匀分布 $\boldsymbol{D}$。所以 h_1 中的每个点的权重是 0.1。当划分后，有 3 个点划分错了(图 11.4 中画圆圈的样本)，根据算法误差表达式 $\varepsilon_t = P_{r_i \sim D_i}[h_i(x_i) \neq y_i]$ 得到误差为分错了的 3 个点的值之和，所以 $\varepsilon_1 = (0.1+0.1+0.1) = 0.3$，而 α_1 根据表达式得：

$$\alpha_1 = \frac{1}{2}\ln\left(\frac{1-\varepsilon_1}{\varepsilon_1}\right) = \frac{1}{2}\ln\left(\frac{1-0.3}{0.3}\right) = 0.42$$

即结果为 0.42。然后根据算法把分错的点权值变大。对于分对的 7 个点，它们的权重减小。对于分错的 3 个点，其权值为：

$$\boldsymbol{D}_{t+1}(i) = \frac{\boldsymbol{D}_t(i)}{Z_t} \times \begin{cases} e^{-\alpha_t} & 若\ h_t(x_i) = y_i \\ e^{\alpha_t} & 若\ h_t(x_i) \neq y_i \end{cases}$$

因为 $\alpha>0$，所以 $e^{-\alpha_t}>1$，所以分错样本的权重会变大，相应的分对样本的权重减小。这样就得到了新的权重分布 $\boldsymbol{D}_2$。

第二步，根据分布 $\boldsymbol{D}_2$，得到一个新的子分类器 h_2 和更新后的样本分布 $\boldsymbol{D}_3$，如图 11.5 所示。

第三步，根据分布 $\boldsymbol{D}_3$，得到一个新的子分类器 h_3，如图 11.6 所示。

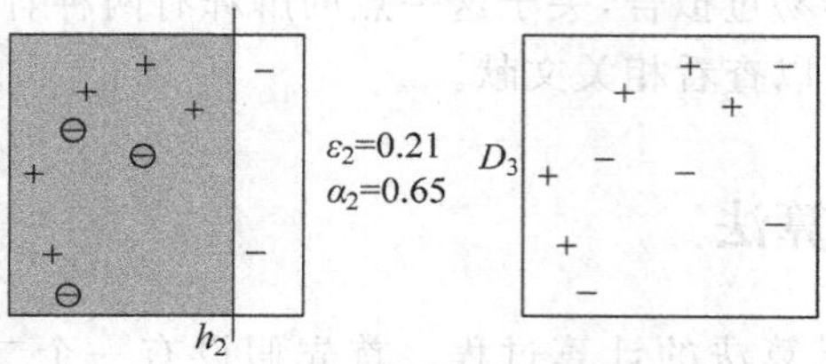

图 11.5　分类器 h_2 数据分类

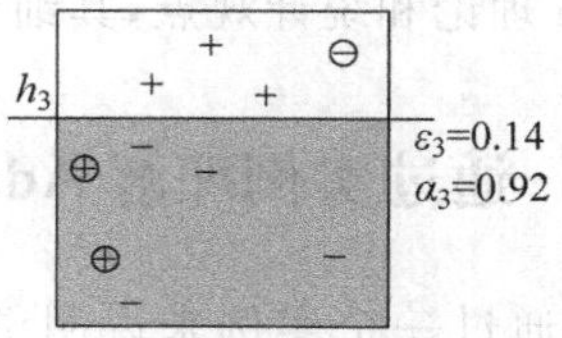

图 11.6　分类器 h_3 数据分类

整合所有子分类器，如图 11.7 所示。

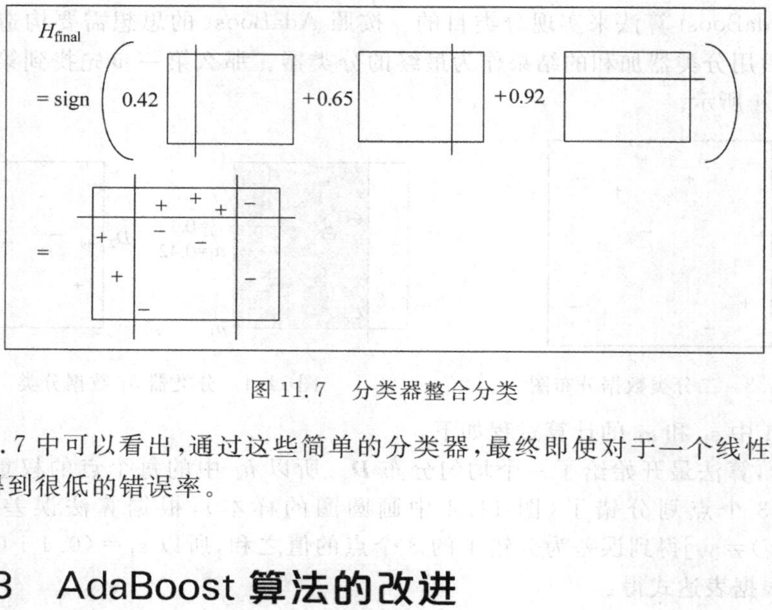

图 11.7　分类器整合分类

从图 11.7 中可以看出，通过这些简单的分类器，最终即使对于一个线性不可分的数据集，也能得到很低的错误率。

11.3　AdaBoost 算法的改进

11.3.1　RealAdaBoost 算法

Discrete AdaBoost 的每一个弱分类的输出结果是 1 或 −1，并没有属于某个类的概率，略显粗糙。如果让每个弱分类器输出样本属于某个类的概率，则可以得到 Real

记笔记

AdaBoost 算法[3]，其步骤如下。

(1) 从权重开始，$w_i=1/N, i=1,2,\cdots,N$。

(2) 重复 $m=1,2,\cdots,M$。

① 在训练数据上使用权重 w_i，调整分类器以获得类概率估计 $p_m(x)=\hat{p}_w(y=1|x)\in[0,1]$。

② 设置 $f_m(x)\leftarrow\frac{1}{2}\log p_m(x)/(1-p_m(x))\in R$。

③ 设置 $w_i\leftarrow w_i\exp[-y_i f_m(x_i)], i=1,2,\cdots,N$，重新归一化，使 $\sum_i w_i=1$。

(3) 输出分类器 $\text{sign}\left[\sum_{m=1}^{M}f_m(x)\right]$。

RealAdaBoost 每个弱分类器输出样本属于某类的概率后，通过一个对数函数将 0～1 的概率值映射到实数域，最后的分类器是所有映射函数的和。

11.3.2 GentleAdaBoost 算法

将 RealAdaBoost 算法每次迭代的两部合并，直接产生一个映射到实数域的函数，就成了 GentleAdaBoost 算法[4]，其算法步骤如下。

(1) 从权重开始，$w_i=1/N, i=1,2,\cdots,N, F(x)=0$。

(2) 重复 $m=1,2,\cdots,M$。

① 通过权重 w_i 的 y_i 到 x_i 的加权最小二乘法，调整回归函数 $f_m(x)$。

② 更新 $F(x)\leftarrow F(x)+f_m(x)$。

③ 更新 $w_i\leftarrow w_i\exp[-y_i f_m(x_i)], i=1,2,\cdots,N$，重新归一化。

(3) 输出分类器 $\text{sign}[F(x)]=\text{sign}\left[\sum_{m=1}^{M}f_m(x)\right]$。

GentleAdaBoost 则在每次迭代时，基于最小二乘法做一个加权回归，最后所有回归函数的和作为最终的分类器。

11.3.3 LogitBoost 算法

LogitBoost 算法和 GentleAdaBoost 算法相似，但是其每次进行回归拟合的变量 z 是在不断更新的，GentleAdaBoost 使用的是 y[5]。LogitBoost 算法步骤如下。

(1) 从权重开始，$w_i=1/N, i=1,2,\cdots,N, F(x)=0$，概率估计 $p(x_i)=0.5$。

(2) 重复 $m=1,2,\cdots,M$。

① 计算工作响应和权重：

$$z_i = \frac{y_i^* - p(x_i)}{p(x_i)(1-p(x_i))}$$

$$w_i = p(x_i)(1-p(x_i))$$

② 通过权重 w_i 的 z_i 到 x_i 的加权最小二乘法，调整回归函数 $f_m(x)$。

③ 更新 $F(x) \leftarrow F(x) + \frac{1}{2} f_m(x)$，$p(x) \leftarrow (e^{F(x)})/(e^{F(x)} + e^{-F(x)})$。

(3) 输出分类器 $\text{sign}[F(x)] = \text{sign}\left[\sum_{m=1}^{M} f_m(x)\right]$。

11.4 AdaBoost 算法的 MATLAB 实践

在 MATLAB 的统计与机器学习工具箱中，分类和回归算法中都实现了一大类方法称为 Ensemble 方法。可以直接利用 MATLAB 的工具箱轻松地实现很多集成方法，当然也包括 AdaBoost 算法。MATLAB 创建一个集成类的函数是 fitensemble，语法如下：

```
ens = fitensemble(X, Y, model, numberens, learners)
```

其中，**X** 是矩阵数据类型，每一行是一个样本，每一列对应样本的一个特征；**Y** 可以是数值向量、类别向量、字符数组、元胞数组或者逻辑向量。表示响应，对于分类来说一般就是一个类别标签，对于回归来说就是一个数值，长度等于样本的个数；model 表示使用的算法。在 MATLAB 中实现的集成方法根据问题的目标分为分类和回归，对于分类又分为二分类和多分类问题。对于二分类适用的算法有 'AdaBoostM1'、'LogitBoost'、'GentleBoost'、'RobustBoost' (requires an Optimization Toolbox™ license)、'LPBoost' (requires an Optimization Toolbox license)、'TotalBoost' (requires an Optimization Toolbox license)、'RUSBoost'、'Subspace'、'Bag'。多分类的算法有 'AdaBoostM2'、'LPBoost' (requires an Optimization Toolbox license)、'TotalBoost' (requires an Optimization Toolbox license)、'RUSBoost'、'Subspace'、'Bag'。回归算法有 'LSBoost' 和 'Bag'。

numberens 表示弱分类器的个数，对于 Boosting 算法来说就是循环的次数；learners 为一个字符向量或者一个元胞，表示弱学习器的类型，如 'tree' 表示决策树作为弱学习器。

如果用一张图来表示，为了创建一个集成类，或者说一个集成学习方法对象，必须准备的信息如图 11.8 所示。

调用 fitensemble 方法后会返回一个 ClassificationEnsemble 类的实例，这个类具有的主要属性如表 11.1 所示。

记笔记

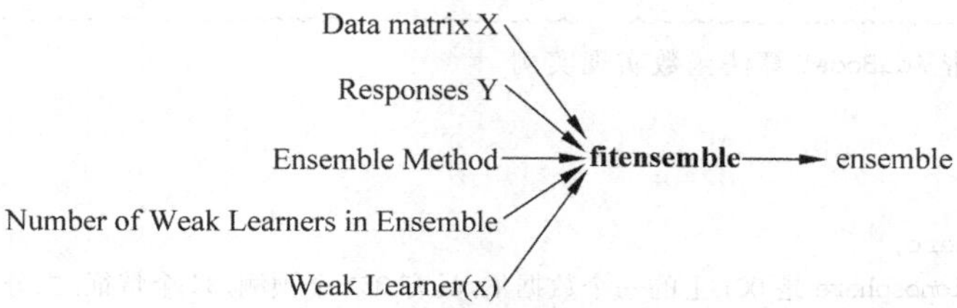

图 11.8 集成学习方法对象

表 11.1 ClassificationEnsemble 类的主要属性

类 名	属 性
CombineWeights	字符串,用来描述 ens 对象如何组织多个弱学习器,选项有:'WeightedSum'和'WeightedAverage'
ExpandedPredictorNames	字符数组,***X*** 中每个特征的名称
FitInfo	数值数组,存储拟合过程的信息
FitInfoDescription	字符串,描述 FitInfno 内容的具体含义
LearnerNames	元胞数组,表示使用弱学习器的类型
Method	字符串,表示使用的集成方法
ModelParameters	训练 ens 的参数
NumObservations	数值标量,观测的个数
NumTrained	标量,弱学习器的个数
Prior	每个类的先验概率(只读)
ReasonForTermination	字符串,描述结束训练的原因
ResponseName	字符串,标签变量名
Trained	元胞数组,存储了每个训练好的弱学习器的信息
TrainedWeights	数值向量,表示每个弱学习器的权重
W	每个样本的权重
X	训练集
Y	类别标签

返回 ClassificationEnsemble 类的内置方法如表 11.2 所示。

表 11.2 返回 ClassificationEnsemble 类的内置方法

方 法	属 性
crossval	交叉验证
resubLoss	计算训练或者测试误差
resubPredict	预测

可以通过 view(ens. Trained{t})方法来图形化地显示每个弱分类器(决策树)的信息。下面通过实例的方式,展示算法的 MATLAB 实现,其代码如下(AdaBoost_Mat. m 文件):

记笔记

```
%MATLAB 自带 AdaBoost 算法函数实现实例
clc
clear
close
load ionosphere;
%加载数据,ionosphere 是 UCI 上的一个数据集,具有 351 个预测,34 个特征,二分类标签: good & bad
ClassTreeEns = fitensemble(X,Y,'AdaBoostM1',100,'Tree');
%利用 AdaBoost 算法训练 100 轮,弱学习器类型为决策树,返回一个 ClassificationEnsemble 类
rsLoss = resubLoss(ClassTreeEns,'Mode','Cumulative');
%计算误差,cumulative 表示综合 1: T 分类器的误差
plot(rsLoss);                                  %绘制训练次数与误差关系
xlabel('Number of Learning Cycles');
ylabel('Resubstitution Loss');
Xbar = mean(X);                                %构造一个新的样本
[ypredict score] = predict(ClassTreeEns,Xbar)  %预测新的样本,利用 predict 方法
%ypredict:预测的标签 score: 当前样本点属于每个类的可信度,分值越大,置信度越高
view(ClassTreeEns.Trained{5}, 'Mode', 'graph') ;   %显示训练的弱分类器
```

首先,利用 resubLoss 函数和 plot 函数计算和显示训练过程中的误差变化,如图 11.9 所示。

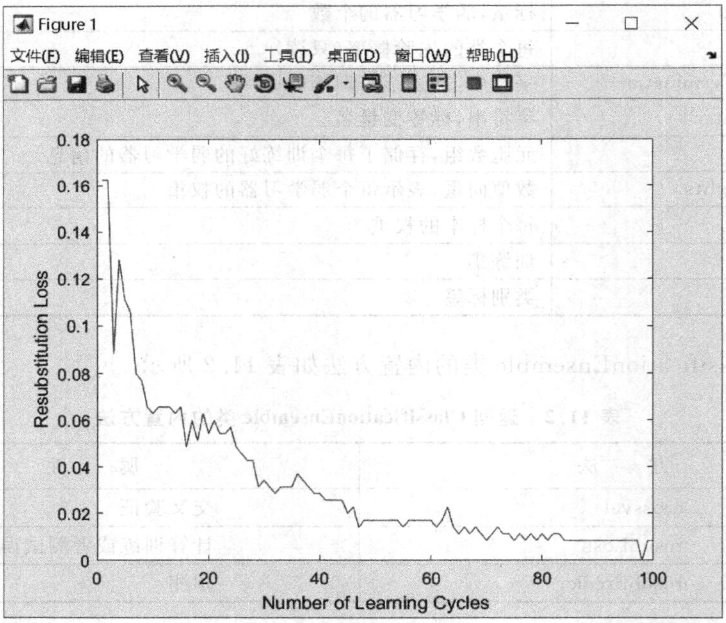

图 11.9 误差与训练次数关系

记笔记

从图 11.9 中可以看出随着训练的进行，子分类器增加，分类错误率也在不断减小。随后又构造了一个样本，利用训练得到的模型预测这个新样本的标签，得到该新样本的 label 是'g'，两个类的置信分数分别是−2.946 和 2.946。最后还想知道得到每个弱分类器的情况，因此，通过调用 view 函数，能够以图形的形式显示出得到模型 Trained 属性的信息，如图 11.10 所示。

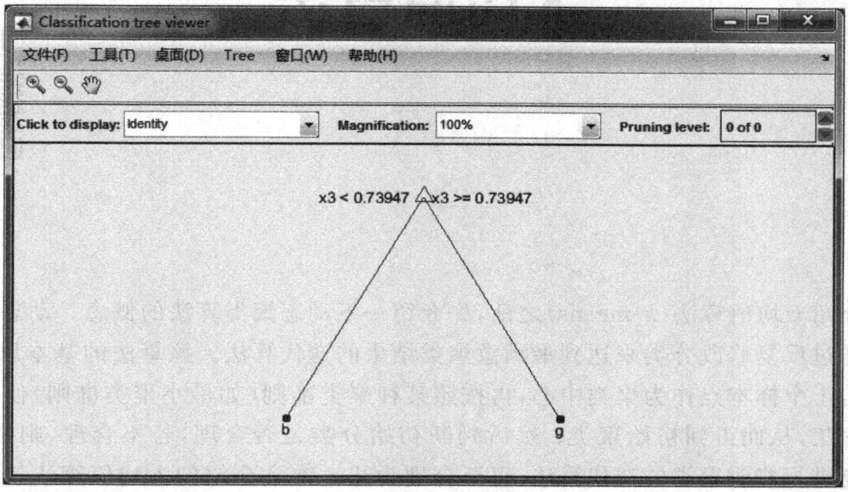

图 11.10 Trained 属性信息

通过 GUI 窗口可以看出，第五个子分类器得到的分割阈值为 0.73947，选择的是第三个特征。对于了解 AdaBoost 算法具体实现方法，读者可以查看 MATLAB 中的 AdaBoost 源码。

参考文献

[1] Freund Y, Schapire R E. A decision-theoretic generalization of on-line learning and an application to boosting [C]//European conference on computational learning theory. Springer, Berlin, Heidelberg, 1995: 23-37.

[2] 曹莹，苗启广，刘家辰，等. AdaBoost 算法研究进展与展望[J]. 自动化学报，2013，39(6)：745-758.

[3] Huang C, Wu B, Haizhou A I, et al. Omni-directional face detection based on real AdaBoost[C]//Image Processing, 2004. ICIP'04. 2004 International Conference on. IEEE, 2004, 1: 593-596.

[4] Ho W T, Lim H W, Tay Y H. Two-stage license plate detection using gentle AdaBoost and SIFT-SVM[C]//Intelligent Information and Database Systems, 2009. ACIIDS 2009. First Asian Conference on. IEEE, 2009: 109-114.

[5] Kotsiantis S B. Logitboost of simple bayesian classifier[J]. Informatica, 2005, 29(1).

笔记

第12章

k均值算法

源码

在介绍 k 均值算法(k-means)之前,先介绍一下动态聚类算法的概念。动态聚类算法是一种通过反复修改分类来达到最满意聚类结果的迭代算法。该算法的基本思想是:首先选择若干个样本点作为聚类中心,再按照某种聚类准则(如最小聚类准则)使样本点向各中心聚集,从而得到初始聚类;然后判断初始分类是否合理,若不合理,则修改分类;如此反复进行修改聚类的迭代算法,直至合理为止。本章介绍的 k 均值算法就是一种典型的动态聚类算法。

12.1 k 均值算法原理

12.1.1 k 均值算法基本原理

k-means 算法主要解决的问题如图 12.1 所示,可以看到,在图的左边有一些没有标出类别的点,用肉眼可以看出来这些点有 4 个点群,但是怎样通过计算机程序找出这几个点群来呢?于是就出现了 k-means 算法。

k-means 算法是很典型的基于距离的动态聚类算法,采用距离作为相似性的评价指标,即认为两个对象的距离越近,其相似度就越大。该算法使用误差平方和准则作为聚类准则,寻求的是使误差平方和准则函数最小化的聚类结果[1]。

12.1.2 k 均值算法的实现步骤

k-means 算法具体实现步骤如下[2]。

笔记

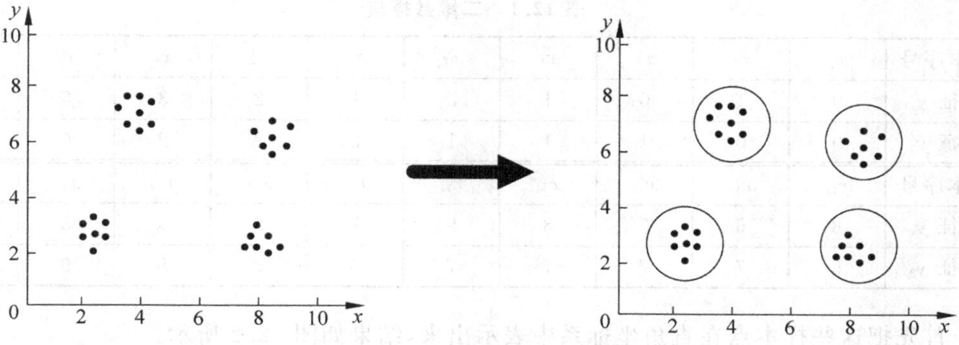

图 12.1　k-means 算法要解决的问题

(1) 任选 k 个初始聚类中心 $z_1(1),z_2(1),\cdots,z_k(1)$。一般以开头 k 个样本作为初始中心。

(2) 将样本集的每一样本按最小距离原则分配给 k 个聚类中心，即在第 m 次迭代时，若 $\| x-z_j(m) \| < \| x-z_i(m) \|$，$i,j=1,2,\cdots,k,i\neq j$，则 $x\in f_j(m)$，$f_j(m)$表示第 m 次迭代时，以第 j 个聚类中心为代表的聚类域。

(3) 由步骤(2)计算新的聚类中心，即：

$$z_i(m+1)=\frac{1}{N_i}\sum_{x\in f_i(m)} x,\quad i=1,2,\cdots,k$$

式中，N_i 为第 i 个聚类域 $f_j(m)$中的样本个数。其均值向量作为新的聚类中心，因为这样可以使误差平方和准则函数：

$$J=\sum_{x\in f_j(m)} \| x-z_i(m+1) \|^2,\quad i=1,2,\cdots,k$$

达到最小值。

(4) 若 $Z_i(m+1)=Z_i(m)$，算法收敛，计算完毕；否则返回到步骤(2)，进行下一次迭代。

根据上述步骤可以得出 k-means 算法的输入为聚类个数 k 及包含 n 个数据对象的数据库；输出为满足方差最小标准的 k 个聚类。

12.1.3　k 均值算法实例

为了便于读者理解，下面用一个实例来展示 k-means 算法的整个过程。在此构造一个二维的数据集，如表 12.1 所示。该数据集包含 20 个样本，每个样本都有两个特征，下面就要展示 k-means 算法是如何将这些样本划分为不同类别的。

表 12.1 二维数据集

样本序号	x_1	x_2	x_3	x_4	x_5	x_6	x_7	x_8	x_9	x_{10}
特征 y_1	0	1	0	1	2	1	2	3	6	7
特征 y_2	0	0	1	1	1	2	2	2	6	6
样本序号	x_{11}	x_{12}	x_{13}	x_{14}	x_{15}	x_{16}	x_{17}	x_{18}	x_{19}	x_{20}
特征 y_1	8	6	7	8	9	7	8	9	8	9
特征 y_2	6	7	7	7	7	8	8	8	9	9

首先把这些样本点在直角坐标系中表示出来，结果如图 12.2 所示。

(1) 令 $k=2$，选初始聚类中心为 $Z_1(1)=x_1=(0,0)^{\mathrm{T}}, Z_1(2)=x_2=(1,0)^{\mathrm{T}}$。

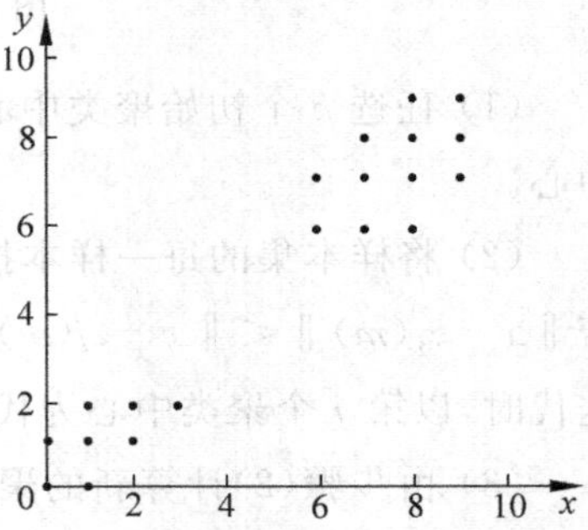

图 12.2 k-means 算法样本

(2) 计算样本集中的每一样本与各个聚类中心的距离，并按最小距离原则分配给两个聚类中心。

$$\| x_1 - Z_1(1) \| = \left\| \begin{pmatrix} 0 \\ 0 \end{pmatrix} - \begin{pmatrix} 0 \\ 0 \end{pmatrix} \right\| = 0$$

$$\| x_1 - Z_2(1) \| = \left\| \begin{pmatrix} 0 \\ 0 \end{pmatrix} - \begin{pmatrix} 1 \\ 0 \end{pmatrix} \right\| = 1$$

因为 $\| x_1 - Z_1(1) \| < \| x_1 - Z_2(1) \|$，所以 $x_1 \in Z_1(1)$。

$$\| x_2 - Z_1(1) \| = \left\| \begin{pmatrix} 1 \\ 0 \end{pmatrix} - \begin{pmatrix} 0 \\ 0 \end{pmatrix} \right\| = 1$$

$$\| x_2 - Z_2(1) \| = \left\| \begin{pmatrix} 1 \\ 0 \end{pmatrix} - \begin{pmatrix} 1 \\ 0 \end{pmatrix} \right\| = 0$$

因为 $\| x_2 - Z_1(1) \| > \| x_2 - Z_2(1) \|$，所以 $x_2 \in Z_2(1)$，同理，

因为 $\| x_3 - Z_1(1) \| = 1 < \| x_3 - Z_2(1) \| = 2$，所以 $x_3 \in Z_1(1)$

因为 $\| x_4 - Z_1(1) \| = 2 > \| x_4 - Z_2(1) \| = 1$，所以 $x_4 \in Z_2(1)$

同样把所有 $x_5, x_6, \cdots, x_{20}$ 与两个聚类中心的距离都计算出来，并判断每个样本点所属的类别，可以判断出 $x_5, x_6, \cdots, x_{20}$ 都属于 $Z_2(1)$。因此分为以下两类。

$$G_1(1) = (x_1, x_3)$$

$$G_2(1) = (x_2, x_4, x_5, \cdots, x_{20})$$

$$N_1 = 2, \quad N_2 = 18$$

(3) 更新聚类中心，根据新分成的两类建立新的聚类中心。

$$Z_1(2) = \frac{1}{N_1} \sum_{x \in G_1(1)} X = \frac{1}{2}(x_1 + x_3) = \frac{1}{2}\left[\begin{pmatrix} 0 \\ 0 \end{pmatrix} + \begin{pmatrix} 0 \\ 1 \end{pmatrix} \right] = (0, 0.5)^{\mathrm{T}}$$

记笔记

$$Z_2(2)=\frac{1}{N_2}\sum_{x\in G_2(1)}X=\frac{1}{18}(x_2+x_4+x_5+\cdots+x_{20})=(5.67,5.33)^{\mathrm{T}}$$

(4) 判断新旧聚类中心是否相等：

因为 $Z_J(1)\neq Z_J(2)$，$J=1,2$，所以转到步骤(2)。

(5) 重新计算 $x_1,x_2,\cdots,x_{20}$ 到 $Z_1(2),Z_2(2)$ 的距离，并按最小距离原则，重新分为以下两类。

$$G_1(2)=(x_1,x_2,\cdots,x_8),\quad N_1=8$$
$$G_2(2)=(x_9,x_{10},\cdots,x_{20}),\quad N_2=12$$

(6) 更新聚类中心。

$$Z_1(3)=\frac{1}{N_1}\sum_{x\in G_1(2)}X=\frac{1}{8}(x_1+x_2+x_3+\cdots+x_8)=(1.25,1.13)^{\mathrm{T}}$$

$$Z_2(3)=\frac{1}{N_2}\sum_{x\in G_2(2)}X=\frac{1}{12}(x_9+x_{10}+x_{11}+\cdots+x_{20})=(7.67,7.33)^{\mathrm{T}}$$

(7) 判断新旧聚类中心是否相等：

因为 $Z_J(3)\neq Z_J(2)$，$J=1,2$，所以转到步骤(2)。

(8) 重新计算 $x_1,x_2,\cdots,x_{20}$ 到 $Z_1(3),Z_2(3)$ 的距离，并按最小距离原则，重新分为以下两类。

$$G_1(3)=(x_1,x_2,\cdots,x_8),\quad N_1=8$$
$$G_2(3)=(x_9,x_{10},\cdots,x_{20}),\quad N_2=12$$

(9) 更新聚类中心。

$$Z_1(4)=(1.25,1.13)^{\mathrm{T}}$$
$$Z_2(4)=(7.67,7.33)^{\mathrm{T}}$$

(10) 判断新旧聚类中心是否相等：

$$Z_1(4)=Z_1(3)$$
$$Z_2(4)=Z_2(3)$$

此时算法收敛，计算结束。聚类的结果如图 12.3 所示。

k-means 算法的结果主要受哪些因素的影响呢？在实际情况中，聚类数目 k 的选择、聚类中心的初始分布、模式样本的几何性质等因素都会对 k-means 算法的结果产生影响。

k 值的选择是影响算法结果的决定性因素之一。在 k-means 算法中，k 值作为算法的输入量，一旦 k 值选择有误，就很难得到有效的聚类结果。

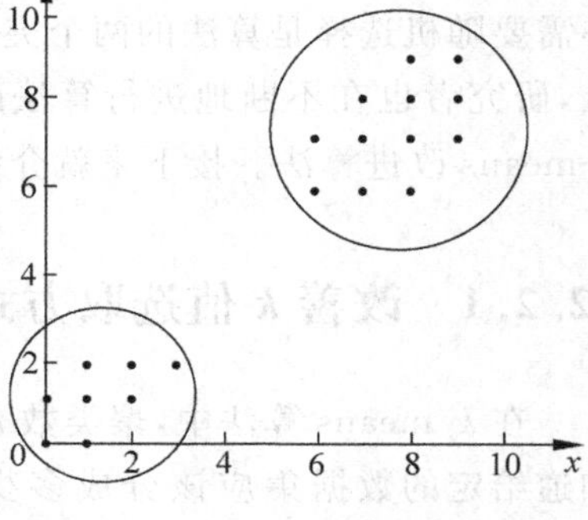

图 12.3 k-means 算法的聚类结果

聚类中心的初始分布即 k 个初始聚类中心点的选

记笔记

取对聚类结果也具有较大的影响，因为算法是随机地选取任意 k 个样本作为初始聚类的中心，一旦初始值选择得不好，就可能导致无法得到有效的聚类结果。

模式样本的几何性质对算法的聚类结果也具有较大的影响，如果样本的维数很大，则需要的时间会很长，这对算法的实用性会产生很大的影响。

12.1.4　*k* 均值算法的特点

1. *k*-means 算法的优点

(1) 算法快速、简单。
(2) 对大数据集有较高的效率并且是可伸缩性的。
(3) 时间复杂度近于线性，而且适合挖掘大规模数据集。

2. *k*-means 算法的缺点

(1) 在 *k*-means 算法中 k 值必须是事先给定的，但是 k 值的选定是非常难以估计的。很多时候，事先并不知道给定的数据集应该分成多少个类别才最合适。

(2) 在 *k*-means 算法中，首先需要根据初始聚类中心来确定一个初始划分，然后对初始划分进行优化。而这个初始聚类中心的选择在 *k*-means 算法中却是随机的，一旦初始值选择得不合理，就可能无法得到有效的聚类结果。

(3) 从 *k*-means 算法框架可以看出，该算法需要不断地进行样本分类调整，不断地计算调整后的新的聚类中心，因此当数据量非常大时，算法需要的时间是非常多的。

12.2　基于 *k*-means 算法的算法改进

12.1.4 节中提到了 *k*-means 算法的相应缺点，其中 k 值需要事先给定和初始聚类中心需要随机选择是算法的两个突出缺点，也是算法急需解决的两个问题。针对这两个缺点，研究者也在不断地进行算法改善，提出了一些关于 k 值选取和初始聚类中心选择的 *k*-means 改进算法。接下来就介绍一下这些 *k*-means 改进算法。

12.2.1　改善 *k* 值选取方式的 *k*-means 改进算法

在 *k*-means 算法中，聚类数 k 的值是需要事先给定的，然而在实际应用中，通常并不知道给定的数据集应该分成多少个类别才最合适，这也就意味着在很多情况下，选择 *k*-means 算法进行聚类分析是不可行的。但是与其他算法相比，*k*-means 算法又有着许

记笔记

多其他算法并不具备的优势，是聚类分析中的一个较好的选择，有很强的不可替代性。那么能不能对 k-means 算法做出改进，使它在 k 值未知的情况下仍能进行聚类分析呢？答案是肯定的。下面就介绍一种在 k 值未知时仍能得到合理划分的 k-means 改进算法。

在 k 值未知时，假设给定数据集最合理划分的聚类数为 k。若在实际中 k 值的初始值选择为 k_1，则一般会产生以下两种情况。

(1) $k_1>k$，说明至少有一个合理划分的类被再次划分为若干个类。

(2) $k_1<k$，说明至少有两个合理划分的类被归结为一类。

基于这两种情况，可以取 k 值的上限作为 k 值的初始值，运行 k-means 算法得到初始聚类，再通过判断边界距离来确定一些小的聚类是否应是同一个聚类，若是同一个聚类，则合并这些聚类，从而不断缩小聚类数 k 的值，最终得到一个合理的划分。这就是改善 k 值选取方式的 k-means 改进算法的基本思想[3]。

改进算法的具体步骤如下。

(1) 首先取 $k_1=\sqrt{n}$ 作为 k 值的上限(通常情况下 k 值的取值范围为 $[2,\sqrt{n}]$，其中 n 为样本数)，对样本集运行 k-means 算法得到 k 个聚类。

(2) 判断 k 个聚类中是否有聚类的边界距离小于设定的阈值，若有，则把这些聚类合并为一类；若没有，此时的 k 值即为最合理的分类值，此时的分类即是最合理的分类，算法结束。

(3) 把最新获得的 k 值作为输入对样本集运行 k-means 算法，得到 k 个新的聚类。

(4) 重复步骤(2)和步骤(3)，直到得到一个合理的划分。

12.2.2 改进初始聚类中心选择方式的 k-means 改进算法

k-means 算法对于初始聚类中心的选择是随机的，这种选取方式有很大的不确定性，很可能会导致聚类的结果不是最优的，甚至得到一个错误的聚类结果。因此，对 k-means 算法中初始聚类中心选择方式的改进是非常必要的。

在实际应用中，通常希望所选择的初始聚类中心是尽量分散的，但是仅仅考虑距离因素，往往会取到离群点作为初始聚类中心。所以初始聚类中心的选择除了考虑其散布程度外，还应该考虑密度因素。基于此，在此介绍一种基于最近邻相似度，同时也充分考虑了密度因素的 k-means 改进算法[4]。

为了说明改进算法，做了如下定义。

定义 1：已知对象集 $\mathbf{A}=\{x_1,x_2,\cdots,x_{n-1},x_n\}$ 共有 n 个待聚类的数据点，集合中任一数据点 x_i 的密度记为 $\mathrm{dens}(x_i)$，一种密度计算方法可定义为：

$$\mathrm{dens}(x_i)=\frac{z_i}{\sum_{k=1}^{n} z_k}$$

记笔记

式中，z_i 是一个关于样本点间距离的参数，数学表达式为：

$$z_i = \sum_{k=1,k\neq i}^{n} \frac{1}{(d_{ik})^a}, \quad a \geqslant 1$$

式中，$d_{ik} = \| x_i - x_k \|$，a 为密度系数，可以取大于 1 的任意数。通过计算发现，dens(x_i)越大样本点 x_i 周围的点越多，也就是密度越大；dens(x_i)越小样本点 x_i 周围的点越少，也就是密度越小。

定义 2：共享最近邻(Shared Nearest Neighbor，SNN)相似度的定义为：对于相互在对方最近邻列表中的两个对象，它们共享的近邻个数就是 SNN 相似度。

下面通过一个简单的实例来介绍 SNN 相似度的计算过程。

如图 12.4 所示，图中两个黑色的点都有 5 个最近邻，并且相互包含。其中黑点 1 的最近邻点有 2、3、4、6、7，黑点 2 的最近邻点有 1、4、5、7、8。可以看到这些最近邻中，点 4 和点 7 是两个黑点共享的，因此这两个黑色的点之间的 SNN 相似度就是 2。

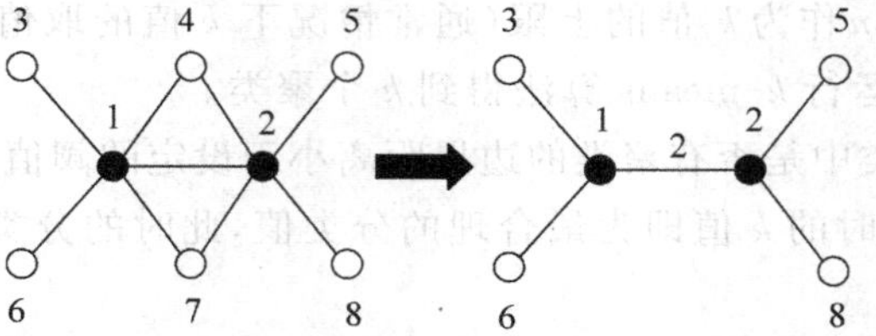

图 12.4　两个点之间 SNN 相似度的计算

那么样本集中所有样本点的共享最近邻相似度该如何计算呢？根据上述实例，可以清楚地得到计算过程：首先找出所有点的 k 个最近邻，如果两个点 x_i 和 x_j 不是相互在对方的 k 个最近邻中，则共享最近邻相似度赋值为 0，否则，共享最近邻相似度为共享的近邻个数。

介绍完上述的两个定义，下面开始介绍基于密度及最近邻相似度的初始聚类中心选择算法的基本思想。

(1) 根据定义 1 计算样本集中所有数据点的密度，同时设定一个最近邻相似度阈值 $t(t \geqslant 1)$。

(2) 找出密度最大的数据点，再找出与该数据点的最近邻相似度值不小于 t 的所有数据点，共同组成集合 M_1。然后找出与集合 M_1 中所有数据点的最近邻相似度不小于 t 的所有数据点，再并入集合 M_1，重复此过程，直到集合 M_1 不再发生变化为止，然后将集合 M_1 中的数据点从样本集中删除。

(3) 在样本集中剩下的数据点中找出密度最大的数据点，重复执行步骤(2)，组成数据集 M_2；如此反复，直到组成 M_{k-1} 个集合。

(4) 将样本集中剩余的数据点组成集合 M_k，这样共组成 k 个样本集 $M_1, M_2, \cdots, M_k$。

(5) 将各样本集中的数据点按密度进行降序排列，将 k 个样本集中排在第 1 位的数

记笔记

据点组成一个新的初始聚类中心的集合 $\boldsymbol{U}$，则集合 $\boldsymbol{U}$ 中的数据即为 k 个初始聚类中心。

改进的 k-means 算法中初始聚类中心选取的具体流程如下。

(1) 根据定义 1 计算所有数据点的密度。

(2) 设定一个最近邻相似度的阈值 $t(t\geqslant 1)$。

(3) 初始化分类样本集 $M_1=\cdots=M_k=\{\}$。

(4) 找出密度最大的数据点并入集合 M_1，在样本集中找出与此数据点最近邻相似度值不小于 t 值的点，并入集合 M_1。

(5) 对集合 M_1 中所有的数据点重复执行步骤(4)的操作，直到集合 M_1 不再发生变化为止。

(6) 将集合 M_1 中的数据点从样本集中删除。

(7) 在样本集剩余的数据点中找出密度最大的数据点，重复执行步骤(4)～步骤(6)，直到生成 M_{k-1} 个集合为止。

(8) 将样本集中剩余的数据点组成集合 M_k，共形成 k 个新的样本集 $M_1, M_2, \cdots, M_k$。

(9) 将样本集 $M_1, M_2, \cdots, M_k$ 中的样本点按步骤(1)中求出的密度进行降序排列。

(10) 初始化初始聚类中心的集合 $\boldsymbol{U}=\{\}$。

(11) 将各样本集 $M_1, M_2, \cdots, M_k$ 中排在第 1 位的数据点并入集合 $\boldsymbol{U}$，集合 $\boldsymbol{U}$ 中的点就是初始聚类中心的初值。

12.3 k-means 算法的 MATLAB 实践

对于 k 均值算法，在 MATLAB 中直接调用 k-means 函数来解决 k 均值的聚类问题，并不需要对 k-means 算法进行编写。k-means 函数的调用方法为：

```
Idx = kmeans (X, k)
[Idx,C] = kmeans(X, k)
[Idx,C,sumD] = kmeans(X, k)
[Idx,C,sumD,D] = kmeans(X, k)
[ … ] = Kmeans( … ,'Param1','Val1','Param2','Val2' …)
```

函数各输入输出参数含义如表 12.2 所示。

表 12.2 参数含义

参 数	含 义
$\boldsymbol{X}$	$N\times P$ 的数据矩阵
k	表示将 $\boldsymbol{X}$ 划分为几类，k 为整数
Idx	$N\times 1$ 的向量，存储的是每个点的聚类标号

记笔记

续表

参数	含义
C	$k \times P$ 的矩阵，存储的是 k 个聚类质心位置
SumD	$1 \times k$ 的和向量，存储的是类间所有点与该类质心点距离之和
D	$N \times k$ 的矩阵，存储的是每个点与所有质心的距离

参数 Param1、Param2 等可以设置的参数值及含义如表 12.3 所示。

表 12.3 Param 的参数含义

参数	含义	
'Distance'（距离测度）	'sqEuclidean'	欧氏距离
	'cityblock'	绝对误差和，又称为 L
	'cosine'	针对向量
	'correlation'	针对有时序关系的值
	'Hamming'	只针对二进制数据
'Start'（初始质心位置选择方法）	'sample'	从 ***X*** 中随机选取 k 个质心点
	'uniform'	根据 ***X*** 的分布范围均匀地随机生成 K 个质心
	'cluster'	始聚类阶段随机选取 10% 的 ***X*** 的子样本（此方法初始使用'sample'方法）
	Matrix	提供一个 $k \times P$ 的矩阵，作为初始质心位置集合
'Replicates'（聚类重复次数）		为整数

现在通过 MATLAB 实例的方法，在 MATLAB 中输入一个矩阵，运用 k-means 算法对矩阵进行聚类，展示在 MATLAB 中 k-means 算法的具体实现（Kmeans_Mat.m 文件）。在实例中首先随机生成两组数据，然后，通过 k 均值算法实现自动分类，并找到两组数据的中心点，最后，通过绘图的方式绘制出分类的数据及两组数据的中心点，如图 12.5 所示。

```
%MATLAB 自带 k 均值算法函数 kmeans 实现
clc;
clear;
close all;
X = [randn(100,2) * 0.75 + ones(100,2);randn(100,2) * 0.5 - ones(100,2)];
                                                            %产生两组随机数据
[idx,C] = kmeans(X,2,'Distance','cityblock','Replicates',5);  %利用 k 均值算法进行分组
plot(X(idx == 1,1),X(idx == 1,2),'r.','MarkerSize',12)       %绘制分组后第一组的数据
hold on
plot(X(idx == 2,1),X(idx == 2,2),'b.','MarkerSize',12)       %绘制分组后第二组的数据
plot(C(:,1),C(:,2),'kx','MarkerSize',15,'LineWidth',3)  %绘制第一组和第二组数据的中心点
```

记笔记

```
legend('Cluster 1','Cluster 2','Centroids','Location','NW')
title 'Cluster Assignments and Centroids'
hold off
```

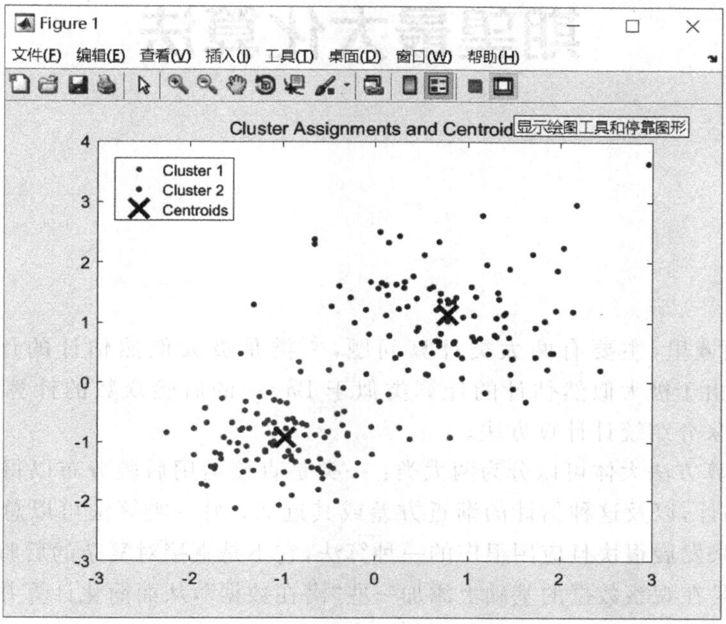

图 12.5 分类数据及中心点

参考文献

[1] http://www.csdn.net/article/2012-07-03/2807073-K-means.

[2] 曹志宇,张忠林,李元韬. 快速查找初始聚类中心的 k-means 算法[J]. 兰州交通大学学报, 2009, 28(6).

[3] 孙可,刘杰,王学颖. k 均值聚类算法初始质心选择的改进[J]. 沈阳师范大学学报(自然科学版), 2009, 27(4): 448-450.

[4] 袁方,周志勇,宋鑫. 初始聚类中心优化的 k-means 算法[J]. 计算机工程, 2007, 33(03): 65-66.

记笔记

第13章

期望最大化算法

源码

在统计领域里，主要有两大类计算问题，一类是极大似然估计的计算，另一类是Bayes计算。由于极大似然估计的计算类似于Bayes的后验众数的计算，因此，可以从Bayes的角度来介绍统计计算方法。

Bayes计算方法大体可以分为两大类：一类是直接运用后验分布以得到后验均值或后验众数的估计，以及这种估计的渐近方差或其近似；另一类算法可以总称为数据添加算法，是近年来发展很快且应用很广的一种算法，它不是直接对复杂的后验分布进行极大化或模拟，而是在观察数据的基础上添加一些"潜在数据"，从而简化计算并完成一系列简单的极大化或模拟。

期望最大化(Expectation Maximization，EM)算法是一种从"不完全数据"中求解模型参数的极大似然估计方法。"不完全数据"一般分为两种情况：一种是由于观察过程本身的限制或错误，造成观察数据成为错漏的不完全数据；一种是参数的似然函数直接优化十分困难，而引入额外的参数(隐含的或丢失的)后就比较容易优化，于是定义原始观察数据加上额外数据组成"完全数据"，原始观察数据自然就成为"不完全数据"。本章主要介绍EM算法及EM算法的一些改进形式。

13.1 EM算法

13.1.1 EM算法思想

EM算法是用于数据缺失问题中，极大似然估计方法(Maximum Likelihood Estimate，MLE)的一种常用迭代算法，它具有操作简便、收敛稳定、适用性强等优点。最

笔记

早由 Dempster、Laird 和 Rubin[1]于 1977 年提出的求参数极大似然估计的一种方法。

EM 算法的出发点是假设有一个训练集$\{x^{(1)},x^{(2)},\cdots,x^{(m)}\}$,包含 m 个独立的样本。如果希望找到一组合适的参数对模型 $p(x,z)$建模,似然函数表示为:

$$l(\theta)=\sum_{i=1}^{m}\log p(x;\boldsymbol{\theta})=\sum_{i=1}^{m}\log\sum_{z}p(x,z;\boldsymbol{\theta})$$

如果试图直接最大化上面的似然函数来找到$\boldsymbol{\theta}$通常比较困难,因为 z 是隐变量,是未知的。在这种情况下,EM 算法提供了一种有效的最大化似然函数估计的方法。它的思路是既然直接最大化 $l(\theta)$比较困难,那就间接求解最值。EM 算法首先构造 $l(\theta)$的一个下界 LOB(E 步),然后优化这个下界,提升 $l(\theta)$的值(M 步)。如图 13.1(详见文前彩插)所示,红色表示真实的似然函数;绿色和蓝色都是在某个时刻 $l(\theta)$的一个紧下界,通过不断地最大化下界来逼近 $l(\theta)$的最大值。

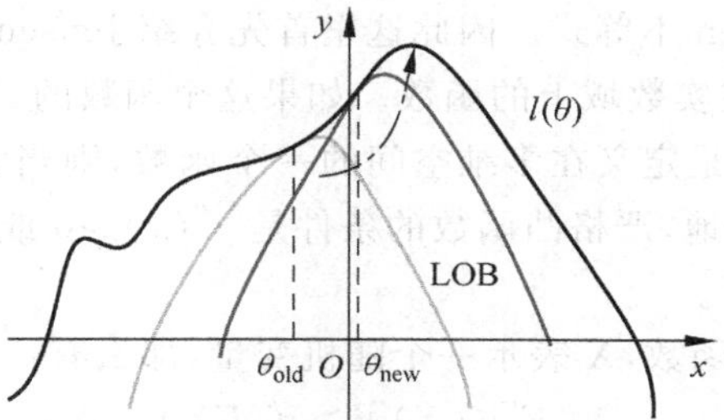

图 13.1 EM 算法的思想

13.1.2 似然函数和极大似然估计

因为 EM 算法可以理解为极大似然估计的一种特殊情况,所以在介绍 EM 算法的具体理论之前,先回顾一下似然函数和极大似然估计的内容。

假设参数为 θ 的概率密度函数 $p(x|\theta)$,θ 的参数空间为$\boldsymbol{\Theta}$ 。并且有取自同一分布的样本量为 m 的样本,即 $\boldsymbol{X}=\{X_1,X_2,\cdots,X_m\}$独立同分布于 p,而$\{x^{(1)},x^{(2)},\cdots,x^{(m)}\}$为相应$\{X_1,X_2,\cdots,X_m\}$的观测值。则样本的联合概率密度函数为:

$$p(\boldsymbol{X}\mid\theta)=\prod_{i=1}^{m}p(x_i\mid\theta)$$

令

$$l(\theta\mid\boldsymbol{X})=\prod_{i=1}^{m}p(x_i\mid\theta),\quad\theta\in\boldsymbol{\Theta}$$

则 $l(\theta|\boldsymbol{X})$就被称为在给定样本点$\{x^{(1)},x^{(2)},\cdots,x^{(m)}\}$的似然函数,简称似然函数,注意一般为了把乘法变成加法,会对似然函数取对数,称为对数似然函数。为了表述方便,在没

记笔记

有特别说明的情况下，后文中的似然函数指的是对数似然函数。

似然函数 $l(\theta|\boldsymbol{X})$是参数 θ 的函数。显然，随着参数 θ 在参数空间$\boldsymbol{\Theta}$ 的变化，似然函数值也要变化。而极大似然估计的目的就是在样本点$\{x^{(1)},x^{(2)},\cdots,x^{(m)}\}$给定的情况下，寻找最优的 θ 来最大化 $l(\theta|\boldsymbol{X})$，即：

$$\theta^* = \arg\max_{\theta\in\Theta} l(\theta \mid \boldsymbol{X})$$

此时，θ^* 就称为 θ 的极大似然估计值。

13.1.3 Jensen 不等式

13.1.2 节讲了 EM 算法要解决的问题，也就是最大化含有隐变量的似然函数。下面就具体讲解 EM 算法，但是在 EM 算法中有一个关键的工具，它对于理解和推导 EM 算法至关重要，这就是 Jensen 不等式。因此这里首先介绍 Jensen 不等式的概念和结论。

令 f 表示一个定义在实数域上的函数。如果这个函数的二阶导数 $f''(x)\geqslant 0$，则表示 f 是一个凸函数；如果 f 是定义在多维空间的一个函数，则当它的海森矩阵 $H\geqslant 0$（半正定）时，f 是凸函数。相应地，严格凸函数的条件是 $f''(x)>0$ 或 $H>0$。基于这样的前提，Jensen 不等式的定义如下。

理论：f 表示一个凸函数，X 表示一个随机变量，那么有：

$$E[f(X)] \geqslant f(EX)$$

如果 f 是严格凸函数，那么 $E[f(X)]=f(EX)$当且仅当 X 是一个常数；相应地，如果 f 是凹函数，则得到相反的结论，即 $E[f(X)]\leqslant f(EX)$。图 13.2 所示为关于 Jensen 不等式的直观解释。

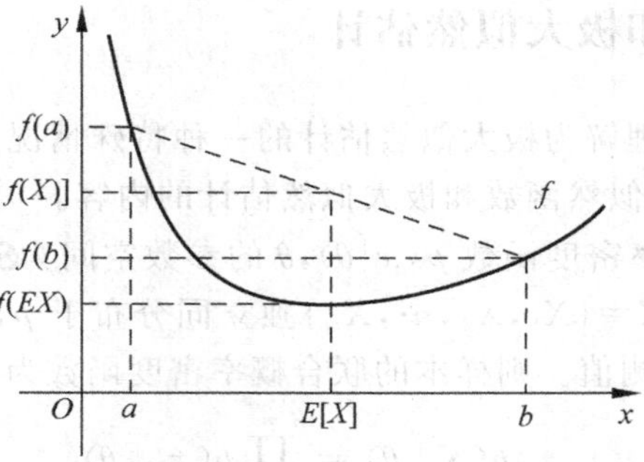

图 13.2 Jensen 不等式的图形化理解

13.1.4 EM 算法理论和公式推导

前面回顾了似然函数和极大似然估计的相关内容，下面开始介绍 EM 算法的具体推

记笔记

导，还是从对数似然函数开始，假设 Q_i 表示关于 z 的分布，满足 $\sum_{z^{(i)}} Q_i(z^{(i)})=1, Q_i(z^{(i)})\geqslant 0$，则

$$l(\theta)=\sum_{i=1}^{m}\log p(x;\theta)=\sum_{i=1}^{m}\log\sum_{z}p(x,z;\theta) \tag{13.1}$$

$$=\sum_{i}\log\sum_{z^{(i)}}Q_i(z^{(i)})\frac{p(x^{(i)},z^{(i)};\theta)}{Q_i(z^{(i)})} \tag{13.2}$$

$$\geqslant\sum_{i}\sum_{z^{(i)}}Q_i(z^{(i)})\log\frac{p(x^{(i)},z^{(i)};\theta)}{Q_i(z^{(i)})} \tag{13.3}$$

式(13.1)是根据定义；式(13.2)做了一个恒等变换，分母除以 $Q_i(z^{(i)})$，分子乘以 $Q_i(z^{(i)})$；式(13.3)则使用了 Jensen 不等式。此时的 $f(x)=\log x$ 是一个凹函数，$\sum_{z^{(i)}}Q_i(z^{(i)})\frac{p(x^{(i)},z^{(i)};\theta)}{Q_i(z^{(i)})}$ 表示 $\frac{p(x^{(i)},z^{(i)};\theta)}{Q_i(z^{(i)})}$ 关于变量 $z^{(i)}$ 的期望，$z^{(i)}$ 服从分布 $Q_i(z^{(i)})$。则根据 Jensen 不等式就有：

$$f\left(E_{z^{(i)}\sim Q_i}\left[\frac{p(x^{(i)},z^{(i)};\theta)}{Q_i(z^{(i)})}\right]\right)\geqslant E_{z^{(i)}\sim Q_i}\left[f\left(\frac{p(x^{(i)},z^{(i)};\theta)}{Q_i(z^{(i)})}\right)\right]$$

把上式中的期望和 f 替换为对应的表达式，就得到了式(13.3)的结果。式(13.3)说明对于任意的 Q_i，得到了原始似然函数的一个下界。那么如何选择 Q_i 呢？回想 EM 算法的策略是找到原始似然函数的一个紧下界，也就是说在某个 θ 处，$E[f(X)]=f(EX)$。在 Jensen 不等式中，这个结果成立的条件是 X 是一个常数。对应这里是：

$$\frac{p(x^{(i)},z^{(i)};\theta)}{Q_i(z^{(i)})}=C$$

这意味着 $Q_i(z^{(i)})\propto p(x^{(i)},z^{(i)};\theta)$，又因为 $\sum_{z^{(i)}}Q_i(z^{(i)})=1$，所以有：

$$Q_i(z^{(i)})=\frac{p(x^{(i)},z^{(i)};\theta)}{\sum_z p(x^{(i)},z^{(i)};\theta)}=\frac{p(x^{(i)},z^{(i)};\theta)}{p(x^{(i)};\theta)}=p(z^{(i)}\mid x^{(i)};\theta)$$

这说明 Q_i 其实对应着 $z^{(i)}$ 的后验分布。上面推导中分别使用了边缘分布和条件概率的概念。至此，通过选择这样一个 Q_i 得到了似然函数的一个紧下界。下一步最大化的步骤就是更新 θ 以最大化这个下界。下界函数表示为：

$$\begin{aligned}\mathcal{L}(Q,\theta)&=\sum_z p(\boldsymbol{Z}|\boldsymbol{X};\theta_{\text{old}})\log\frac{p(\boldsymbol{X},\boldsymbol{Z};\theta)}{p(\boldsymbol{Z}|\boldsymbol{X};\theta_{\text{old}})}\\&=\sum_z p(\boldsymbol{Z}|\boldsymbol{X};\theta_{\text{old}})\log p(\boldsymbol{X},\boldsymbol{Z};\theta)-\sum_z p(\boldsymbol{Z}|\boldsymbol{X};\theta_{\text{old}})\log p(\boldsymbol{Z}|\boldsymbol{X};\theta_{\text{old}})\\&=Q(\theta,\theta_{\text{old}})+\text{常数}\end{aligned}$$

式中，$\boldsymbol{X}$、$\boldsymbol{Z}$ 表示对于所有的样本构成的集合。那么最大化 $\mathcal{L}(Q,\theta)$ 等价于最大化 $Q(\theta,\theta_{\text{old}})$，因为它们之间只相差一个常数。另外公式中的 θ_{old} 是已知的。

总结起来，EM 算法伪代码可概括为以下两步，重复这两个步骤直到收敛[2]：

记笔记

(1) 计算 $p(\boldsymbol{Z}|\boldsymbol{X};\theta_{\text{old}})$。

(2) 计算新的 θ_{new}，由下式给出：

$$\theta_{\text{new}} = \text{argmax}_{\theta} Q(\theta,\theta_{\text{old}})$$

其中：

$$Q(\theta,\theta_{\text{old}}) = \sum_{z} p(\boldsymbol{Z} \mid \boldsymbol{X};\theta_{\text{old}}) \log p(\boldsymbol{X},\boldsymbol{Z};\theta)$$

步骤(1)与(2)反复迭代直至满足某停止规则为止。一般迭代到 $\| \theta_{\text{new}} - \theta_{\text{old}} \|$ 或 $\| Q(\theta_{\text{new}},\theta_{\text{old}}) - Q(\theta_{\text{old}},\theta_{\text{old}}) \|$ 充分小时停止，至此算法结束。

13.1.5 EM 算法的收敛速度

介绍完 EM 算法的具体内容，接下来分析一下 EM 算法的收敛速度。将第 k 步时对应的参数表示为 θ^k，可以看出，EM 算法定义了一个映射 $\theta^{k+1} = \Psi(\theta(k))$，其中 $\Psi(\theta) = (\Psi_1(\theta),\Psi_2(\theta),\cdots,\Psi_p(\theta))$。EM 算法收敛时，如果收敛到映射的一个不动点，那么 $\theta^* = \Psi(\theta^*)$。设 $\Psi'(\theta)$ 表示 Jacobi 矩阵，其(i,j)元素为$\frac{\mathrm{d}\Psi_i(\theta)}{\mathrm{d}\theta_j}$。

由

$$\theta^{k+1} - \theta^* = \Psi(\theta^k) - \Psi(\theta^*)$$

对 Ψ 进行 Taylor 展开得：

$$\theta^{k+1} - \theta^* \approx \Psi'(\theta^k)(\theta^k - \theta^*)$$

EM 算法收敛的收敛率可以定义为：

$$\rho = \lim_{k \to \infty} \frac{\| \theta^{k+1} - \theta^* \|}{\| \theta^k - \theta^* \|}$$

迭代算法的收敛率 ρ 等于矩阵 $\Psi'(\theta^*)$ 的最大特征值，Jacobi 矩阵 $\Psi'(\theta^*)$ 表示信息缺失比例，所以 ρ 是一个可以有效地表示缺失信息比例的一个标量；缺失信息的比例即单位矩阵 I 减去已观测到的信息占完全信息的比例，ω 表示完全信息，δ 表示已观测到的信息，γ 表示缺失信息，其实就是：

$$\gamma = \omega - \delta$$

$$\Psi'(\theta^*) = I - \frac{\delta}{\omega}$$

EM 算法的收敛速度与缺失信息比例 $\Psi'(\theta^*)$ 这个量紧密相关，$\Psi'(\theta^*)$ 是 EM 算法中映射的斜率，由它来控制 EM 的收敛速度，$\Psi'(\theta^*)$ 的最大特征值 ρ 称为全局收敛率，由于 ρ 越大收敛速度越慢，因此定义矩阵 $S = I - \Psi'(\theta^*)$ 为加速矩阵，$S = I - \rho$ 被称为全局加速。可以得出结论，当缺失信息比例较大时，EM 算法的收敛速度是特别慢的。

记笔记

13.1.6 EM 算法的特点

1. EM 算法的优点

EM 算法的突出优点是当存在数据缺失问题时，仍可以对参数进行极大似然估计，而且算法比较简单，具有良好的可操作性、收敛性。

2. EM 算法的缺点

(1) 缺失数据较多的情形下，算法的收敛速度比较慢。

(2) 对于某些特殊的模型，要计算算法中的 M，即完成对似然函数的估计是比较困难的。

(3) 某些情况下，要获得 EM 算法中 E 的期望显式是非常困难或不可能的。

(4) EM 算法最终会逐步收敛到一个稳定点，但是只能保证收敛到似然函数的稳定点，而不能保证是极大值点。

13.2 EM 算法的改进

EM 算法因为其能简单地执行及能够通过稳定上升的算法得到似然函数最优值或局部最优值，具有极强的适用性及可操作性。但如之前所说，EM 算法不可避免地存在一些缺点，为了将 EM 算法更好地应用于各领域，人们对其做了多种变型和改进。本节主要讲述针对诸多问题，EM 算法的各种改进和变型。

13.2.1 Monte Carlo EM 算法

由于 EM 算法的 M 步(极大化)基本等同于完全数据的处理，因此在一般情况下 M 步的计算是比较简便的。然而 E 步(求期望)的计算却需要在观测数据条件下的求"缺失数据"的条件期望，然后再求完全数据下的期望对数似然，即求出 $Q(\theta|\theta^k)$。在求期望过程中，在某些情况下获得期望的显式表示是很难的，计算也是比较困难的，这就限制了 EM 算法的使用，基于此，Walker 提出用 Monte Carlo 模拟的方法来近似实现求解 E 步积分，这就是 Monte Carlo EM 算法(MCEM 算法)[3]。

MCEM 算法的内容如下。

在 E 步的计算过程中，第 $k+1$ 步用下面的两步代替。

(1) 由 $p(y|x,\theta^k)$ 中随机抽取 $m(k)$ 个数，构成独立同分布的缺失数据集 $y_1,y_2,\cdots,$

笔记

$y_{m(k)}$，集合中每一个 y_i 都用来补充观测数据，这样就构成一个完全数据的集合：$z_j=(x,y_i)$。

(2) 计算

$$\hat{Q}^{(k+1)}(\theta|\theta^k)=\frac{1}{m(k)}\sum_{j=1}^{m(k)}\log p(z_j|\theta)$$

得到的 $\hat{Q}^{(k+1)}(\theta|\theta^k)$ 就是 $Q(\theta|\theta^k)$ 的 Monte Carlo 估计，而且只要 m 足够大，就可以认为 $\hat{Q}^{(k+1)}(\theta|\theta^k)$ 与 $Q(\theta|\theta^k)$ 基本相等。

在完成上面两步之后，接下来在 M 步中就可以对 $\hat{Q}^{(k+1)}(\theta|\theta^k)$ 进行极大化求解，得到 θ^{k+1} 代替 θ^k。

在使用 MCEM 算法中，有两点要考虑：首先一个问题是 $m(k)$ 的确定，MCEM 算法的结果精度主要依赖于所选择的 $m(k)$，从精度考虑 $m(k)$ 自然越大越好，但是如果 $m(k)$ 过大会导致计算速度变慢，所以 $m(k)$ 的选择极为重要，推荐策略是在初期的迭代中使用较小的并随着迭代的进行逐渐增大 $m(k)$，以减小使用 Monte Carlo 在模拟计算 $\hat{Q}$ 时导致的误差；另一个问题是对收敛性进行判断，MCEM 算法和 EM 算法收敛方式不同，根据上述理论，这样得到的 θ^k 不会收敛到一点，而是随着迭代的进行，θ^k 的值最终在真实的最大值附近小幅跳跃，所以在 MCEM 算法中，往往需要借助图形来进行收敛性的判别。在经过多次迭代之后，假如估计序列围绕着 $\theta=\theta^*$ 上下小幅波动，就认为估计序列收敛了。

13.2.2 ECM 算法

在前面讲述完针对 EM 算法的 E 步进行改进之后，自然就会想到继续改进 M 步的计算。

EM 算法的吸引力之一就在于 $Q(\theta|\theta^k)$ 的极大化计算通常比在不完全数据条件下的极大似然估计简单，这是因为 $Q(\theta|\theta^k)$ 与完全数据下的似然计算基本相同。然而，在某些情况下，M 步没有简单的计算形式，$Q(\theta|\theta^k)$ 的计算并没有那么容易实施，为此人们提出了多种改进策略，以便于 M 步的实施。改进 M 步的一个好的方法是避免出现迭代的 M 步，可以选择在每次 M 步计算中使得 Q 函数增大，即保证 $Q(\theta^{k+1}|\theta^k)>Q(\theta^k|\theta^k)$，而不是极大化它。GEM 算法就基于这个原理，在每个迭代步骤中 GEM 算法都增大似然函数的值。Meng 和 Rubin 于 1993 年提出的 ECM 算法是 GEM 算法的子类，但是有更广泛的应用[4]。

ECM 算法为了避免出现迭代的 M 步，用一系列计算较简单的条件极大化(CM)步来代替 M 步，它每次对 θ 求函数 Q 的极大化，都被设计为一个简单的优化问题，人们称这一系列较简单的条件极大化步的集合为一个 CM 循环，因此认为 ECM 算法的第 k 次迭代中包括第 k 个 E 步和第 k 次 CM 循环。

记笔记

ECM 算法的第 $k+1$ 次迭代步骤如下。

(1) 令 S 表示每个循环里 CM 步的个数,对 $s=1,2,\cdots,S$,第 k 次迭代过程的第 k 次 CM 循环过程中,第 s 个 CM 步需要在约束条件

$$g_s(\theta)=g_s(\theta^{(k+(s-1)/S)})$$

下面求函数 $Q(\theta|\theta^k)$ 的最大化,其中 $\theta^{(k+(s-1)/S)}$ 是第 k 次 CM 循环的第 $(s-1)$ 个 CM 步得到的估计值。

(2) 当完成了 S 次的 CM 步的循环后,令 $\theta^{(k+1)}=\theta^{(k+(s-1)/S)}$,并进行第 $k+1$ 次的 ECM 算法的 E 步迭代。

因为每一次 CM 步都增加了函数 Q,即 $Q(\theta^{(k+s/S)}|\theta^k)=Q(\theta|\theta^k)$,所以显然 ECM 算法是 GEM 的一种。为了保证 ECM 算法的收敛性,需要确保每次的 EM 步的循环都是在任意的方向上搜索 $Q(\theta|\theta^k)$ 函数的最大值点,这样 ECM 算法当被允许在 θ 的原始空间上进行极大化,可以保证在 EM 收敛的基本同样的条件下收敛到一个稳定点,与 EM 算法一样,ECM 算法也不能保证一定收敛到全局极大点或局部最优值。

下面考虑 ECM 算法的收敛速度,与 EM 算法相似,ECM 算法的全局收敛速度表示为:

$$\rho=\lim_{k\to\infty}\frac{\|\theta^{k+1}-\theta^*\|}{\|\theta^k-\theta^*\|}$$

迭代算法的收敛率 ρ 等于矩阵 $\Psi'(\theta^*)$ 的最大特征值,由于 ρ 值越大缺失的信息比例越大,收敛速度越慢,因此算法的收敛速度定义为 $1-\rho$。通过计算看出,ECM 算法的迭代速度通常与 EM 算法相同或相近,但是就迭代次数来说,ECM 算法要比 EM 算法快。

根据 ECM 算法理论,可以看出构造有效的 ECM 算法是需要技巧的,需要对约束条件进行选择。习惯上可以自然地把 θ 分成 S 个子向量 $\theta=(\theta_1,\theta_2,\cdots,\theta_S)$。然后在第 s 个 CM 步中,固定 θ 其余的元素对求 θ_s 函数 Q 的极大化。这相当于用 $g_s(\theta)=(\theta_1,\theta_2,\cdots,\theta_{(s-1)},\theta_{(s+1)},\cdots,\theta_n)$ 作为约束条件。这种策略被称为迭代条件模式。

根据算法的特点,可以看出 ECM 算法有如下优点。

(1) 如果 M 步没有简单化形式,CM 循环通常能简化计算。

(2) ECM 算法是在 θ 的原始参数空间进行极大化,更加稳定,能稳定收敛。

13.2.3 ECME 算法

ECME 算法是 Lin 和 Rubin 在 1994 年为了替换 ECM 算法的某些 CM 步而提出来的,它是 ECM 算法的一种改进形式,ECME 算法的特点就是在 CM 步极大化的基础上,即针对受约束的完全数据对数似然函数的期望 $Q(\theta|\theta^k)$ 进行极大似然估计,并且在一些步骤上极大化对应的受约束的实际似然函数 $L(\theta|Z)$[5]。

ECME 算法的第 $k+1$ 次迭代的 M 步(借用 ECM 算法中的一些符号)形式为:

记笔记

$$s \in \Psi_Q \cup \Psi_L = 1,2,\cdots,S$$

(1) 当 $s\in\Psi_Q$时，求 $\theta^{(k+s/S)}$ 使得 $Q(\theta^{(k+s/S)}|\theta^k)\geqslant Q(\theta|\theta^k)$；

(2) 当 $s\in\Psi_L$ 时，求 $\theta^{(k+s/S)}$ 使得 $L(\theta^{(k+s/S)})\geqslant L(\theta)$。

E 步和 CM 步不断重复，迭代完后，得到 θ^{k+1}，继续进行第 $k+2$ 步的 E 步计算，直至收敛。

从这里可以看出，这一算法拥有 EM 和 ECM 两种算法的稳定单调收敛特性，以及相对较快的收敛方法，即实现 EM 算法基本的简单性。另外可以看出 ECME 能比 EM 和 ECM 算法拥有更快的收敛速度，从迭代次数及迭代至收敛所需时间都要快。这一改进主要有两个原因：第一，在 ECME 算法中的某些极大化步，居于完全数据的实际似然函数被条件极大化了，而不是像之前的 EM 和 ECM 算法那样近似；第二，ECME 算法可以在极为有效的地方，对那些受到约束的极大化进行快速收敛的数值计算。

ECME 算法和 EM 算法、ECM 算法一样，它的收敛速度由 $\theta^k\rightarrow\theta^{k+1}$ 映射在 θ^* 上的导数(即斜率)决定，是通过已观测数据、缺失数据、完全数据信息阵来计算的。经过计算证实，ECME 算法的收敛速度是快于 EM、ECM 算法的。虽然算法的计算方法是比较复杂的，但是可以从直观上看出，ECME 算法得出的结果是更为精确的，因为算法在 CM 步上极大化实际是似然函数 $L(\theta|Z)$，而不是完全数据对数似然函数的期望 $Q(\theta|\theta^k)$，毕竟 Q 函数是近似的。

总体来说，就迭代次数及实际需要的时间来看，ECME 算法是优于 EM、ECM 两种算法的，尤其是问题比较复杂的时候。

13.3 EM 算法的 MATLAB 实践

EM 算法作为一种数据添加算法，在近几十年得到迅速的发展。这主要源于当前科学研究及各方面实际应用中的数据量越来越大，经常存在数据缺失或不可用的问题，这时候直接处理数据通常是比较困难的。虽然数据添加办法有很多种，包括神经网络拟合、添补法、卡尔曼滤波法等，但是 EM 算法有算法简单、能非常可靠地找到“最优的收敛值”等突出优点，所以 EM 算法能够得到迅速普及。

随着理论的发展，EM 算法已经不再只是用在处理缺失数据的问题上，它所能处理的问题已经越来越广泛。有时候缺失数据并非是真的缺少了，而是为了简化问题而采取的策略，这时算法被称为数据添加技术，所添加的数据通常被称为“潜在数据”，复杂的问题通过引入恰当的潜在数据，往往能够得到有效的解。

本节将借助一个具体的模型实现一个 EM 算法。之所以要借助一个具体模型是因为 EM 算法相当于一个框架，它描述了对于含有因变量这一类问题的求解方法。对于具体的模型，E 步和 M 步的计算表达式也不相同。本节以高斯混合模型为例，说明如何利

笔记

用 MATLAB 实现 EM 算法。在高斯混合模型中，存在隐变量 Z，因为 Z 是不知道的，所以可以看作缺失值。现在存在一些数据，需要找到一个很好的模型刻画这些数据的分布，这就可以利用 EM 算法来优化参数。在 EM 算法中，E 步求解一个后验概率，得到原优化目标的一个紧下界，M 步利用 E 步求得的参数最大化优化目标。对应于高斯混合模型，在 E 步中：

$$w_j^{(i)} = Q_i(z^{(i)} = j \mid x^{(i)}) = P(z^{(i)} = j \mid x^{(i)};\phi,\mu,\Sigma) = \frac{p(x^{(i)} \mid z^{(i)} = j;\mu,\Sigma)p(z^{(i)} = j;\phi)}{\sum_{l=1}^{k} p(x^{(i)} \mid z^{(i)} = l;\mu,\Sigma)p(z^{(i)} = l;\phi)}$$

分布 $p(z^{(i)} = j) = \phi_j\left(\phi_j \geqslant 0, \sum_{j=1}^{k}\phi_j = 1\right)$ 和 $x^{(i)} \mid z^{(i)} = j \sim N\left(u_j, \sum_j\right)$ 都是已知，所以可以求出 $w_j^{(i)}$。在 M 步中需要最大化：

$$\begin{aligned}&\sum_{i=1}^{m}\sum_{z^{(i)}} Q_i(z^{(i)})\log\frac{p(x^{(i)},z^{(i)};\phi,\mu,\Sigma)}{Q_i(z^{(i)})}\\ =& \sum_{i=1}^{m}\sum_{j=1}^{k} Q_i(z^{(i)} = j)\log\frac{p(x^{(i)} \mid z^{(i)} = j;\mu,\Sigma)p(z^{(i)} = j;\phi)}{Q_i(z^{(i)} = j)}\\ =& \sum_{i=1}^{m}\sum_{j=1}^{k} w_j^{(i)}\log\frac{p(x^{(i)} \mid z^{(i)} = j;\mu,\Sigma)p(z^{(i)} = j;\phi)}{w_j^{(i)}}\end{aligned}$$

对上式求最大化，求导等于 0 就得到了参数(ϕ,μ,Σ)的更新公式：

$$\phi_j = \frac{1}{m}\sum_{i=1}^{m} w_j^{(i)}$$

$$\mu_j = \frac{\sum_{i=1}^{m} w_j^{(i)} x^{(i)}}{\sum_{i=1}^{m} w_j^{(i)}}$$

$$\sum_j = \frac{\sum_{i=1}^{m} w_j^{(i)}(x^{(i)} - \mu_j)(x^{(i)} - \mu_j)^T}{\sum_{i=1}^{m} w_j^{(i)}}$$

利用 EM 算法的核心就是实现上面两步中公式的计算，然后反复迭代，直到收敛。代码如下(EM. m 文件)：

```
clc
clear
close all
% ------------------------- 产生数据 ----------------------------------------
```

记笔记

```
mu1 = [1 2];
sigma1 = [3 0.2; 0.2 2];
mu2 = [ - 1 - 2];
sigma2 = [2 0; 0 1];
%两个高斯的数据样本
X = [mvnrnd(mu1,sigma1,200); mvnrnd(mu2,sigma2,100)]'; %拟合的数据
[nbVar, nbData] = size(X);                             %数据的维度和个数
%定义一个结构体用于保存模型参数和配置
model.nbStates = 2;                     %隐变量有3个取值,对于GMM来说就是3个成分
model.nbVar = nbVar;                                   %数据的维度
model.nbData = nbData;
diagRegularizationFactor = 1E - 4;                     %正则化项,可选参数
% ------------------------ 参数初始化 ------------------------------
%把数据按照大小分成nbStates个段,然后用每段范围内的数据计算初始值
%把数据按照某个维度打乱排序
[B, I] = sort(X(1,:));                                 %按照第一行排序返回索引
Data = X(:, I);                                        %排序后的数据
Sep = linspace(min(Data(1,:)), max(Data(1,:)), model.nbStates + 1);
%分别对每个段初始化
for i = 1:model.nbStates
    idtmp = find(Data(1,:)> = Sep(i) & Data(1,:)< Sep(i + 1)); %返回数据段的索引
    model.Priors(i) = length(idtmp);                   %初始先验为数据点的比重
  model.Mu(:,i) = mean(Data(:,idtmp)');                %初始化均值
  model.Sigma(:,:,i) = cov(Data(:,idtmp)');            %初始化协方差矩阵
  %正则化防止协方差矩阵行列式为0,出现计算的不稳定性
model.Sigma(:,:,i) = model.Sigma(:,:,i) + eye(nbVar) * diagRegularizationFactor;
end
model.Priors = model.Priors / sum(model.Priors);
%EM算法的参数
nbMinSteps = 5;                                        %最少迭代次数
nbMaxSteps = 100;                                      %最大迭代次数
err_ll = 1E - 6;              %似然函数前后两次迭代误差,当变化小于这个阈值时,说明收敛了
% ------------------------- EM迭代 ---------------------------------
%主循环,迭代开始
for nbIter = 1:nbMaxSteps
    fprintf('.');
    %E - step,计算后验概率,L表示每个样本点取z = 1,2,…的概率
    L = zeros(model.nbStates,size(Data,2));            %初始化矩阵,用于存放w
    for i = 1:model.nbStates                           %对于每个z
        L(i,:) = model.Priors(i) * gaussPDF(Data, model.Mu(:,i), model.Sigma(:,:,i));
```

记笔记

```
    end
    % sum(A, 1)按列求和,返回行向量, repmat(A, m, n): 在声明的维度上复制 A
    GAMMA = L ./ repmat(sum(L,1) + realmin, model.nbStates, 1); % 后验概率
        GAMMA2 = GAMMA ./ repmat(sum(GAMMA,2),1,nbData);         % w_i/sum(w_i)
    % M - step
    for i = 1:model.nbStates
        % 更新 phi,先验
        model.Priors(i) = sum(GAMMA(i,:)) / nbData;
        % 更新均值
        model.Mu(:,i) = Data * GAMMA2(i,:)';
        % 更新协方差矩阵
        DataTmp = Data - repmat(model.Mu(:,i),1,nbData);
         model.Sigma(:,:,i) = DataTmp * diag(GAMMA2(i,:)) * DataTmp' + eye(size(Data,1))
  * diagRegularizationFactor;
    end
    % 显示迭代过程
    if mod(nbIter , 4) == 0
        plot_em(nbIter, X', model.Mu, model.Sigma);              % 调用一个绘图函数
        pause(2);                                                % 暂停 2 秒
    end
    % 计算似然函数值
    LL(nbIter) = sum(log(sum(L,1))) / nbData;
    % Stop the algorithm if EM converged (small change of LL)
    if nbIter > nbMinSteps
        if LL(nbIter) - LL(nbIter - 1)< err_ll || nbIter == nbMaxSteps - 1
            disp(['EM 算法在 ' num2str(nbIter) ' 次迭代后收敛.']);
            break;
        end
    end
end
if nbIter == nbMaxSteps - 1
disp(['达到了最大迭代次数,考虑增加最大迭代次数的设置…']);
end
% ---------------------------- 和内置的 GMM 算法比较 ------------------------
gm = fitgmdist(Data', 2);
plot_em(nbIter, X', model.Mu, model.Sigma);
% plot(Data(1,:),Data(2,:),'.','markersize',8,'color',[.7 .7 .7]);hold on;
hold on
plotGMM(gm.mu, gm.Sigma, [0 0.8 0], .5);
```

在上面的代码中,首先生成了训练数据,初始化了一些模型的参数。定义了一个结构体变量 model,用于储存一些配置信息和模型训练结果,如数据维度、样本个数、初始的先验概率、均值及协方差矩阵等。在主循环中,进行了多次迭代,每次迭代都通过 E 步和

M 步对模型参数进行更新。每次更新完之后，计算似然函数值，当前后两次似然函数值的变化小于设定值时，就停止迭代。代码中还用到了几个子函数，分别是计算高斯函数概率的 gaussPDF 和用于作图的 plot_em 和 plotGMM。这些函数都不影响对于 EM 算法的理解，因此不再详细介绍。在本例中，经过 53 次迭代的结果如图 13.3 所示。

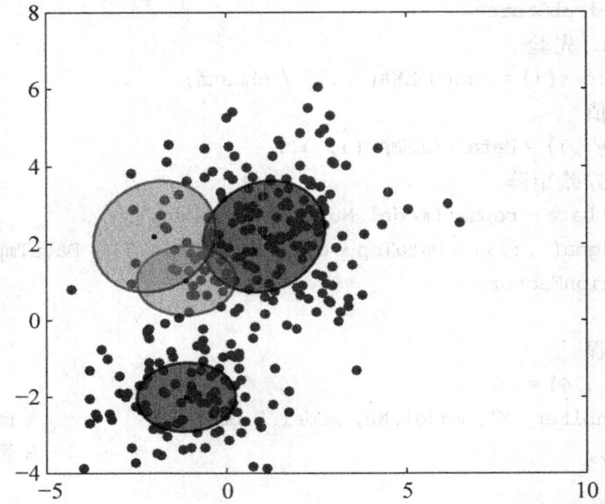

图 13.3　EM 算法用于 GMM 的示例

图 13.3(详见文前彩插)中的红色阴影椭圆是实现的效果。得到的模型参数也很接近真实的分布。两个椭圆的中心分别处在两个高斯的中心点。而绿色椭圆是利用 MATLAB 机器学习工具箱中的 gmfitdist()函数得到的结果，效果不是很理想。为了观察训练的过程，画出每次迭代后似然函数值的变化图，如图 13.4 所示。

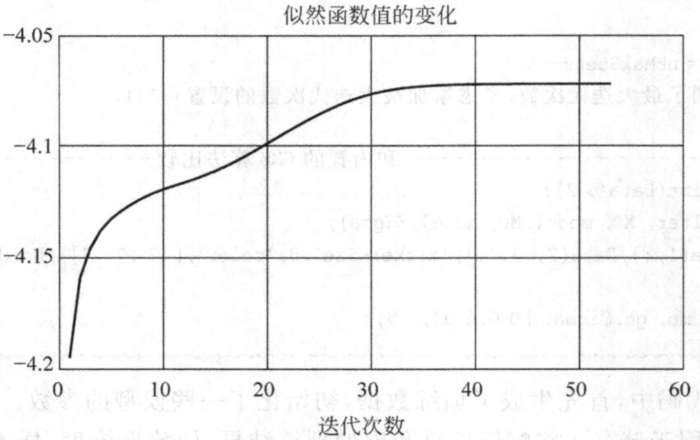

图 13.4　迭代中似然函数值的变化

记笔记

由图 13.4 可见，正如理论推导的结果那样，EM 算法能够保证似然值逐渐增加，直到变化平稳时，算法收敛。

参考文献

[1] Dempster A P, Laird N M, Rubin D B. Maximum likelihood from incomplete data via the EM algorithm[J]. Journal of the royal statistical society Series B (methodological), 1977: 1-38.

[2] 张宏东. EM 算法及其应用[D]. 济南：山东大学，2014.

[3] Booth J G, Hobert J P. Maximizing generalized linear mixed model likelihoods with an automated Monte Carlo EM algorithm[J]. Journal of the Royal Statistical Society: Series B (Statistical Methodology), 1999, 61(1): 265-285.

[4] Meng X L, Rubin D B. Maximum likelihood estimation via the ECM algorithm: A general framework[J]. Biometrika, 1993, 80(2): 267-278.

[5] Liu C, Rubin D B. The ECME algorithm: a simple extension of EM and ECM with faster monotone convergence[J]. Biometrika, 1994, 81(4): 633-648.

记笔记

第14章

k中心点算法

源码

在第 12 章详细介绍了 k-means 算法的内容，并列举了该算法的优缺点。可以发现，k 均值算法对离群点非常敏感，因为当远离大多数数据的对象被分配到一个簇时，就可能严重地扭曲簇的均值，造成所得质点与实际质点位置偏差过大，平方误差函数的使用更是严重恶化了这一影响，最终很可能影响其他对象到簇的分配。

为了降低 k-means 算法对于离群点的敏感性，可以不采用簇中对象的均值作为参照点，而在每个簇中选出一个实际的对象来代表该簇。而 k 中心点算法（k-medoids）就是采用这种方式的算法。

k 中心点算法在分类上属于动态聚类算法。算法的基础是在每个簇中选出一个实际的对象来代表该簇，其余的每个对象聚类到与其最相似的代表性对象所在的簇中，然后重复迭代，直到每个代表对象都成为它所在的簇实际中心点或最靠中心的对象为止。它的划分方法仍然基于最小化所有对象与其对应的参照点之间的相异度之和的原则来执行。

14.1　经典 k 中心点算法——PAM 算法

14.1.1　PAM 算法原理

PAM（Partitioning Around Medoids，围绕中心点的划分算法）是最早提出的 k 中心点算法之一，该算法用数据点替换的方法获取最好的聚类中心，而且该算法还可以克服 k-means 算法容易陷入局部最优的缺陷[1]。

PAM 算法的基本思想是：首先为每个簇随意选择一个代表对象，剩余的对象根据其与每个代表对象的距离（此处距离不一定是欧氏距离，也可能是曼哈顿距离）分配给最近

记笔记

的代表对象所代表的簇；然后，反复地用非中心点来替换中心点以提高聚类的质量。聚类质量用一个代价函数来评估，该函数度量一个非代表对象是否是当前一个代表对象的好的代替，如果是就进行替换，否则不替换；最后给出正确的划分。当一个中心点被某个非中心点替代时，除了未被替换的中心点外，其余各点也被重新分配[2]。

算法的具体步骤如下。

(1) 随机选择 k 个代表对象作为初始的中心点。

(2) 指派每个剩余对象给离它最近的中心点所代表的簇。

(3) 随机地选择一个未选择过的非中心点对象 y。

(4) 计算用 y 代替中心点 x 的总代价 s。

(5) 如果 s 为负，则可用 y 代替 x，形成新的中心点。

(6) 重复步骤(2)～步骤(5)，直到 k 个中心点不再发生变化。

根据上述步骤可以得出 PAM 算法的输入为包含 n 个对象的数据库和簇数目 k。输出为满足要求的 k 个簇。

14.1.2　PAM 算法实例

为了便于读者理解，下面用一个实例来展示 PAM 算法的整个过程。在此构造一个二维的数据集，如表 14.1 所示。该数据集包含 10 个样本，要求将该数据集聚集成两个集群，即 $k=2$，如图 14.1 所示。下面就要展示 PAM 算法是如何将这些样本划分为不同类别的。

表 14.1　数据集

样本	x 值	y 值
x_1	2	6
x_2	3	4
x_3	3	8
x_4	4	7
x_5	6	2
x_6	6	4
x_7	7	3
x_8	7	4
x_9	8	5
x_{10}	7	6

(1) 随机地选择两个样本点($c_1=x_2=(3,4)$和 $c_2=x_8=(7,4)$)作为初始集群中心。用曼哈顿距离计算每个样本到中心点的距离，以将每个数据对象与其最近的中心点相关联，如表 14.2 所示，这一步完成后的群集如图 14.2 所示。

记笔记

表 14.2　各数据对象与聚类中心的距离

数据对象		距离	
编号	x_i	$c_1=(3,4)$	$c_2=(7,4)$
1	(2,6)	3	7
2	(3,4)	0	4
3	(3,8)	4	8
4	(4,7)	4	6
5	(6,2)	5	3
6	(6,4)	3	1
7	(7,3)	5	1
8	(7,4)	4	0
9	(8,5)	6	2
10	(7,6)	6	2
代价		11	9

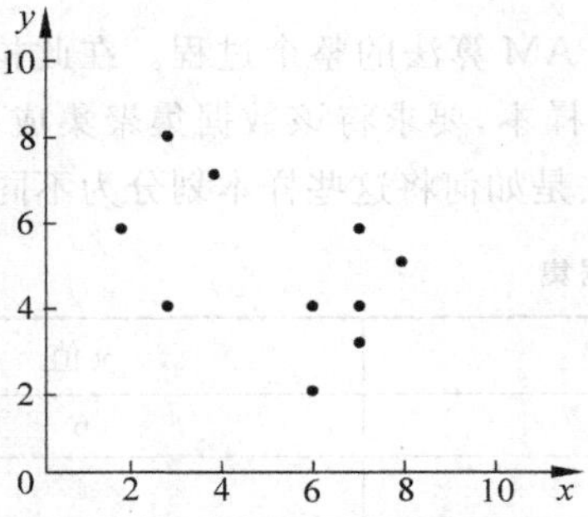

图 14.1　数据集样本

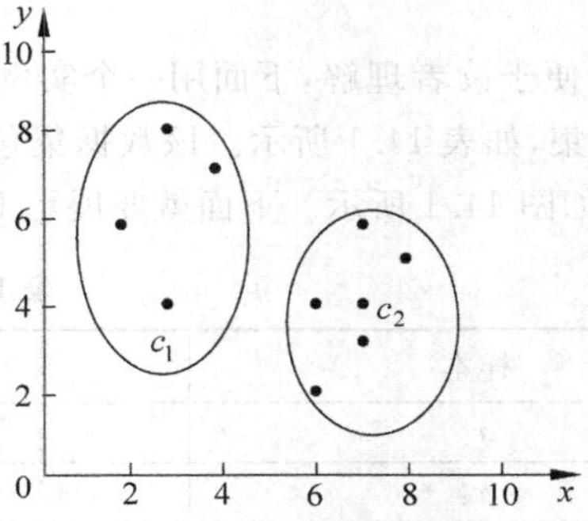

图 14.2　步骤(1)后的群集

(2) 由于点(2,6)、(3,8)和(4,7)更靠近 c_1，因此它们形成一个簇，而剩余点形成另一个簇。因此，群集变成：

Cluster1＝{(3,4) (2,6) (3,8) (4,7)}

Cluster2＝{(7,4) (6,2) (6,4) (7,3) (8,5) (7,6)}

该聚类的总代价是数据点与其集群中心之间的距离之和：

$$3+0+4+4+3+1+1+0+2+2=20$$

(3) 选择一个非中心点对象 O' 代替中心点 c_2，假设 $O'=(7,3)$，即 X_7。所以现在的中心点是 $c_1(3,4)$ 和 $O'(7,3)$，如表 14.3 和图 14.3 所示。如果 c_1 和 O' 是新的中心点，通过使用步骤(1)中的公式计算涉及的总代价为：

$$总代价=3+0+4+4+2+2+0+1+3+3=22$$

记笔记

所以从 c_2 到 O' 的交换代价为：

$$s = 当前总代价 - 原总代价 = 22 - 20 = 2 > 0$$

表 14.3 各数据对象与 c_1 的距离

数据对象		距离	
编号	x_i	$c_1=(3,4)$	$O'=(7,3)$
1	(2,6)	3	8
2	(3,4)	0	5
3	(3,8)	4	9
4	(4,7)	4	7
5	(6,2)	5	2
6	(6,4)	3	2
7	(7,3)	5	0
8	(7,4)	4	1
9	(8,5)	6	3
10	(7,6)	6	3
代价		11	11

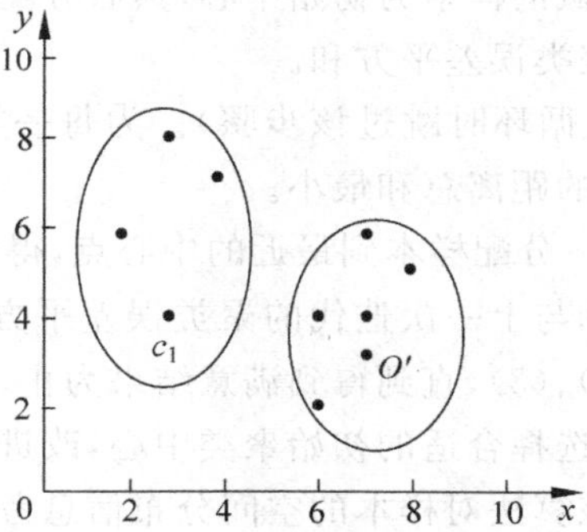

图 14.3 群集

由此可得，把聚类中心换到 O' 将是一个错误的选择，原选择是比较好的。继续尝试其他非中心点对象，发现第一选择是最好的。因此，聚类中心的配置不会改变，算法至此终止，即中心点没有变化。

14.1.3 PAM 算法的特点

PAM 算法的优点如下。

(1) 对噪声点/孤立点不敏感,具有较强的数据健壮性。

(2) 聚类结果与非中心点数据选取为临时中心点的顺序无关。

(3) 聚类结果具有数据对象平移和正交变换的不变性。

PAM 算法的缺点:对于大数据集,PAM 算法聚类过程缓慢,具有高耗时性。主要原因在于通过迭代来寻找最佳的聚类中心点集时,需要反复地在非中心点对象与中心点对象之间进行最近邻搜索,从而产生大量非必需的重复计算。

14.2 k 中心点算法的改进

前面提到了 PAM 算法时间复杂度高是算法的突出缺点,针对这个缺点,研究者也在不断地进行算法改善,提出了一些关于 k 中心点算法的改进算法。其中 Park 等提出了快速 k 中心点算法,对 k 中心点算法在初始聚类中心选取和聚类中心更新两方面进行改进,明显提高了聚类效果,缩短了聚类时间。接下来就为大家介绍一下快速 k 中心点算法[3]。

快速 k 中心点算法通过选择处于样本分布密集区域的数据对象作为初始类簇中心,以及采用新的聚类中心更迭方法改进了 PAM 算法,其步骤如下。

(1) 初始化中心点。计算数据集中每个数据对象的密度(可采用类似 12.2.2 节的方法),选择前 k 个处于密集区域的样本为初始中心,然后分配样本到与其距离最近的中心,得到初始聚类结果,再计算聚类误差平方和。

(2) 更新中心点(第一次循环时跳过该步骤)。为每一类寻找一个新的中心点,使新中心点到该类其他数据对象的距离总和最小。

(3) 分配样本到中心点。分配样本到最近的中心点,得到聚类结果,再计算出聚类误差平方和,若聚类误差平方和与上一次迭代的聚类误差平方和相同,则结束迭代,否则转到步骤(2),重复执行步骤(2)、(3),直到得到满意结果为止。

快速 k 中心点算法通过选择合适的初始聚类中心,改进了 PAM 算法的初始化方法,但是在选择初始中心点时,该算法对样本的空间分布信息考虑不足,所选择的初始中心点有可能处于同一类簇,最终导致分类结果不理想。

14.3 k 中心点算法的 MATLAB 实践

对于 k 中心点算法,在 MATLAB 中直接调用 kmedoids()函数来解决 k 中心点的聚类问题,并不需要对 k 中心点算法进行编写。kmedoids()函数的常用调用方法为:

笔记

```
idx = kmedoids(X,k)
idx = kmedoids(X,k,Name,Value)
```

另外,依据需要返回值的不同需求,其调用方式也可为:

```
[idx,C] = kmedoids(__)
[idx,C,sumd] = kmedoids(__)
[idx,C,sumd,D] = kmedoids(__)
[idx,C,sumd,D,midx] = kmedoids(__)
[idx,C,sumd,D,midx,info] = kmedoids(__)
```

其中,__表示任意符合参数输入的方式。函数各输入输出参数含义,如表 14.4 所示。

表 14.4 参数含义

参 数	含 义
$\boldsymbol{X}$	$N\times P$ 的数据矩阵
k	表示将 $\boldsymbol{X}$ 划分为 k 类,k 为整数
idx	$N\times 1$ 的向量,存储的是每个点的聚类标号
$\boldsymbol{C}$	$k\times P$ 的矩阵,存储的是 k 个聚类质心位置
sumd	$1\times k$ 的和向量,存储的是类间所有点与该类质心点距离之和
$\boldsymbol{D}$	$N\times k$ 的矩阵,存储的是每个点与所有质心的距离
midx	$1\times k$ 的向量,表示簇中心处对应的 $\boldsymbol{X}$ 点的行数,满足 $\boldsymbol{C}=\boldsymbol{X}(\text{midx},:)$
info	算法的相关信息,如使用的聚类方法、聚类中心的初始位置等

对于 Name 和 Value 表示算法相关参数名及参数值,其相应的参数名包括 Algorithm、OnlinePhase、Distance、Options、Replicates、NumSample、PerecentNeighbors 和 Start。对于具体的参数含义及参数值,可参考 kmedoids 函数的帮助文档。

现在,通过 MATLAB 实例的方法运用 k 中心点算法对矩阵进行聚类,展示在 MATLAB 中 k 中心点算法的具体实现(Kcenter_Mat.m 文件)。在实例中首先随机生成两组数据,然后,通过 k 中心点算法实现自动分类,并找到两组数据的中心点,最后,通过绘图的方式绘制出分类的数据及两组数据的中心点,如图 14.4 所示。

```
%MATLAB 自带 k 中心点算法函数 kmedoids 实现
clc;
clear;
close all;
X = [randn(100,2) * 0.75 + ones(100,2);randn(100,2) * 0.5 - ones(100,2)];  %产生两组随机数据
```

记笔记

```
[idx,C,sumd,d,midx,info] = kmedoids(X,2,'Distance','cityblock');
                                                    % 利用 k 中心点算法进行分组
plot(X(idx == 1,1),X(idx == 1,2),'r.','MarkerSize',7)     % 绘制分组后第一组的数据
hold on
plot(X(idx == 2,1),X(idx == 2,2),'b.','MarkerSize',7)     % 绘制分组后第二组的数据
plot(C(:,1),C(:,2),'co','MarkerSize',7,'LineWidth',1.5) % 绘制第一组和第二组数据的中心点
legend('Cluster 1','Cluster 2','Medoids','Location','NW');
title('Cluster Assignments and Medoids');
hold off
```

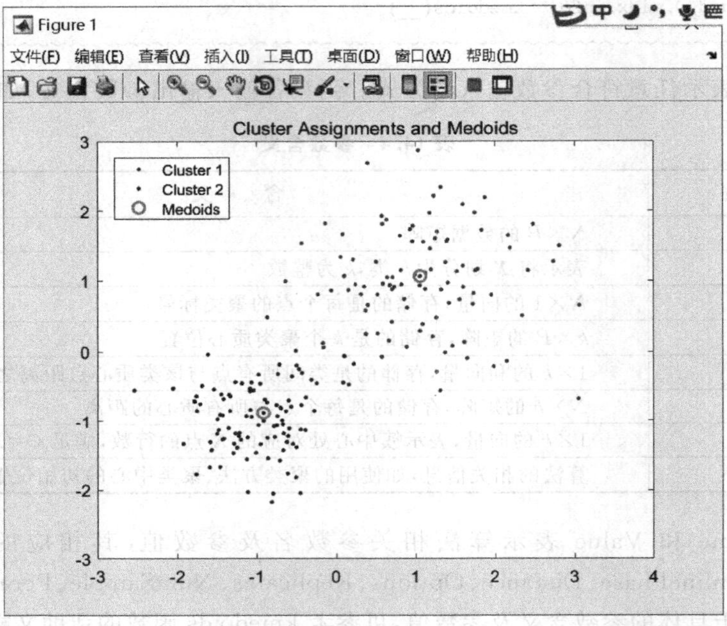

图 14.4 分类数据及中心点

参 考 文 献

[1] Park H S, Jun C H. A simple and fast algorithm for k-medoids clustering[J]. Expert systems with applications, 2009, 36(2): 3336-3341.

[2] 吴文亮. 聚类分析中 k-均值与 k-中心点算法的研究[D]. 广州: 华南理工大学, 2011.

[3] 谢娟英, 郭文娟, 谢维信. 基于邻域的 k 中心点聚类算法[J]. 陕西师范大学学报(自然科学版), 2012, 40(4): 16-22.

第15章

关联规则挖掘的Apriori算法

源码

关联规则挖掘算法是数据挖掘中的一类重要算法。1993 年，Agrawal 等首次提出了关联规则的概念，同时给出了相应的 AIS 挖掘算法，但是性能较差。1994 年，他们建立了项目集格空间理论，并依据上述两个定理，提出了著名的 Apriori 算法，之后诸多的研究人员开始对关联规则算法进行了大量的研究。至今，Apriori 仍然作为关联规则挖掘的经典算法被广泛讨论[1,2]。

本章的主要内容包括关联规则挖掘中相关定义的简单介绍、Apriori 算法的具体内容及 Apriori 算法的一些改进算法。

15.1　关联规则概述

关联规则的发现是数据挖掘中最重要的一项任务之一，它的目标是发现数据集中所有的频繁模式。关联规则最初提出的动机是针对购物篮分析（Market Basket Analysis）问题提出的，它可用于发现交易数据库中不同商品项之间的联系，进而找出顾客购买行为模式。这样的规则可以应用于商品货架设计、存货安排，以及根据购买模式对用户进行分类。如今，除了可以应用于购物篮数据之外，关联规则的分析在其他领域也得到了颇为广泛的应用，如生物信息学、电子商务个性化推荐、金融服务及科学数据分析等。

15.1.1　关联规则的基本概念

在介绍关联规则挖掘算法中的 Apriori 算法之前，先介绍一下关联规则挖掘的相关

记笔记

定义。在大量的教材中，关联规则算法并不适用第 1 章中所定义的样本、属性值等概念，其有自身的相关定义，为了与相关教材不产生冲突，在本节中继续使用其相关定义。

1. 项及事务

以一组事务集为例诠释项及事务的定义。表 15.1 所示为一组简单数据的二元表示，也就是两个状态的表示，0 或 1。

表 15.1 购物篮数据的二元表示

序号	面包	咖啡	尿布	矿泉水	鸡蛋	可乐
1	1	1	0	0	0	0
2	1	0	0	1	1	0
3	0	0	0	1	0	1
4	1	1	1	1	0	1
5	1	0	0	0	1	1
6	1	0	1	1	0	1

在表 15.1 中，每行是一组购买记录，即称为一个事务，用 t 表示；而每列对应的为一个项，用 i 表示；项用二元变量来表示。以事务序号 1 为例，面包在事务 1 中出现因此标为 1，而尿布未在事务 1 中出现，因此标为 0。某个事务中出现的项的数目称为这个事务的宽度。例如，在表 15.1 的事务 4 中出现了面包、咖啡、尿布、矿泉水、可乐 5 项，其宽度就是 5。

2. 项集

令 $\boldsymbol{I}=\{i_1,i_2,\cdots,i_d\}$ 是购物篮数据中所有项的集合称为项集，而 $\boldsymbol{T}=\{t_1,t_2,\cdots,t_N\}$ 是所有事务的组合。关联分析中，项目集是项集的集合，用 $\boldsymbol{X}$ 表示，可以包含 0 个或多个项集。如果项集 $\boldsymbol{I}$ 中包含 $i_1,i_2,\cdots,i_k$ 个项，则为 k 项集。例如，{牛奶，饼干，面包，啤酒}就是一个 4 项集。空项集是指不包含任何集的项集。

3. 关联规则

称 $A \rightarrow B$ 为一个关联规则，其中 A、B 必须同时满足 $\{A,B \mid A \subset \boldsymbol{I}, B \subset \boldsymbol{I}, A \cap B = \varnothing\}$，$A$ 为该规则的前提，B 为结果。

4. 项目集 $\boldsymbol{X}$ 的支持数与支持度

事务数据库 $\boldsymbol{D}$ 中支持项目集 $\boldsymbol{X}$ 的事务数目称为项目集 $\boldsymbol{X}$ 的支持数，记为 $\mathrm{Count}(\boldsymbol{X})$。设事务数据库 $\boldsymbol{D}$ 中总的事务数为 $|\boldsymbol{D}|$，称项目集 $\boldsymbol{X}$ 的支持度为 $\sup(\boldsymbol{X})=\mathrm{Count}(\boldsymbol{X})/|\boldsymbol{D}|$。

记笔记

5. 关联规则 $\boldsymbol{A}\to\boldsymbol{B}$ 的支持度

在事务集 $\boldsymbol{T}$ 中,关联规则 $\boldsymbol{A}\to\boldsymbol{B}$ 的支持度是指同时支持 A 和 B 的事务数与事务集中所有的事务数之比:

$$\mathrm{Sup}(\boldsymbol{A}\to\boldsymbol{B})=\frac{|\,\mathrm{Count}(\boldsymbol{A}\cap\boldsymbol{B})\,|}{|\,\boldsymbol{D}\,|}$$

6. 最小支持度(min-sup)

挖掘出来的项集必须大于或等于支持度的值。

7. 频繁项集

如果一个项集的支持度大于或等于给定的最小支持度阈值,那么就可以称它为频繁项集(frequent itemset),也称频集。

15.1.2 关联规则的分类

关联规则的种类有很多,根据不同的分类标准,可以将关联规则进行以下3种方法的分类。

1. 布尔型和数值型

布尔型和数值型的分类依据是关联规则中处理的变量类别。若一个规则在处理数值时关心的重点是项的存在与否,则此规则为布尔型关联规则。它处理的数据都是离散的,可以显示被处理变量之间的关系。若一个规则关心的是量化的项与属性之间的关联则它属于数值型关联规则。一个数值型关联规则可以与多维关联及多层关联相结合。此种规则将项或属性的量化值进行动态分割,划分在不同的区间内,也可对原始未处理的数据进行直接操作。

2. 单维规则和多维规则

单维规则和多维规则的分类依据是关联规则中的项及属性涉及的维数。在单维关联规则中只考虑数据的一个维度,但是在多维关联规则中会从数据的多层维度上考虑挖掘规则。例如,牛奶→面包就是一个单维规则,因为它只涉及顾客购买物品这一维;而民族="汉"→婚姻状况="未婚"就涉及数据的两个维度,因此为多维规则。

3. 单层规则和多层规则

单层规则和多层规则的分类依据为规则中是否考虑到数据的层次性。在单层关联规

记笔记

则中没有考虑数据中的层次性，简单地将数据理解为一层。例如，啤酒→饼干就是一个单层规则，因为啤酒和饼干是属于一个层次的概念。而多层规则将现实数据分为多个层次，充分考虑到了数据的层次性。例如，啤酒→奥利奥饼干就考虑到了数据的多层次性，是一个多层规则。因为啤酒与奥利奥饼干不是一个层次的概念，而是属于两个层次，因此是一个多层关联规则。

15.2 Apriori 算法原理

Apriori 算法是由 Rakesh Agrawal 和 Ramakrishnan Skrikant 于 1994 年提出的，是第一个成熟关联规则算法，也是最经典的一个算法[3]。它的核心是两阶段频集思想的递推算法，该算法也是所有挖掘布尔规则频繁项集算法中最有影响力的一种算法。

Apriori 使用逐层搜索的迭代方法，k 项集用于探索$(k+1)$项集。首先，从 1 项集开始，根据给定的支持度阈 minsup 找出频繁 1 项集的集合，该集合记作 L_1。L_1 用于找候选 2 项集的集合 C_2，再根据支持度找到频繁 2 项集 L_2。而 L_2 用于找 C_3，C_3 用于找 L_3，以此类推，直到产生最多项的频繁项集 L_k 为止。为提高频繁项集逐层产生的效率，算法使用频繁项集性质的先验原理：如果某个项集是频繁的，那么其所有子集必定也是频繁的，从而对搜索空间进行压缩[4]。算法的主要步骤分为以下两步。

1）连接步

首先，为了找到频繁$(k+1)$项集 $L_{(k+1)}$，先要使得频繁 k 项集与自身连接，产生候选$(k+1)$项集，记为 $C_{(k+1)}$。

设 I_1 和 I_2 是 L_k 中的项集，记号 $I_i[j]$表示 I_i 的第 j 项（如 $I_1[2]$表示 I_1 的第 2 项）。将事物或项集中的项按照字典次序排序，执行连接 $L_k \infty L_k$；其中，L_k 的元素是可连接的，如果它们前$(k-1)$个项相同；即如果$(I_1[1]=I_2[1]) \wedge (I_1[2]=I_2[2]) \wedge \cdots \wedge (I_1[k-1]=I_2[k-1]) \wedge (I_1[k]<I_2[k])$，则 L_k 的元素 I_1 和 I_2 是可连接的。其中，条件$(I_1[k]<I_2[k])$能简单地保证 I_1 和 I_2 不产生重复。连接 I_1 和 I_2 产生的结果项集为 $I_1[1]I_1[2]\cdots I_1[k]I_2[k]$。

2）剪枝步

因为 L_k 是 C_k 的子集，所以从子集的概念中可以得知，C_k 的成员可以是频繁的，也可以不是频繁的，而 L_k 的所有子集必定全部都在 C_k 中。扫描数据库，确定 C_k 中每个成员的计数，即支持度，删除不符合规定的项集，从而确定 L_k。

根据频繁项集性质的先验原理，可以得出任何非频繁的$(k-1)$项集都不可能是频繁 k 项集的子集。因此，如果一个候选 k 项集$(k-1)$子集不在 L_{k-1} 中，则该候选也不可能是频繁的，从而可以由 C_k 中删除。这种子集测试可以使所有频繁项集的散列树快速完成。

记笔记

Apriori 算法的优点：Apriori 算法思想简单、清晰且执行过程有循序渐进的优点，应用了频繁项集的先验知识，只要某一项集是非频繁的，则其超集就无须再检验的重要性质对候选集进行有效的过滤，尤其是对短模式（数据库的数据量可能很大，但数据所包含的属性较少）的数据有很好的挖掘效果。

Apriori 算法的缺点如下。

(1) 通常 Apriori 算法的第一步会先生成候选项集，但是，最后却发现这些项集并不都是频繁项集的候选项集，这样，便造成了扫描数据库时出现的资源浪费。

(2) 在程序的连接中，总是会对一些项目进行比较，从而造成了相同的项目被比较许多次，导致算法的效率无法提高。

(3) 对某些事务项做过第一次扫描之后，已经可以判断出其可以不被再扫描了，但是算法执行时，又会再次被扫描，严重影响了算法的效率。

15.3　Apriori 算法的改进

前面已经对 Apriori 算法的相关理论做了详细的介绍，同时也对算法的核心思想和优缺点进行了详细的说明。Apriori 算法虽然理解、操作简单，但还是存在一些不足与缺陷，为此，许多专家学者通过大量的研究工作，相继提出了一些优化的方法。本节主要针对 Apriori 算法的一些缺点，介绍和分析几种目前较成熟的 Apriori 算法的改进方法[5,6]。

15.3.1　基于分片的并行方法

Savasere 等提出了一个基于分片（partition）的算法，该算法首先把数据库中的事务集分成几个互不相交的逻辑子集，每次单独考虑一个分片，并对它生成所有的频集，然后把产生的频集合并，用来生成所有可能的频集，最后计算这些项集的支持度。

分片的大小选择的标准是要使得每个分片可以被放入主存，每个阶段只需被扫描一次。而算法的正确性是由“每一个可能的频集至少在某一个分块中是频集”来保证的。分片的主要目的是为了提高算法的并行性，可以把每一分块分别分配给某一个处理器生成频集。产生频集的每一个循环结束后，处理器之间进行通信合并产生全局的候选 k 项集。

在这种算法中，各处理器间的通信交互过程是算法执行时间的主要瓶颈；同时，每个独立的处理器生成频集的时间也是一个瓶颈。

记笔记

15.3.2 基于 hash 的方法

基于 hash 的方法算法是由 Park 等为了改进 Apriori 算法的性能而提出的。他们认为C_2 通常是最大的，算法的绝大部分时间消耗在生成频繁 2 项目集上。因此，提出了一个基于 hash 函数产生频集的高效算法。

这种算法使用 Apriori 算法在事务数据库中产生的频繁 1 项集L_1，并产生候选 2 项集C_2，然后通过 hash 函数把 2 项集映射到不同的桶，并对每个桶中的项目分别计数，对于散列中的某个桶中的计数低于支持度阈值的 2 项集，则不可能成为频繁 2 项集，因此删除对应桶中的项集，从而达到压缩项集的作用。

15.3.3 基于采样的方法

基于采样的方法算法是由 Mannila 等率先提出的，他们认为采样是发现规则的一个有效途径。这种算法的基本思路是对给定数据库的事务集，选定其子集作为频集的搜索子空间，该子空间的频集就可以作为整个数据库的频集。

这种算法后来又由 Toivonen 进行了进一步的发展，他提出先使用从数据库中抽取出来的采样得到一些在整个数据库中可能成立的规则，然后对数据库的剩余部分验证这个结果。这种改进后的算法不但算法相当简单，而且显著地减少了 I/O 代价，但是一个很大的缺点就是产生的结果不精确，即存在所谓的数据分布规律扭曲(Data Skew)。因为分布在同一页面上的数据存在高度相关性，也许不能表示整个数据库中模式的分布，由此而导致验证的代价可能同扫描整个数据库相近。

15.3.4 减少交易个数的方法

减少交易个数的方法算法的基本思想就是当一个事务不包含长度为 k 的频集时，必然不包含长度为 $k+1$ 的频繁大项集。从而就可以将这些事务移去，减少用于未来扫描的事务集的大小，这样在下一次的扫描中就可以把要进行扫描的事务集的个数减少，进而提高算法的效率。

15.4 Apriori 算法的 MATLAB 实践

通过一个实例，说明如何利用 MATLAB 实现 Apriori 算法，进而求取项之间的关联规则。相关的数据如表 15.1 所示，目的是寻求购买者购买 6 类产品的关联度，从而能够

记笔记

准确地分析顾客购买行为模式，以便应用于商品货架设计、存货安排，以及根据购买模式对用户进行分类等。

在MATLAB中暂时没有相关的函数实现Apriori算法的调用，作者整理并编写了相关实现程序，代码如下(Apriori_App_Self.m文件)：

```
%% Apriori 的 MATLAB 算法实例主程序
clc
clear
close
a=[1  1  0  0  0  0;
1     0  0  1  1  0;
0     0  0  1  0  1;
1     1  1  1  0  1;
1     0  0  0  1  1;
1     0  1  1  0  1;
];
apriori(a,3)                              % 调用 Apriori 算法,且支持度阈值为 3
```

apriori.m 文件：

```
function [L] = apriori(D,min_sup)               % apriori 算法函数
[L,A] = init(D,min_sup);               % A 为 1 频项集,L 中为包含 1 频繁项集以及对应的支持度
k = 1;
C = apriori_gen(A,k);                           % 生成两组合候选集
while (size(C,1)~= 0)                           % C 如果行数为 0,则结束循环
    [M,C] = get_k_itemset(D,C,min_sup);         % 发生 k 频繁项集,M 是带支持度,C 不带支持度
    if size(M,1)~= 0
        L = [L;M];
    end
    k = k + 1;
    C = apriori_gen(C,k);                       % 生成组合候选集
end
```

init.m 文件：

```
function [L,A] = init(D,min_sup)                % D 表现数据集,min_sup 最小支持度
[m,n] = size(D);
A = eye(n,n);
B = (sum(D))';
```

```
i = 1;
while(i <= n)
    if B(i)< min_sup
        B(i) = [];
        A(i,:) = [];
        n = n - 1;
    else
        i = i + 1;
    end
end
L = [A,B];
```

apriori_gen. m 文件：

```
function [C] = apriori_gen(A,k)      % 发生 Ck(实现组内连接及剪枝)
 %A 表现第 k1 次的频繁项集,k 表现第 k 频繁项集
[m n] = size(A);
C = zeros(0,n);
 %组内连接
for i = 1:1:m
    for j = i + 1:1:m
        flag = 1;
        for t = 1:1:k - 1
            if ~(A(i,t) == A(j,t))
                flag = 0;
                break;
            end
        end
        if flag == 0
            break;
        end
        c = A(i,:)|A(j,:);
        flag = isExit(c,A);           %剪枝
        if(flag == 1)C = [C;c];
        end
    end
end
```

记笔记

isExit.m 文件：

```
function flag = isExit(c,A)   % 判断 c 串的子串在 A 中是否存在
[m n] = size(A);
b = c;
for i = 1:1:n
    c = b;
    if c(i) == 0 continue
    end
    c(i) = 0;
    flag = 0;
    for j = 1:1:m
        A(j,:);
        a = sum(xor(c,A(j,:)));
        if a == 0
            flag = 1;
            break;
        end
    end
    if flag == 0 return
    end
end
```

get_k_itemset.m 文件：

```
function [L C] = get_k_itemset(D,C,min_sup)
 % D 为数据集,C 为第 k 次剪枝后的候选集取得第 k 次的频繁项集
m = size(C,1);
M = zeros(m,1);
t = size(D,1);
i = 1;
while i <= m
    C(i,:);
    H = ones(t,1);
    ind = find(C(i,:) == 1);
    n = size(ind,2);
    for j = 1:1:n
        D(:,ind(j));
        H = H&D(:,ind(j));
```

记笔记

```
        end
            x = sum(H');
            if x < min_sup
                C(i,:) = [];
                M(i) = [];
                m = m - 1;
            else
                M(i) = x;
                i = i + 1;
            end
    end
    L = [C M];
```

程序运行后，MATLAB 命令窗口输出结果为：

```
ans =
     1     0     0     0     0     0     5
     0     0     0     1     0     0     4
     0     0     0     0     0     1     4
     1     0     0     1     0     0     3
     1     0     0     0     0     1     3
     0     0     0     1     0     1     3
```

对得到的输出结果进行分析，可知面包、矿泉水和可乐的销售量较高，且第一项与第四项（面包和矿泉水）、第一项与第六项（面包和可乐）、第四项与第六项（矿泉水和可乐）的关联度比较高，可将相关产品摆放在一起进行出售，有助于提高销售额。

参考文献

[1] Agrawal R, Imieliński T, Swami A. Mining association rules between sets of items in large databases[C]//Acm sigmod record. ACM, 1993, 22(2): 207-216.

[2] Agrawal R, Faloutsos C, Swami A. Efficient similarity search in sequence databases[J]. Foundations of data organization and algorithms, 1993: 69-84.

[3] Agrawal R, Skrikant R. Fast algorithms for mining association rules[C]//Proc. 20th int. conf. very large data bases, VLDB. 1994, 1215: 487-499.

[4] 何宏. 关联规则挖掘算法的研究与实现[D]. 湘潭：湘潭大学，2006.

[5] 王伟. 关联规则中的 Apriori 算法的研究与改进[D]. 青岛：中国海洋大学，2012.

[6] 罗可，贺才望. 基于 Apriori 算法改进的关联规则提取算法[J]. 计算机与数字工程，2006，34(4)：48-51.

记笔记

第16章

高斯混合模型

源码

假设有一个训练样本$\{x^{(1)}, x^{(2)}, \cdots, x^{(m)}\}$，现在有一个问题是如何对这些数据点聚类，或者是寻找一个概率密度函数来刻画这些样本的分布。由于样本杂乱无章，如果单纯地用一个概率密度函数(Probability Density Function, PDF)描述，显然偏差很大。一个自然的想法就是：可不可以用多个分布组合的形式来描述它们，在不同的样本空间，某个PDF起主导作用，就像局部线性回归一样。答案当然是肯定的，这就是混合模型。本章讨论多个高斯分布混合的情况，称为高斯混合模型(GMM)。

高斯密度函数估计是一种参数化模型。高斯混合模型(Gaussian Mixture Model, GMM)是单一高斯概率密度函数的延伸，GMM能够平滑地近似任意形状的密度分布。类似于聚类，根据高斯概率密度函数参数的不同，每一个高斯分布可以看作一种类别，输入一个样本x，即可通过PDF计算其属于每个类别的概率值，然后通过一个阈值来判断该样本属于哪个高斯模型。与GMM相对的是单高斯模型(Single Gaussian Model, SGM)，很明显，SGM适用于仅有两个类别问题的划分，而GMM由于具有多个高斯成分，划分更为精细，适用于多类别的划分，可以应用于复杂对象建模[1]。

除此之外，高斯混合模型也能用于回归，利用高斯条件分布就可以构造相应的回归算法，称为高斯混合回归(Gaussian Mixture Regression, GMR)。

16.1 高斯混合模型原理

16.1.1 单高斯模型

一个多维的高斯分布的概率密度函数定义为：

笔记

$$N(\boldsymbol{x};\boldsymbol{\mu},\boldsymbol{\Sigma}) = \frac{1}{2\pi^{\frac{D}{2}}}\frac{1}{(|\boldsymbol{\Sigma}|)^{\frac{1}{2}}}\exp\left[-\frac{1}{2}(\boldsymbol{x}-\boldsymbol{\mu})^{\mathrm{T}}\boldsymbol{\Sigma}^{-1}(\boldsymbol{x}-\boldsymbol{\mu})\right] \tag{16.1}$$

注意和一维高斯的不同，式中 D 表示变量 $\boldsymbol{x}$ 的维数，$\boldsymbol{\Sigma}$ 表示 $d\times d$ 的协方差矩阵，$\boldsymbol{\mu}$ 是均值。图 16.1(a)所示的是一个标准的、一维的高斯分布。在 MATLAB 中用 normpdf()函数就能生成其概率密度函数。多元的高斯分布在 MATLAB 中用 mvnpdf()可以得到概率密度函数。图 16.1(b)所示的是一个二维的高斯分布。二维高斯的 PDF 是一个钟形的曲面，投影到 x、y 轴上的坐标表示二维变量的取值，面上的点对应的 Z 值代表两个变量的联合概率。如果向 xOy 平面投影，那么会得到一个椭圆，称为置信区间。均值点附近椭圆内的点出现的概率大，给定一些样本点，如果它属于某个高斯模型的概率比较大，就认为这个点属于这个高斯，这就完成了聚类的目的。

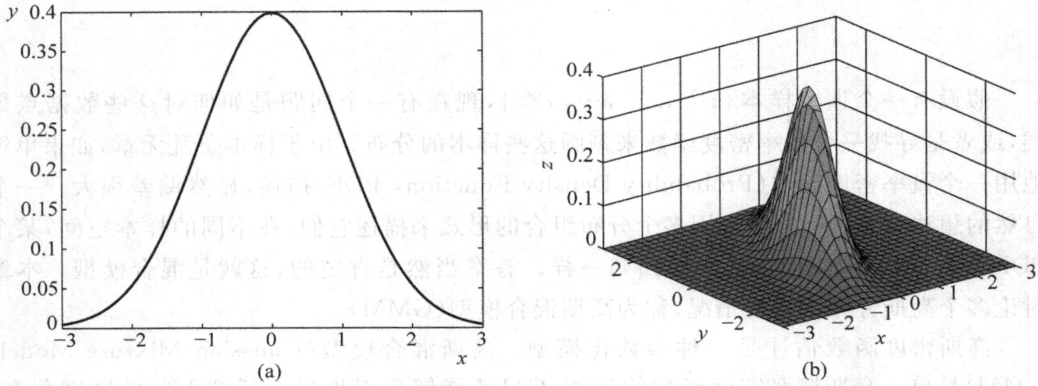

图 16.1 一维的高斯分布和二维的高斯分布

16.1.2 高斯混合模型

前面讲过了高斯混合模型的动机，也在单高斯模型中介绍了高斯模型 PDF 的表达式和相应的概率图。下面介绍高斯混合模型，先看一个直观的实例，如图 16.2 所示(详见文前彩插)。

图中所示为一个数据集，那么如何用一个 PDF 来描述图中不同种类鸢尾花数据的分布。如果用一个高斯显然误差很大，自然而然地就用到多个高斯，多个高斯的混合模型表示为：

$$f = p_1 f_1 + \cdots + p_k f_k \tag{16.2}$$

每一个 f_i 是一个单高斯分布，f 表示混合概率密度，可见 f 表示为 k 个单高斯模型的加权和的形式。

图 16.3(详见文前彩插)所示为几个不同高斯混合模型。

记笔记

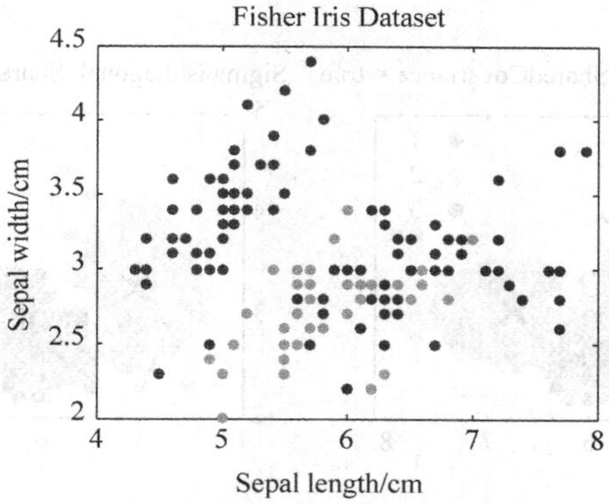

图 16.2　鸢尾花数据集

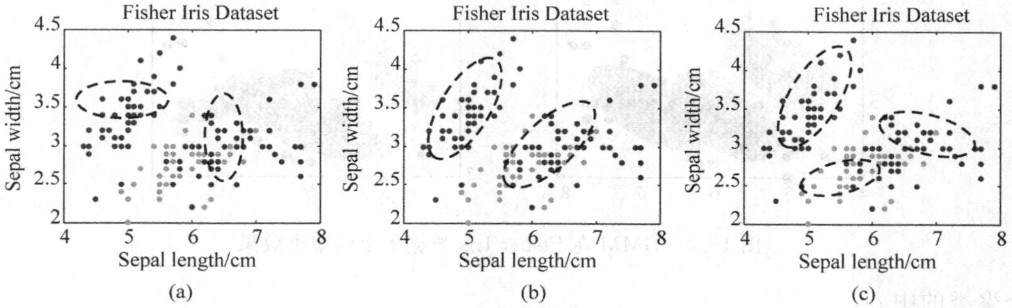

图 16.3　不同的聚类方式(黑色虚线椭圆代表一个类)

图 16.3 中每一个椭圆代表一个高斯成分的投影,也是一个置信区间。根据聚类簇个数的不同,可以有多种结果,图 16.3(a)和图 16.3(b)的模型中有两个高斯成分,但是每个 SGM 的参数不同。图 16.3(c)中有 3 个高斯成分。那么到底最优的聚类方案是什么?或者图中的哪种方案更好?也就是说要用一组高斯来表示数据的分布,这一组高斯可以调节的参数有高斯成分的个数,每个高斯成分的权重,以及每个 SGM 参数的均值和方差。当知道这些参数时,就得到图中所示的一种情况。看起来似乎图 16.3(c)更加合理,因为这种情况下的高斯函数很好地刻画了数据的分布趋势,但这只是定性的观察,还需要定量的分析。高斯混合模型就提供了一套完整的理论来解决这个问题[2,3]。在具体介绍 GMM 之前,可以先看一下它的聚类效果,如图 16.4 所示(详见文前彩插)。

由图 16.4 可见,不同的 GMM 在一定程度上都很好地区分了 3 类数据。但是在细节的表现上有所不同。这些细节由 MATLAB 提供的两个参数决定,一个是协方差矩阵的形式,参数取值可以是 full 或 diagonal。另外根据各个单高斯模型是否共享协方差矩阵,ShareCovariance 可以设置为 true 或 false。根据这两个参数的设置,会有 4 种不同的情况,对应的聚类结果分别如图 16.4 所示。阴影代表每个 species 的聚类区域,“x”代表每

记笔记

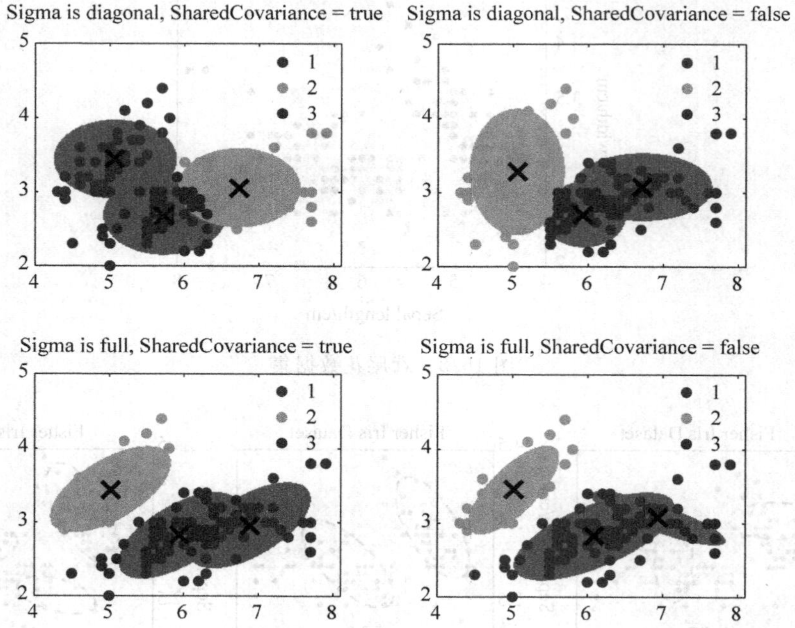

图 16.4 GMM 在 Fisher Iris 数据集上的聚类效果

个聚类的中心。

16.1.3 模型的建立

前面大概说了 GMM 的思想，现在需要用数学工具来表达这个过程。首先需要一个概率模型来描述含有隐变量的数据，为此引入一个隐变量 $z^{(i)}$ 表示第 i 个样本点属于每个高斯成分的概率[4]。$z^{(i)}$ 符合多项分布，即：

$$p(z^{(i)}=j)=\phi_j\left(\phi_j\geqslant 0,\sum_{j=1}^{k}\phi_j=1\right) \tag{16.3}$$

那么自然地 $p(x^{(i)}\mid z^{(i)})$ 服从第 j 个高斯分布，表示为：

$$x^{(i)}\mid z^{(i)}=j\sim N(u_j,\Sigma_j)$$

有了前面的假设，所有数据的似然函数可以表示为：

$$\begin{aligned} l(\phi,\boldsymbol{u},\boldsymbol{\Sigma}) &= \sum_{i=1}^{m}\log p(x^{(i)};\phi,\boldsymbol{u},\boldsymbol{\Sigma}) \\ &= \sum_{i=1}^{m}\log\sum_{z^{(i)}=1}^{k}p(x^{(i)}\mid z^{(i)};\boldsymbol{u},\boldsymbol{\Sigma})\,p(z^{(i)};\phi) \end{aligned} \tag{16.4}$$

16.1.4 模型参数的求解

前面构建了一个概率模型，表示为多个高斯加权和的形式。似然函数 $l(\phi,\boldsymbol{u},\boldsymbol{\Sigma})$ 刻画了对于参数为$(\phi,\boldsymbol{u},\boldsymbol{\Sigma})$的一个 GMM 来说，观测样本集 $\boldsymbol{X}$ 出现的概率大小。这是一个参数化的模型，如何求解模型的参数呢？自然的想法是最大化似然函数，也就是通过算法求得一组参数$[\phi_i,\mu_i,\Sigma_i]_{i=1}^k$使上面的似然函数值最大，通常的做法是求导令它等于零。但是经过推导后会发现对于这个问题令其导数为零无法得到一个闭环解。实际上这里主要是因为 $\boldsymbol{Z}$ 是未知的，如果 $\boldsymbol{Z}$ 已知，那么就变成了高斯判别分析模型，完全可以通过导数为 0 求解。对于这种含有隐变量的优化问题，可以借助前面讲述的期望最大化(Expectation Maximization，EM)算法求解。

EM 算法是一种迭代算法，主要分为 E-step 和 M-step。主要的思想是通过最大化目标函数的一个紧下限函数来间接地最大化目标函数，之所以用一个下限函数的原因是下限函数的最值比较容易求得。对于 GMM，在 E-step 试图猜测 $z^{(i)}$ 的值，也就是当前样本可能来自哪个 component，然后基于当前的猜想更新模型参数。算法如下。

E-step，对于每个 i、j 计算 $z^{(i)}$ 的后验概率：

$$w_j^i = p(z^{(i)} = j \mid x^{(i)};\Phi,\boldsymbol{\mu},\boldsymbol{\Sigma})$$

M-step，更新模型参数：

$$\left.\begin{aligned}
\phi_j &= \frac{1}{m}\sum_{i=1}^{m} w_j^{(i)} \\
\mu_j &= \frac{\sum_{i=1}^{m} w_j^{(i)} x^{(i)}}{\sum_{i=1}^{m} w_j^{(i)}} \\
\sum_j &= \frac{\sum_{i=1}^{m} w_j^{(i)}(x^{(i)}-\mu_j)(x^{(i)}-\mu_j)^{\mathrm{T}}}{\sum_{i=1}^{m} w_j^{(i)}}
\end{aligned}\right\} \tag{16.5}$$

注意 E-step 中的 w_j^i 的计算公式为：

$$\begin{aligned}
w_j^i &= p(z^{(i)} = j \mid x^{(i)};\Phi,\boldsymbol{\mu},\boldsymbol{\Sigma}) \\
&= \frac{p(x^{(i)} \mid z^{(i)} = j;\boldsymbol{\mu},\boldsymbol{\Sigma})p(z^{(i)} = j;\Phi)}{\sum_{l=1}^{k} p(x^{(i)} \mid z^{(i)} = l;\boldsymbol{\mu},\boldsymbol{\Sigma})p(z^{(i)} = l;\Phi)}
\end{aligned} \tag{16.6}$$

通过式(16.5)和式(16.6)不断迭代直到收敛(模型参数变化小于某一个阈值 ε)。

16.2 GMM 算法的 MATLAB 实践

16.2.1 生成一个高斯混合模型

利用 MATLAB 自带的机器学习工具箱中的高斯混合模型类，可以方便地生成多维高斯混合模型并执行一些模型拟合、聚类分类等工作。下面介绍 MATLAB 中与 GMM 相关的一些函数。

MATLAB 中生成一个高斯混合模型的函数是 gmdistribution()。这个函数的参数有均值、方差和每个成分的权重。一个实例代码如下(gmm_basic.m 文件的部分代码)：

```
%% 生成高斯混合模型
% 声明 GMM 需要的参数
clc
clear
close all
Mu = [1 2; -3 -5];                                  % 均值
Sigma = cat(3,[2 0;0 .5],[1 0;0 1]);                % 方差,cat 函数将两个矩阵在某个维上进行连接
P = ones(1,2)/2;                                    % 混合系数
% 创建 GMM 模型
gm = gmdistribution(Mu,Sigma,P);
% 显示 GMM 的属性
properties = properties(gm)
% 图示 GMM 的 PDF
gmPDF = @(x,y)pdf(gm,[x y]);
f = figure
set(f, 'Position', [100 100 800 500]);
p1 = subplot(121);
ezsurf(gmPDF,[-10 10],[-10 10])
title('PDF of the GMM');
set(p1, 'FontSize', 9)
% 图示 CDF
gmCDF = @(x,y)cdf(gm,[x y]);
p2 = subplot(122);
ezsurf(@(x,y)cdf(gm,[x y]),[-10 10],[-10 10])
title('CDF of the GMM');
set(p2, 'FontSize', 9)
```

笔记

在上面的脚本中，首先生成了一个具有两个成分的高斯混合模型。为了了解这个高斯类具有哪些属性和方法，可以用 properties()函数显示。最后图示了 GMM 的概率密度函数和累积概率密度函数，它的 PDF 和 CDF 如图 16.5 所示。

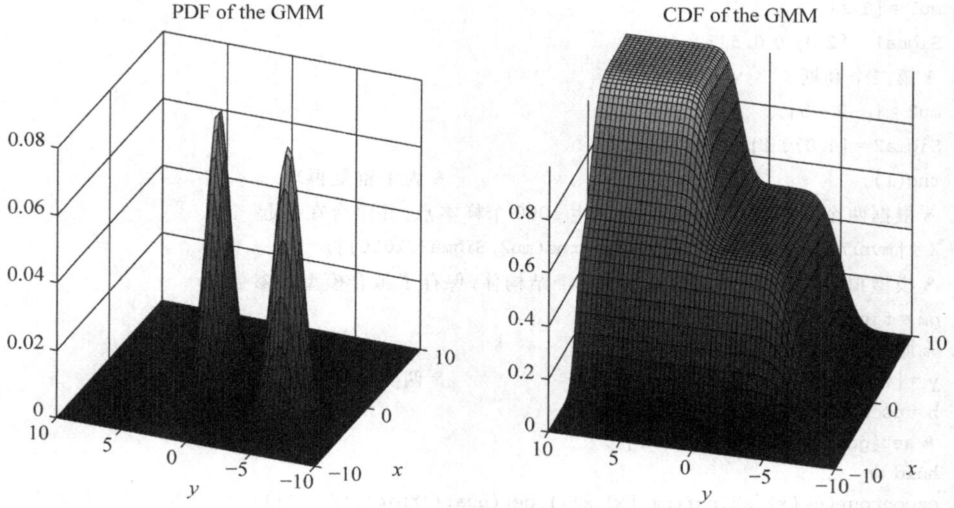

图 16.5 利用 MATLAB 函数生成高斯混合模型实例

从图 16.5 中可以看出，概率密度函数有两个尖峰，分别对应了两个单高斯成分。而累积概率密度是一个递增函数，从图中也能得到验证。

16.2.2 拟合 GMM

前面是已知 GMM 的均值、协方差矩阵和混合系数，产生了一个 GMM 模型。那么如果现在只有一些样本数据，不知道 GMM 的模型参数，怎样求出这些参数呢？这就是 GMM 的拟合问题。所用的算法就是之前介绍的 EM 算法。在 MATLAB 实现这个功能的函数是 fitgmdist()，下面是它的两种用法。

```
GMModel = fitgmdist(X,k)
GMModel = fitgmdist(X,k,Name,Value)
```

式中，**X** 是样本数据，k 是成分的个数，附加参数 Name、Value 是额外声明的字典形式的参数，如协方差矩阵的形式。一个实例如下(gmm_basic.m 文件的部分代码)：

```
%% 拟合一个 GMM 模型
% 产生两个二维的单高斯模型，并用来产生模拟数据
```

记笔记

```
close all
clear
%第一个高斯
mu1 = [1 2];
Sigma1 = [2 0; 0 0.5];
%第二个高斯
mu2 = [-3 -5];
Sigma2 = [1 0;0 1];
rng(1);                                           %为了重复再现
%根据两个高斯模型,分别随机产生 1000 个样本点,并组合在一起
X = [mvnrnd(mu1,Sigma1,1000);mvnrnd(mu2,Sigma2,1000)];
%模型拟合,声明两个成分,gm 是一个结构体,保存了拟合模型的参数
gm = fitgmdist(X, 2);
%画出拟合的高斯模型
y = [zeros(1000,1);ones(1000,1)];                 %两类数据的标签
h = gscatter(X(:,1),X(:,2),y);
%set(gca, 'YLim', [-10 10]);
hold on
ezcontour(@(x1,x2)pdf(gm,[x1 x2]),get(gca,{'XLim','YLim'}))
title('{\bf 散点图和拟合的高斯模型轮廓}')
legend(h,'Model 0','Model1', 'Location', 'SouthEast')
set(gca, 'YLim', [-8 8], 'XLim', [-6 6], 'FontSize', 9);
set(gcf, 'Position', [100 100 400 300]);
hold off
%打印参数
properties(gm)
gm.mu                                             %显示均值
gm.Sigma                                          %显示协方差矩阵
```

在上面的代码中,首先人工生成了两个二维单高斯模型的数据,分别如图 16.6(详见文前彩插)中红色点和蓝色点所示。然后调用了 fitgmdist 方法求解模型参数。图示可以看出拟合的模型和真实的数据分布十分接近。为了定量地观察拟合结果,下面给出拟合算法得到的模型均值和方差。从数值上可以看出,EM 算法得出的结果和真实分布很接近。

```
gm.mu =
    0.9812    2.0563
   -3.0377   -4.9859
gm.Sigma(:,:,1) =
    1.9919    0.0127
    0.0127    0.5533
```

笔记

```
gm.Sigma(:,:,2) =
     1.0132    0.0482
     0.0482    0.9796
```

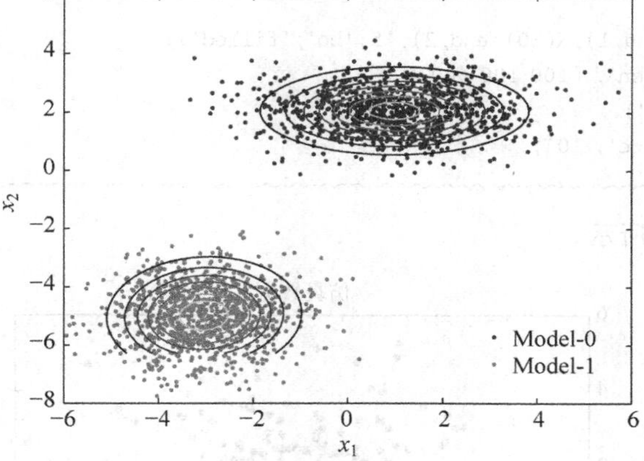

图 16.6 拟合高斯混合模型实例

16.2.3 GMM 聚类实例

GMM 常被用于聚类。通常给定一个样本点，为了把它归为合适的类别中，GMM 采用的思路是：计算这个样本点关于每个高斯成分的后验概率，然后选择后验概率最大的类别作为它的标签。在 MATLAB 中，可以利用 gmdistribution. cluster()函数完成这个功能。一般情况下，把一个点只归纳为一个 cluster 的情况，称为硬聚类(Hard Cluster)。还有一种情况，每个点都会针对每一个 cluster 计算一个分数(Score)，对于 GMM 来说，这个分数就是后验概率。在这种情况下，一个点(Query Point)可以属于多个类，也就是说它可能具有多个标签，称为软聚类(Soft Cluster)。

1. GMM 硬聚类

GMM 硬聚类方法可以分为以下步骤，其算法实现如下。

1) 产生数据(gmm_basic. m 文件的部分)

```
rng default;    % For reproducibility
mu1 = [1 2];
sigma1 = [3 0.2; 0.2 2];
```

记笔记

```
mu2 = [ - 1 - 2];
sigma2 = [2 0; 0 1];
%两个高斯的数据样本
X = [mvnrnd(mu1,sigma1,200); mvnrnd(mu2,sigma2,100)];
n = size(X,1);
scatter(X(1:200,1),X(1:200,2),15,'ro','filled');
hold on; box on
scatter(X(201:end,1),X(201:end,2),15,'bo','filled');
set(gcf, 'Position', [100 100 400 400]);
title('仿真数据');
set(gca, 'FontSize', 10);
```

结果如图 16.7 所示。

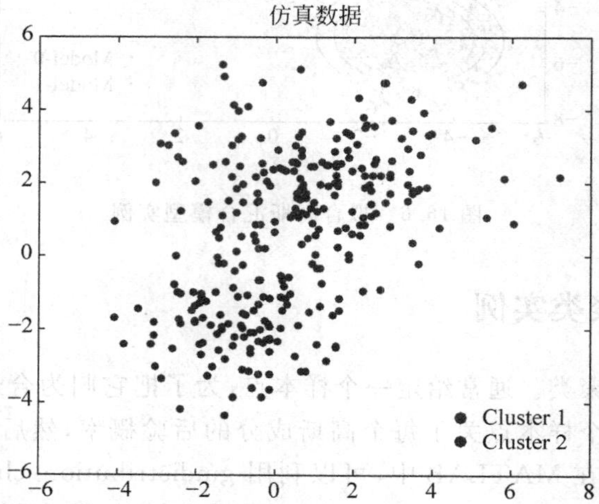

图 16.7　人工仿真数据

2）拟合模型（gmm_basic. m 文件的部分）

```
%可选参数设置(接上一段程序)
options = statset('Display','final');
gm = fitgmdist(X,2,'Options',options)
%画出拟合模型的投影散点图:
hold on
ezcontour(@(x,y)pdf(gm,[x y]),[ - 6 6],[ - 6 6]);
title('散点图和拟合 GMM 模型')
xlabel('x'); ylabel('y');
set(gcf, 'Position', [100 100 450 360]);
```

记笔记

拟合一个能够刻画仿真数据的高斯混合模型,效果如图 16.8 所示。

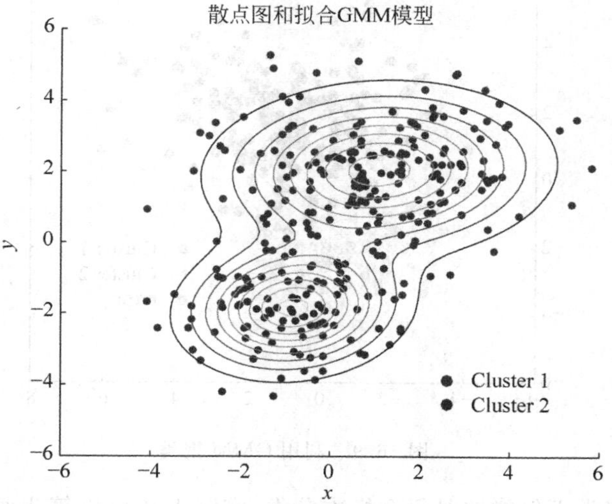

图 16.8 拟合的高斯混合模型

可以看出拟合模型有两个中心,分别代表两个高斯成分。

3）聚类

有了拟合模型就可以用 gmdistribution 的 cluster 方法来对数进行硬聚类,脚本如下(gmm_basic. m 文件的部分)：

```
%利用 cluster 方法聚类
idx = cluster(gm,X);
estimated_label = idx;
ground_truth_label = [ones(200,1); 2 * ones(100,1)];
k = find(estimated_label ~= ground_truth_label);
%标记错误分类的点为数字 3
idx(k,1) = 3;
figure;
gscatter(X(:,1),X(:,2),idx);
legend('Cluster 1','Cluster 2','error', 'Location','NorthWest');
title('GMM 聚类');
set(gcf, 'Position', [100 100 400 320]);
```

结果如图 16.9 所示。

图 16.9(详见文前彩插)中绿色的点和红色的点分别代表类别为 1 和 2 的样本点。蓝色表示分错的样本点。可以看出利用 GMM 能够获得很高的分类正确率。

记笔记

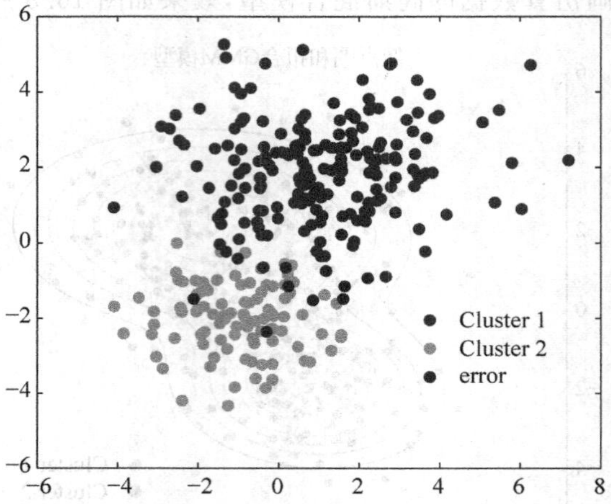

图 16.9 利用 GMM 聚类

利用 GMM 聚类不仅能够对每个样本分类,实际上还可以算出每个样本点对各个类别的后验概率,即隶属度。这里主要用到 posterior()函数,代码如下(gmm_basic.m 文件的部分):

```
%计算后验概率(接上文)
%p是 n*2 矩阵,每一行是一个样本点,每一列代表对于两个类的隶属度大小
P = posterior(gm,X);
%标记类别
cluster1 = (idx == 1);
cluster2 = (idx == 2);
figure;
%类别 1
scatter(X(cluster1,1),X(cluster1,2),15,P(cluster1,1),'+')
hold on
scatter(X(cluster2,1),X(cluster2,2),15,P(cluster2,1),'o')
hold off
clrmap = jet(80);
colormap(clrmap(9:72,:))
ylabel(colorbar,'属于类别 1 的后验概率')
title('隶属类别 1 的后验概率')
legend('cluster - 1', 'cluster - 2')
set(gcf, 'Position', [100 100 400 320]);
box on
```

记笔记

结果如图 16.10(详见文前彩插)所示。

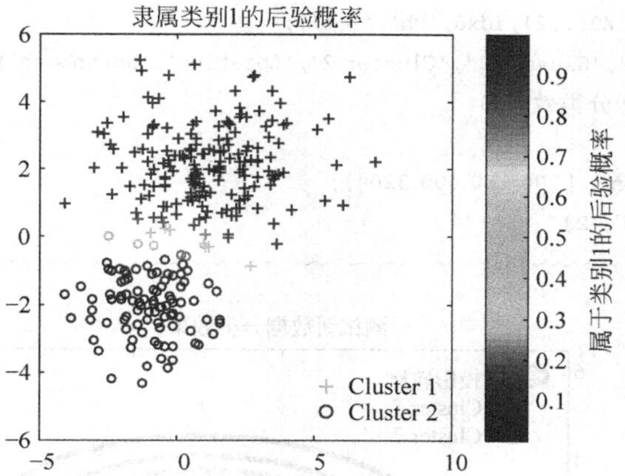

图 16.10 类别 1 的隶属度

在上面的代码中,利用 posterior()函数计算了每个样本的隶属度。然后通过 colorbar 显示出来。图中越接近红色表示属于类别 1 的概率越大,相反,越接近蓝色表示属于类别 2 的概率大。可以看出对于上下边缘的数据都有明确的类别标签,而对于中间分界处的数据就有些模棱两可,因为它属于两个类的概率都很大。这也是为什么这个区域的数据容易分错的原因。

4) 对新的数据分类

上面的实例展示了拟合模型在训练数据上的聚类效果。如果有一批新的数据点,不在训练集合中,那么这个方法的效果如何呢?下面的实例将会解决这个问题。首先在代码中生成一个高斯混合模型,利用 GMM 的 random 方法来随机地生成测试点。然后利用拟合模型的聚类方法,观察聚类效果(Newdata_Clu. m 文件),生成图像如图 16.11 所示,从图示中可以看出,生成的数据被很好地区分开来。

```
%% 产生 75 个测试点
Mu = [mu1; mu2];
Sigma = cat(3,sigma1,sigma2);
p = [0.75 0.25];
gmTrue = gmdistribution(Mu,Sigma,p);                     % 生成一个高斯混合模型
X0 = random(gmTrue,75);
% 新数据聚类
[idx0,~,P0] = cluster(gm,X0);
figure;
l = ezcontour(@(x,y)pdf(gm,[x y]),[min(X0(:,1)) max(X0(:,1))],...
    [min(X0(:,2)) max(X0(:,2))]);
```

记笔记

```
hold on;
gscatter(X0(:,1),X0(:,2),idx0,'rb','+o');
legend('投影轮廓','Cluster 1','Cluster 2','Location','NorthWest');
title('测试新数据分类效果')
hold off;
set(gcf, 'Position', [100 100 400 320]);
set(l, 'LineWidth', 2);
```

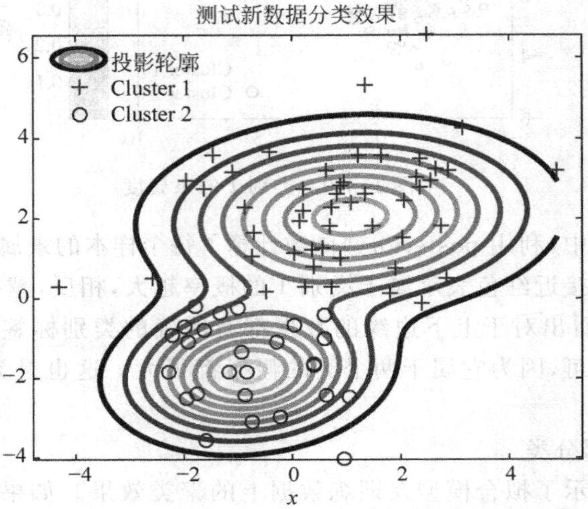

图 16.11 利用拟合模型对新的数据分类

2. GMM 软聚类

下面展示如何利用 GMM 软聚类。要实现 soft clustering 需要以下 3 个步骤。

(1) 为每一个 query point 计算它关于每个 cluster 的隶属度。这个隶属度用来描述这个点和每个类别的相似度。

(2) 根据隶属度的值排序。

(3) 通过分数决定这个点的所属类别。

对于以后验概率作为得分标准的算法，一个点通常被分配到具有最大后验概率的类别。但是，可能对于有些样本点，它们对于每个 cluster 的得分都很相近。那么这个点就同时可以具有其他 cluster 的属性。这就是软聚类。

同样地，采用相同的训练数据(硬聚类的数据)来实现软聚类的代码如下(gmm_basic.m 文件的部分)：

```
%% 软聚类的例子
clear; close all
rng(3)   % For reproducibility
mu1 = [1 2];
sigma1 = [3 0.2; 0.2 2];
mu2 = [ - 1 - 2];
sigma2 = [2 0; 0 1];
% 待聚类的数据
X = [mvnrnd(mu1,sigma1,200); mvnrnd(mu2,sigma2,100)];
gm = fitgmdist(X,2);
% 后验概率如果在[0.4, 0.6]范围内,则认为可以同时
threshold = [0.4 0.6];
% 用 posterior 函数求样本数据 X 关于每个成分的后验概率,P 是 n * k 矩阵
P = posterior(gm,X);
% n 是样本数,下面用 sort 函数对每个类的隶属度大小排序,这里只有两个类
n = size(X,1);
% order 返回隶属度值从小到大的对应样本的索引
[~,order] = sort(P(:,1));
figure
subplot(121)
plot(1:n,P(order,1),'r-',1:n,P(order,2),'b-', 'LineWidth', 1.5)
legend({'Cluster 1', 'Cluster 2'})
ylabel('隶属度')
xlabel('样本点')
title('GMM 聚类的隶属度曲线')
% 确定同时属于两个类的点
idx = cluster(gm,X);
idxBoth = find(P(:,1)>= threshold(1) & P(:,1)<= threshold(2));
% 返回同时属于两个 cluster 的样本个数
numInBoth = numel(idxBoth)
subplot(122)
gscatter(X(:,1),X(:,2),idx,'rb','po',5)
hold on
scatter(X(idxBoth,1),X(idxBoth,2), 30, 'b','filled')
legend({'Cluster 1','Cluster 2','Both Clusters'},'Location','SouthEast', 'FontSize', 8)
title('软聚类')
xlabel('$x$', 'Interpreter', 'Latex')
ylabel('$y$', 'Interpreter', 'Latex')
hold off
set(gcf, 'Position', [100 100 600 260]);
```

记笔记

在上面的代码中，首先是生成了训练数据 ***X***，然后调用 fitgmdist 函数拟合一个高斯混合模型，最后调用 posterior 函数显示每个样本对于各个类别的隶属度，并在图中显示，如图 16.12 所示(详见文前彩插)。

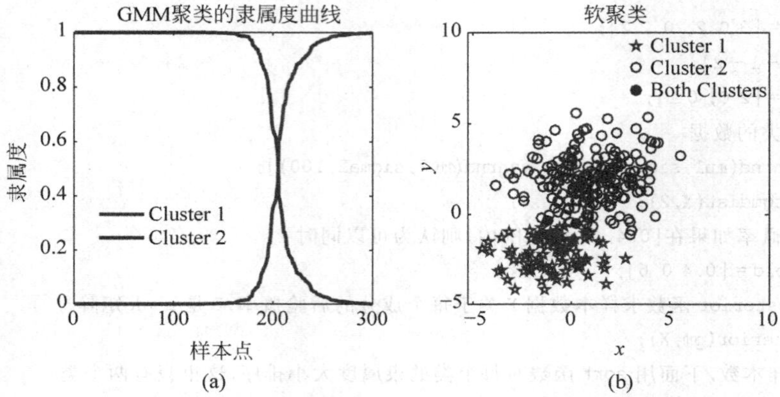

图 16.12　隶属度值和软聚类

图 16.12 中的两条曲线分别展示了 300 个样本点在两个类中的隶属度值。如果是在散点图中，那么不容易看出两个类的分界线。但是在图 16.12(a)中，明显可以看到过渡区域交叉的现象。在这个区域内的点就可以同时归到两个类。图 16.12(b)中蓝色实心的圆点表示同时属于两个类的点，在本例中有两个这样的点。

3. GMM 的协方差矩阵的结构

在本章前面介绍了一个实例，为了说明 GMM 的效果，实例中协方差矩阵有几个不同选项，导致拟合的结果也不相同。下面将进一步探讨这个问题。

协方差的形式会影响聚类的效果和拟合的模型参数，表现为图中投影轮廓曲线的形状和方向的不同。如果协方差矩阵是对角阵，那么椭圆的主轴平行于坐标轴。如果协方差阵是单位阵 $\boldsymbol{I}$ 或 $\sigma\boldsymbol{I}$，那么投影将是一个圆。这时候类似于 k-means 聚类算法。当协方差矩阵是任意的矩阵时，投影视图是任意方位的椭圆或椭球体。在 MATLAB 的 GMM 模型中，协方差矩阵有以下两种情况。

(1) 由于有 k 个成分，就有 k 个协方差矩阵。因此第一种情况是这 k 个协方差矩阵是否相同，在 MATLAB 中对应的属性是'CovarianceType'和'SharedCovariance'。

(2) 每个协方差矩阵是对角的矩阵还是一般的矩阵，对应属性是'diagnonal'和'full'。

上述共计会产生 4 种情况，不同情况的结果参照图 16.4 所示。

16.3 GMM的改进及MATLAB实践

16.3.1 GMM的正则化

当拟合数据具有较高的相关性时,求解协方差矩阵时容易出现奇异解,因而是病态的。为了解决这个问题,可以借助正则化手段。使用MATLAB自带的函数GMM时,为了引入正则化,可以在fitgmdist函数中增加“RegularizationValue”属性实现正则化的效果[5]。GMM使用正则化的实例如下(gmm_update.m文件部分程序):

```
mu1 = [1 2];
Sigma1 = [1 0; 0 1];
mu2 = [3 4];
Sigma2 = [0.5 0; 0 0.5];
rng(1); % For reproducibility
X1 = [mvnrnd(mu1,Sigma1,100);mvnrnd(mu2,Sigma2,100)];
%这里第三列和前两列是线性相关的,因此容易出现病态的情况
X = [X1,X1(:,1) + X1(:,2)];
rng(1);                                    %为了重复,fit GMM初始值的选取是随机的
try
    gm = fitgmdist(X,2)
catch exception
    disp('拟合时出现了问题')
    error = exception.message
end
gm = fitgmdist(X,2,'RegularizationValue',0.1)
%利用cluster方法聚类
idx = cluster(gm,X);
estimated_label = idx;
ground_truth_label = [2 * ones(100,1); ones(100,1)];
k = find(estimated_label ~= ground_truth_label);
%标记错误分类的点为数字3
idx(k,1) = 3;
cluster1 = idx == 1;
cluster2 = idx == 2;
cluster3 = idx == 3
%绘图
```

记笔记

```
subplot(121)
scatter3(X(1:100,1),X(1:100,2),X(1:100,3), 15, 'r','filled');
hold on
scatter3(X(101:end,1),X(101:end,2),X(101:end,3), 15, 'b','filled');
title('原始数据')
legend('Model - 0','Model - 1', 'Location', 'SouthEast')
% set(gca, 'YLim', [ - 8 6], 'XLim', [ - 6 6], 'FontSize', 9);
set(gcf, 'Position', [100 100 400 300]);
hold off
subplot(122)
scatter3(X(cluster1,1),X(cluster1,2),X(cluster1,3), 15, 'b','filled');
hold on
scatter3(X(cluster2,1),X(cluster2,2),X(cluster2,3), 15, 'r','filled');
scatter3(X(cluster3,1),X(cluster3,2),X(cluster3,3), 20, 'g','filled');
title('聚类结果')
legend('Model - 0','Model - 1', 'error', 'Location', 'SouthEast')
set(gcf, 'Position', [100 100 800 300]);
hold off
```

在上面的脚本程序中，首先也人为地生成了训练数据 $\boldsymbol{X}$，$\boldsymbol{X}$ 是一个 200×3 的矩阵。也就是 200 个样本点，每个样本具有 3 个特征。但是与之前的训练集不同，样本集 $\boldsymbol{X}$ 的特征不是独立的，具体来说是线性相关的。这样直接用 EM 算法就会出错，因为会出现奇异矩阵求逆的运算。在程序中使用了 try-catch 语句来捕捉这种错误。一旦发现这种错误，就选用带正则项的算法来拟合 GMM。最后针对这样一个具有相关变量的训练集，利用 GMM 聚类获得的结果如图 16.13 所示。

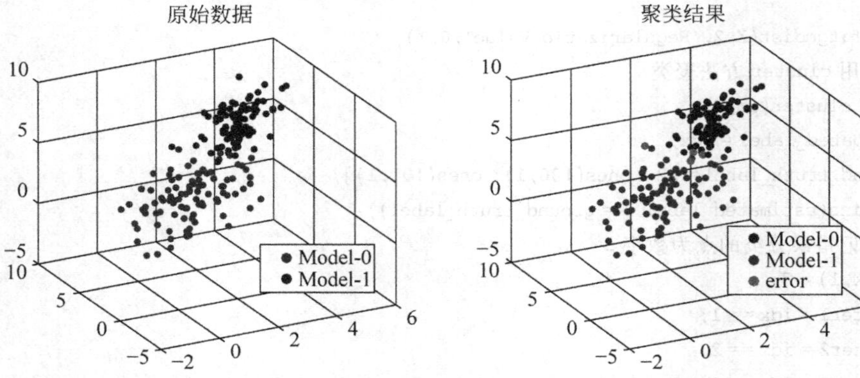

图 16.13 使用正则化的 GMM 进行聚类

读者可能会疑惑，到底什么时候需要用正则化。一个简单的做法就是，任何时候都可以用正则化。如果希望对具体问题分析，可以总结出以下几种需要用到正则化的情况，分别是训练数据太少、k 的取值太大、变量之间具有高的相关性。

16.3.2 GMM 中 k 的选择问题

GMM 模型在拟合时，需要提前指定高斯成分的个数，也即是 k 值。不同的 k 产生的结果差别很大。如何选择一个合适的 k 呢，当然可以利用交叉验证的方法，或者通过 BIC 准则来选择。这里首先介绍一种利用主成分分析(PCA)进行 k 选择的方法。

用 PCA 方法选择 k 的主要思想是：先利用 PCA 对原始的高维数据降维，使得能够对降维后的数据可视化(一般是二维)。然后对降维后的数据训练 GMM 模型，测试不同 k 的效果，通过可视化的分类图选择合适的 k。一个实例如下(gmm_update.m 文件部分程序)：

```
%% 拟合 GMM 时的 k 选择问题
close all
clear
% 利用 PCA 数据探索
% 加载数据集,这个数据集在 UCI,具体信息可以查看 UCI 网站
load fisheriris
classes = unique(species)
% meas 是主要特征数据,四维
% 用 PCA 算法对原始数据降维,score 是特征值从大到小排列的结果
[~,score] = pca(meas,'NumComponents',2);
% 分别尝试使用不同的 k 来拟合数据
GMModels = cell(3,1);      % 存储 3 个不同的 GMM 模型
% 参数声明,最大迭代次数
options = statset('MaxIter',1000);
rng(1); % For reproducibility
% 尝试选择不同的 components 来拟合模型
for j = 1:3
    GMModels{j} = fitgmdist(score,j,'Options',options);
    fprintf('\n GM Mean for % i Component(s)\n',j)
    Mu = GMModels{j}.mu
end
figure
for j = 1:3
    subplot(2,2,j)
    % gscatter 可以根据组(也就是 label)区分画出散点图
    % 这里用了二维的信息,可视化
```

```
        gscatter(score(:,1),score(:,2),species)
        h = gca;
        hold on
        ezcontour(@(x1,x2)pdf(GMModels{j},[x1 x2]),...
            [h.XLim h.YLim],100)
        title(sprintf('GMM 模型 (k = %i) ',j));
        xlabel('第一主轴');
        ylabel('第二主轴');
        if(j ~= 3)
            legend off;
        end
        set(gca, 'FontSize', 10);
        hold off
    end
    g = legend;
    g.Position = [0.7 0.25 0.1 0.1];
    set(gcf, 'Position', [100 100 500 400]);
```

在这段代码中，训练集选用的是鸢尾花数据集。首先调用 PCA 方法对进行特征筛选，只保留特征值最大的两个主轴。然后用这两个特征训练高斯混合模型。在模型中分别选择了不同的 k。模型的训练结果如图 16.14（详见文前彩插）所示，从图中可以看出，当 $k=3$ 时，拟合的模型更能刻画原始数据的分布，这和实际也是符合的。因为实际上就

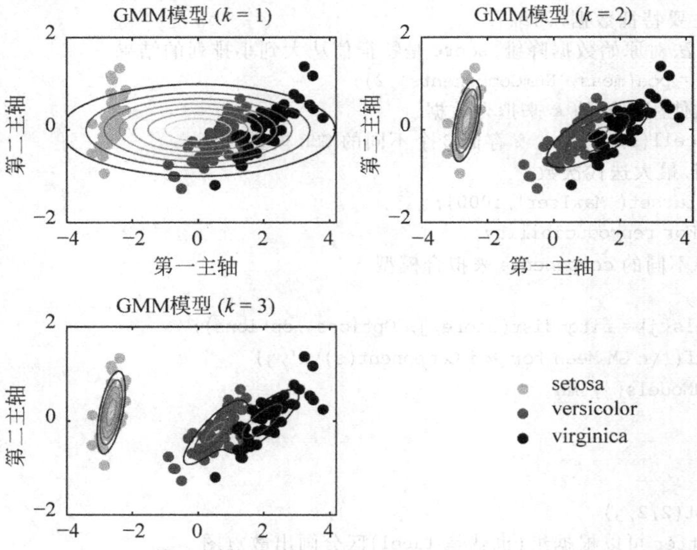

图 16.14　GMM 中使用不同 k 的效果

是 3 个 Cluster。

上面只是定性地从图上得出 $k=3$ 的结论。也可以通过定量地分析各个模型的负对数似然函数值(损失函数,越小越好)来选择模型。经过训练得到的数据如表 16.1 所示。

表 16.1 不同模型参数指标

k 值	AIC	BIC	-ll
1	863.2	878.3	426.6
2	600.2	633.3	289.1
3	596.0	647.1	281.0

其中-ll 的值越小越好,所以从定量计算上来说,$k=3$ 的结果优于其他两种。

另一种方法就是计算 AIC 指标。对于 GMM 类有一个 AIC 方法,直接调用 gm. AIC 就能获得它的值。选择 AIC 最小值对应的 k 就是最佳的成分个数。

16.3.3 GMM 拟合的初始值选择问题

GMM 利用 EM 算法进行模型拟合的时候,需要给定初始值,初始值包括每个成分的均值和协方差矩阵。初始值不同可能会得到不同的拟合结果。在 MATLAB 的 fitgmdist 方法中,默认情况下算法会随机地选择 k 个点作为中心点;协方差矩阵是一个对角阵,对角阵上第 j 个元素的值是特征 j(实际上就是第 j 列的样本)的方差;而初始的混合系数取相等的值。实际上可以自定义这些值,也可以通过 k-means 算法来获得初始的均值和协方差矩阵。下面的实例展示如何设置不同的初始值,并比较它们的结果(gmm_update. m 文件部分程序)。

```
%% 拟合高斯混合模型时,设置初始值
clear
close all
% 加载数据集,并且只使用后两个特征
load fisheriris
X = meas(:,3:4);
% 利用默认的初始值拟合一个 GMM,声明 k = 3
rng(10);                                    % For reproducibility
GMModel1 = fitgmdist(X,3);
% 拟合一个 GMM,声明每个训练样本的标签
% y 中的数字代表不同的种类
y = ones(size(X,1),1);
y(strcmp(species,'setosa')) = 2;
```

笔记

```
y(strcmp(species,'virginica')) = 3;
%拟合模型
GMModel2 = fitgmdist(X,3,'Start',y);
%拟合一个 GMM,显式地声明初始均值、协方差和混合系数
Mu = [1 1; 2 2; 3 3];                    %均值
Sigma(:,:,1) = [1 1; 1 2];               %每个成分的协方差矩阵
Sigma(:,:,2) = 2 * [1 1; 1 2];
Sigma(:,:,3) = 3 * [1 1; 1 2];
PComponents = [1/2,1/4,1/4];             %混合系数
S = struct('mu',Mu,'Sigma',Sigma,'ComponentProportion',PComponents);
GMModel3 = fitgmdist(X,3,'Start',S);
%利用 gscatter 函数绘图
figure
subplot(2,2,1)
%原始样本
h = gscatter(X(:,1),X(:,2),species,[],'o',4);
haxis = gca;
xlim = haxis.XLim;
ylim = haxis.YLim;
d = (max([xlim ylim]) - min([xlim ylim]))/1000;
[X1Grid,X2Grid] = meshgrid(xlim(1):d:xlim(2),ylim(1):d:ylim(2));
hold on
%GMM 模型轮廓图
contour(X1Grid,X2Grid,reshape(pdf(GMModel1,[X1Grid(:) X2Grid(:)]),...
    size(X1Grid,1),size(X1Grid,2)),20)
uistack(h,'top')
title('{\bf 随机初始值}');
xlabel('Sepal length');
ylabel('Sepal width');
legend off;
hold off
subplot(2,2,2)
h = gscatter(X(:,1),X(:,2),species,[],'o',4);
hold on
contour(X1Grid,X2Grid,reshape(pdf(GMModel2,[X1Grid(:) X2Grid(:)]),...
    size(X1Grid,1),size(X1Grid,2)),20)
uistack(h,'top')
title('{\bf 根据标签确定初始值}');
xlabel('Sepal length');
```

记笔记

```
ylabel('Sepal width');
legend off
hold off
subplot(2,2,3)
h = gscatter(X(:,1),X(:,2),species,[],'o',4);
hold on
contour(X1Grid,X2Grid,reshape(pdf(GMModel3,[X1Grid(:) X2Grid(:)]),...
    size(X1Grid,1),size(X1Grid,2)),20)
uistack(h,'top')
title('{\bf 给定初始值}');
xlabel('Sepal length');
ylabel('Sepal width');
legend('Location',[0.7,0.25,0.1,0.1]);
hold off
% 显示估计模型的均值
table(GMModel1.mu,GMModel2.mu,GMModel3.mu,'VariableNames',...
    {'Model1','Model2','Model3'})
```

在这段脚本中，构建了 3 个高斯混合模型。用相同的数据集训练这 3 个模型。不同的是拟合模型的初始条件不同，最后获得的模型也不同，如图 16.15 所示，从图中可以看出 Model2 更符合数据的分布规律。

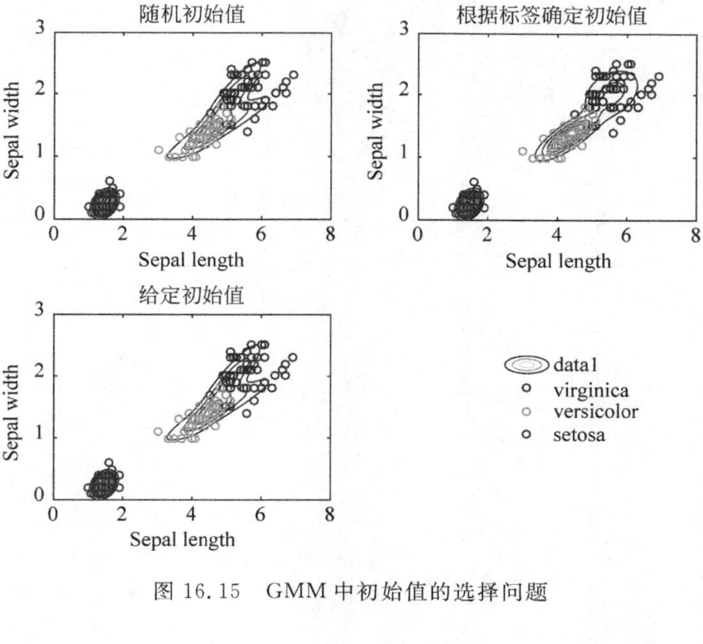

图 16.15 GMM 中初始值的选择问题

参 考 文 献

[1] https://en.wikipedia.org/wiki/Mixture_model.

[2] 宋杨，段福亮. 基于高斯混合模型的运动目标检测算法研究[D]. 兰州：兰州大学，2008.

[3] Xuan G, Zhang W, Chai P. EM algorithms of Gaussian mixture model and hidden Markov model [C]//Image Processing, 2001. Proceedings. 2001 International Conference on. IEEE, 2001, 1: 145-148.

[4] 孙广玲，唐降龙. 基于分层高斯混合模型的半监督学习算法[J]. 计算机研究与发展，2004，41(1)：156-161.

[5] 王光新，王正明，段晓君. 基于广义高斯噪声分布模型的迭代正则化图像复原[J]. 中国图象图形学报：A辑，2004，9(8)：978-983.

第17章

DBSCAN算法

源码

DBSCAN(Density-Based Spatial Clustering of Applications with Noise)[1]是一个比较有代表性的基于密度的聚类算法。与划分和层次聚类方法不同，它将簇定义为密度相连的点的最大集合，把具有足够高密度的区域划分为簇，并可在具有噪声的空间数据库中发现任意形状的聚类。

17.1 DBSCAN 算法原理

17.1.1 DBSCAN 算法的基本概念

DBSCAN 是一个基于密度的聚类算法。基于密度的聚类是寻找被低密度区域分离的高密度区域。因此，首先要讨论下密度的定义。数据集中特定点的密度可以通过该点 Eps 半径之内的点计数(包括本身)来估计。基于这个测度，在 DBSCAN 中将点分为 3 类：稠密区域内部的点(核心点)、稠密区域边缘上的点(边界点)和稀疏区域中的点(噪声或背景点)[1]。

更加数学化的定义如下。

核心点(Core Point)：在半径 Eps 内含有超过 MinPts 数目的点，则该点为核心点，这些点都是在簇内的。

边界点(Border Point)：在半径 Eps 内点的数量小于 MinPts，但是属于核心点的邻居。

噪声点(Noise Point)：任何不是核心点或边界点的点。

Eps 是一个全局的给定的半径，MinPts 决定了成为核心点至少需要的数据点个数。

为了便于理解,通过一个实例解释。如图 17.1 所示,取 MinPts=5,在点 A 的 Eps 领域内,点的个数等于 3,小于 MinPts,因此是噪声点。在点 B 的 Eps 领域内,点的个数等于 6,是一个核心点。在点 C 的 Eps 领域内点的个数是 4,因此它不是一个核心点,但是该点处于 B 核心点的邻域内,因而是一个边界点。有了这个直观的认识,可以定义如下的概念。

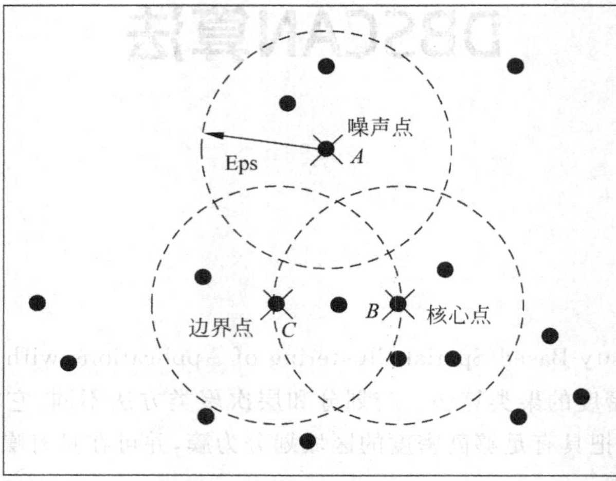

图 17.1 核心点、边界点和噪声点举例

Eps 邻域:给定对象半径大小为 Eps 区域内的状态空间称为该对象的 Eps 邻域,用 $N_{\text{Eps}}(p)$ 表示点 p 的 Eps 半径内的点的集合,即

$$N_{\text{Eps}}(p)=\{q \mid q \text{ 在数据集 } D \text{ 中}, \text{distance}(p,q) \leqslant \text{Eps}\}$$

核心对象:如果对象的 Eps 邻域至少包含最小数目 MinPts 个对象,则称该对象为核心对象。

边界点:边界点不是核心点,但落在某个核心点的邻域内。

噪声点:既不是核心点,也不是边界点的任何点。

直接密度可达:给定一个对象集合 $\boldsymbol{D}$,如果 p 在 q 的 Eps 邻域内,而 q 是一个核心对象,则称对象 p 从对象 q 出发时是直接密度可达的(Directly Density-Reachable)。

密度可达:如果存在一个对象链 $p_1,p_2,\cdots,p_n,p_1=q,p_n=p$,对于 $p_i\in D(1\leqslant i\leqslant n)$,$p_{i+1}$ 是从 p_i 关于 Eps 和 MinPts 直接密度可达的,则对象 p 是从对象 q 关于 Eps 和 MinPts 密度可达的(Density-Reachable)。

密度相连:如果存在对象 $O\in \boldsymbol{D}$,使对象 p 和 q 都是从 O 关于 Eps 和 MinPts 密度可达的,那么对象 p 到 q 是关于 Eps 和 MinPts 密度相连的(Density-Connected)。

如图 17.2 所示,Eps 用一个相应的半径表示,设 MinPts=3,分析 Q、M、P、S、O、R 这 5 个样本点之间的关系。由于有标记的各点 M、P、O 和 R 的 Eps 近邻均包含 3 个以上的点,因此它们都是核对象;M 是从 P"直接密度可达"的;而 Q 则是从 M"直接密度可达"

记笔记

的；基于上述结果，Q 是从 P"密度可达"的；但 P 从 Q 无法"密度可达"（非对称）的。类似地，S 和 R 从 O 是"密度可达"的；O、R 和 S 均是"密度相连"的。

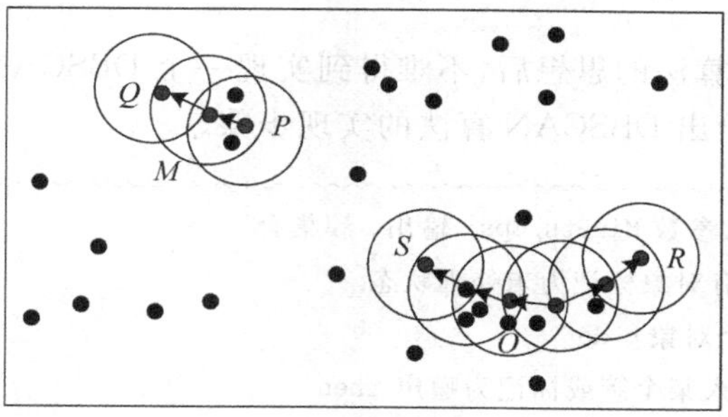

图 17.2　几个概念的直观解释

17.1.2　DBSCAN 算法原理

有了上面的基本概念后，就可以掌握 DBSCAN 算法的核心思想。

（1）DBSCAN 通过检查数据集中每点的 Eps 邻域来搜索簇，如果点 p 的 Eps 邻域包含的点多于 MinPts 个，则创建一个以 p 为核心对象的簇。

（2）然后，DBSCAN 迭代地聚集从这些核心对象直接密度可达的对象，这个过程可能涉及一些密度可达簇的合并。

（3）当没有新的点添加到任何簇时，该过程结束。

聚类过程如图 17.3 所示（详见文前彩插），首先找到一个核心对象，假设为 A，以 A 为核心创建一个簇，此时的簇包含绿色箭头相连的点，这些点是直接密度可达的。然后，再考察直接密度可达的对象，发现点 B 也是一个核心对象，它的直接密度可达对象可以拓展到浅蓝色箭头相连的点，此时就有了两个簇，由于它们足够接近，因此有理由把它们合并。依次循环这个过程，直到遍历完所有的点。最终形成了红色阴影区域和蓝色阴影区域两个类。

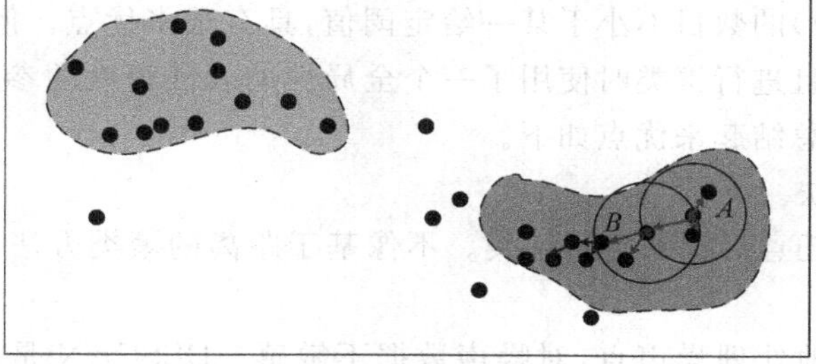

图 17.3　DBSCAN 算法聚类的过程

记笔记

17.1.3 DBSCAN 算法的实现步骤

了解了 DBSCAN 算法的思想后，不难得到实现一个 DBSCAN 算法的大体步骤。下面将以伪代码的形式给出 DBSCAN 算法的实现步骤。

```
%% 输入：数据集 D,参数 MinPts,Eps; 输出：簇集合
将数据集 D 中的所有对象标记为未处理状态
for 数据集 D 中每个对象 p do
    if  p 已经归入某个簇或标记为噪声 then
        continue;
    else
检查对象 p 的 Eps 邻域 N_Eps(p);
    if  N_Eps(p)包含的对象数小于 MinPts then
标记对象 p 为边界点或噪声点;
    else
标记对象 p 为核心点,并建立新簇 C, 并将 p 邻域内所有点加入 C
    For N_Eps(p)中所有尚未被处理的对象 q   do
检查其 Eps 邻域 N_Eps(p),若 N_Eps(p)包含至少 MinPts 个对象,则将 N_Eps(p)中未归入任何一个簇的对象加入；
            end for
        end if
    end if
end for
```

17.1.4 DBSCAN 算法的优缺点

DBSCAN 算法是基于密度的聚类算法，即要求聚类空间中的一定区域内所包含对象（点或其他空间对象）的数目不小于某一给定阈值，具有很多优点。但是由于它直接对整个数据库进行操作且进行聚类时使用了一个全局性的表征密度的参数，因此也具有两个比较明显的弱点。总结起来优点如下。

（1）聚类速度快。

（2）能够发现任意形状的空间聚类。不像基于距离的聚类方法，如 k-means 聚类的结果倾向于球状。

（3）能够有效地处理噪声点，对噪声数据不敏感。DBSCAN 是基于密度，而噪声点

记笔记

往往是少数的异常点，因而是稀疏的。所以在聚类过程中会自然地被排除在簇之外。而对于基于距离的聚类方法，噪声点很容易影响聚类的中心和分布，从而得到不理想的聚类效果。

(4) 与 k-means 比起来，不需要输入划分的聚类个数。

(5) 可以在需要时输入过滤噪声的参数。

(6) 聚类簇的形状没有偏倚。

它的缺点如下。

(1) 当数据量增大时，要求较大的内存支持，且 I/O 消耗也很大。

(2) 当空间聚类的密度不均匀、聚类间距差相差很大时，聚类质量较差(有些簇内距离较小，有些簇内距离很大，但是 Eps 是确定的，所以，如果 Eps 偏小，距离稍大的点可能被误判断为离群点或边界点，如果 Eps 偏大，那么小距离的簇内，可能会包含一些离群点或边界点，KNN 算法的 k 值的选取也存在同样的问题)。

17.2 DBSCAN 算法的改进

17.2.1 DPDGA 算法

DPDGA(Data Partition DBSCAN using Genetic Algorithm，DPDGA)[3] 算法采用基于遗传算法的方法确定聚类中心。这种基于遗传算法的初始聚类中心获取方法采用了 k-means 算法的基本思想，但是它使用遗传算法而不是一般的迭代来进行逐步的优化。在使用基于遗传算法的方法获得较优的初始聚类中心后，DPDGA 算法根据获得的初始聚类中心点划分数据集。对于划分得到的各个局部数据集，分别计算每个局部数据集的参数 MinPts，然后对各个局部数据集分别使用 DBSCAN 算法进行聚类，最后合并各局部数据集的聚类结果。DPDGA 算法由于划分了数据集，降低了对主存的要求。算法中提出了计算各局部数据集参数的方法，对于分布不均匀的数据集，由于各个局部采用不同的参数值，使得算法对全局参数的依赖性降低，聚类质量更好[2,3]。

17.2.2 并行 DBSCAN 算法

根据 DBSCAN 存在的问题，可以使用“分而治之”和高效的并行算法思想，把数据划分为分布均匀的网格，对每个网格单独处理，分配网格到多个处理机共同聚类。这样一方面克服了全局变量 Eps 的影响，提高了聚类质量；另一方面提高了聚类效率，也降低了 DBSCAN 对主存的较高要求。

记笔记

17.3 DBSCAN 算法的 MATLAB 实践

DBSCAN 的 Matlab 函数实现过程中包含 3 个子函数：dbscan. m 是核心代码，完成聚类功能；CalDistance 用于计算任意两点的距离，这个距离可以是广义的距离，代码中实现的是欧氏距离；Epsilon. m 是可选项，主要用来确定参数 Eps，即每次拓展的区域的大小。下面展示一个利用 DBSCAN 算法进行聚类的实例，聚类的数据由两个不同均值的高斯分布产生，与第 16 章用到的数据相同。实例代码如下(demo_dbscan. m 文件)：

```
%% 产生数据
clear; close all
rng default;  % For reproducibility
mu1 = [1 2];
sigma1 = [3 0.2; 0.2 2];
mu2 = [ - 2 - 4];
sigma2 = [2 0; 0 1];
X = [mvnrnd(mu1,sigma1,200); mvnrnd(mu2,sigma2,100)];        % 两个高斯的数据样本
n = size(X,1);
% dbscan 聚类
label = dbscan(X,6);
```

DBSCAN 算法的实现代码如下(dbscan. m 文件)：

```
function class = dbscan(data, Minpts, varargin)
% 利用 dbscan 算法对数据 x 聚类
% 输入:
%       data: m * n, m objects and n features;
%       Eps: radius;
%       Minpts: values used for define core points
% 输出:
%       cluter: cluster labels for non - noiose data points
% 定义参数 Eps 和 MinPts
MinPts = Minpts;
if nargin > 2
    Eps = varargin{1};
else
    % epsilon 函数用于计算领域的半径
```

记笔记

```
    Eps = epsilon(data, Minpts);
end
[m,n] = size(data);                          % 得到数据的大小
x = [(1:m)' data];
[m,n] = size(x);                             % 重新计算数据集的大小
types = zeros(1,m);                          % 用于区分核心点 1,边界点 0 和噪声点 -1
dealed = zeros(m,1);                         % 用于判断该点是否处理过,0 表示未处理过
dis = calDistance(x(:,2:n));
number = 1;                                  % 用于标记类
% 对每一个点进行处理
for i = 1:m
    % 找到未处理的点
    if dealed(i) == 0
        xTemp = x(i,:);
        D = dis(i,:);                        % 取得第 i 个点到其他所有点的距离
        ind = find(D <= Eps);                % 找到半径 Eps 内的所有点
        % 区分点的类型
        % 边界点
        if length(ind) > 1 && length(ind) < MinPts + 1
            types(i) = 0;
            class(i) = 0;
        end
        % 噪声点
        if length(ind) == 1                  % 和自己的距离
            types(i) = -1;
            class(i) = -1;
            dealed(i) = 1;
end
        % 核心点(此处是关键步骤)
if length(ind) >= MinPts + 1
            types(xTemp(1,1)) = 1;
            class(ind) = number;
            % 判断核心点是否密度可达
            while ~isempty(ind)
                yTemp = x(ind(1),:);
                dealed(ind(1)) = 1;
                ind(1) = [];
                D = dis(yTemp(1,1),:);       % 找到与 ind(1)之间的距离
                ind_1 = find(D <= Eps);
                if length(ind_1)>1           % 处理非噪声点
                    class(ind_1) = number;
                    if length(ind_1) >= MinPts + 1
```

```
                        types(yTemp(1,1)) = 1;
                    else
                        types(yTemp(1,1)) = 0;
                    end
                    for j = 1:length(ind_1)
                        if dealed(ind_1(j)) == 0
                            dealed(ind_1(j)) = 1;
                            ind = [ind ind_1(j)];
                            class(ind_1(j)) = number;
                        end
                    end
                end
            end
            number = number + 1;
        end
    end
end
% 最后处理所有未分类的点为噪声点
ind_2 = find(class == 0);
class(ind_2) = -1;
types(ind_2) = -1;
% 画出最终的聚类图
% 原始类别图
figure('Position',[20 20 600 300]);
subplot(121);
scatter(data(1:200,1),data(1:200,2),15,'ro','filled');
hold on
scatter(data(201:end,1),data(201:end,2),15,'bo','filled')
title('真实的聚类结果');
subplot(122);
hold on
for i = 1:m
    if class(i) == -1
        plot(data(i,1),data(i,2),'.r');
    elseif class(i) == 1
        if types(i) == 1
            plot(data(i,1),data(i,2),'+b');
        else
            plot(data(i,1),data(i,2),'.b');
        end
    elseif class(i) == 2
```

记笔记

```
        if types(i) == 1
            plot(data(i,1),data(i,2),'+g');
        else
            plot(data(i,1),data(i,2),'.g');
        end
    elseif class(i) == 3
        if types(i) == 1
            plot(data(i,1),data(i,2),'+c');
        else
            plot(data(i,1),data(i,2),'.c');
        end
    else
        if types(i) == 1
            plot(data(i,1),data(i,2),'+k');
        else
            plot(data(i,1),data(i,2),'.k');
        end
    end
end
hold off
title(sprintf('DBSCAN 算法(MinPts = %d)', Minpts));
```

在上面的主程序中调用了一个 epsilon()子函数，它的作用是计算领域的半径，代码如下(epsilon.m 文件)：

```
function [Eps] = epsilon(x,k)
% 根据数据计算 DBSCAN 算法的邻域半径
% 输入:
% x - data matrix (m,n); m - objects, n - variables
% k - number of objects in a neighborhood of an object
% 输出:
%   radius calculate by given MinPts and datase
[m,n] = size(x);
Eps = ((prod(max(x) - min(x)) * k * gamma(.5 * n + 1))/(m * sqrt(pi.^n))).^(1/n);
```

代码中首先人工构造了一个训练集，然后调用 dbscan()函数进行聚类。当 MinPts=6 时，DBSCAN 算法聚类效果如图 17.4(详见文前彩插)所示。

图 17.4(b)中红色点表示噪声，蓝色圆点是边界点。蓝色和绿色分别代表两个类。与真实的距离结果对比，可看出 DBSCAN 算法的聚类效果较好。

记笔记

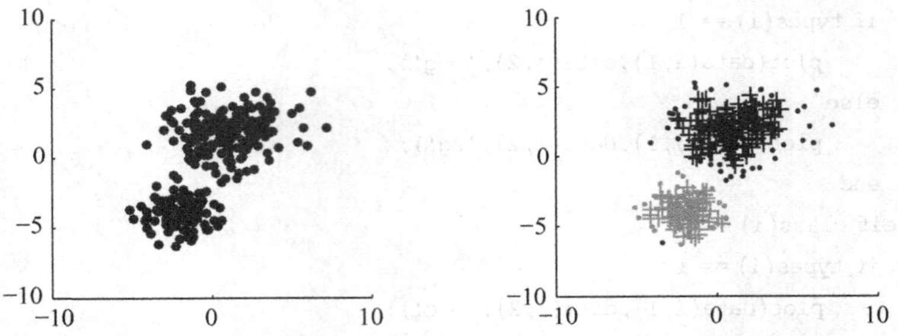

(a) 真实的聚类结果　　(b) DBSCAN算法(MinPts=6)

图 17.4　DBSCAN(MinPts＝6)预测与真实结果对比

当 MinPts＝10 时，聚类效果如图 17.5(详见文前彩插)所示。从图中可观测出，DBSCAN 算法并没有很好地把两类数据分开。

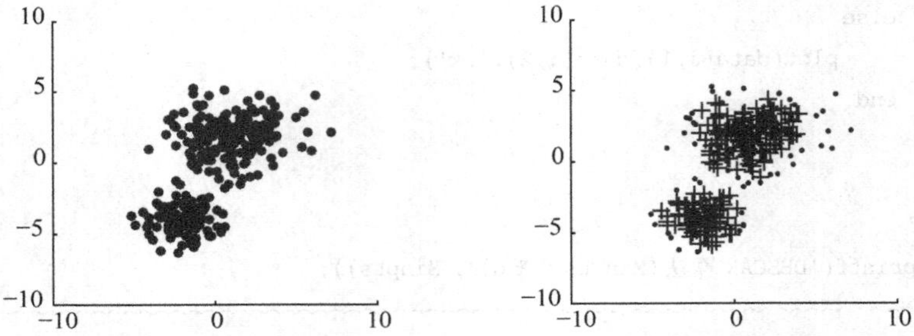

(a) 真实的聚类结果　　(b) DBSCAN算法(MinPts=10)

图 17.5　DBSCAN(MinPts＝10)预测与真实结果对比

当 MinPts＝2 时，聚类效果如图 17.6(详见文前彩插)所示。从图中可观测出，此时出现了 4 个类别，与实际不符。可见，DBSCAN 算法对于参数的选择很敏感。

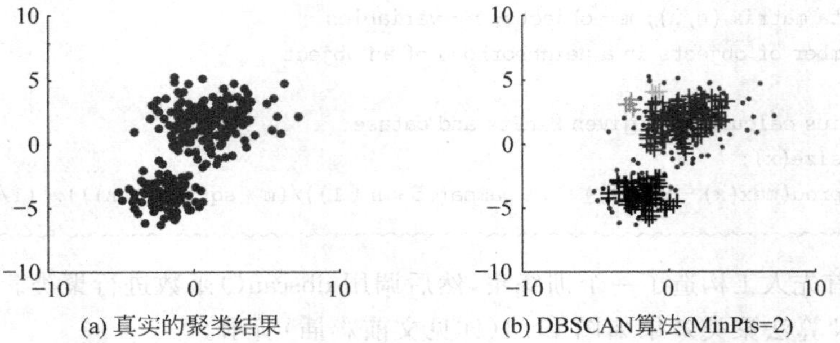

(a) 真实的聚类结果　　(b) DBSCAN算法(MinPts=2)

图 17.6　DBSCAN(MinPts＝2)预测与真实结果对比

参 考 文 献

[1]　宋殿霞. 一类基于密度的空间聚类算法[D]. 西安：西安交通大学，2003.
[2]　冯少荣，肖文俊. DBSCAN 聚类算法的研究与改进[J]. 中国矿业大学学报，2008，37(1)：105-111.
[3]　孙思. 利用遗传思想进行数据划分的 DBSCAN 算法研究[D]. 重庆：重庆大学，2005.

第18章

策略迭代和值迭代

源码

机器学习按照是否有导师信号分为监督学习、无监督学习、半监督学习，这是站在导师的角度。如果换一个角度考虑，站在学习者的角度，无论是否有导师，学习者总是通过某种形式的反馈来不断地纠正自己的错误，学习到某项技能或完成决策。这种反馈大体可以分为以下 3 类。

(1) 回报：自己摸索着做，然后得到环境的一个稀疏的反馈，表征是否达到期望的行为，如游戏的输赢。

(2) 演示：看别人做，专家来演示正确的行为，学习者揣测专家的行为并重现。这个过程不仅仅是简单的重复，而是学习者理解专家的策略。例如机器人模仿人的动作，这个过程由于机器人和人的结构和感知不同，所以不能简单地执行示教者的策略，而需要一个映射，这个映射体现了理解的过程。

(3) 监督回报：别人告诉你怎么做，直接获得好的行为属性或准则，如对于无人驾驶系统中的车道线、自身和前车的距离。直接得到策略，照做就行。

例如，对于一个婴儿来说，他有不同的学习方式。如图 18.1 所示，他可以从观看动画片中学习，这就是演示模仿学习；也可以通过父母的教导获得知识和技能，父母会给出明

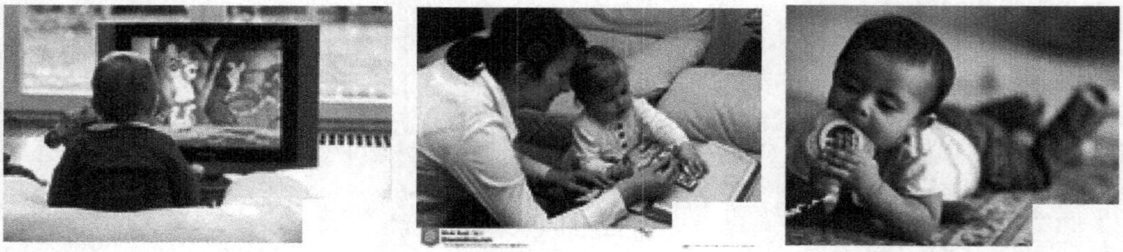

(a) 模仿　　(b) 教导　　(c) 探索

图 18.1　反馈的不同形式

笔记

确的如何完成某个任务的指令，这对应于监督学习，也是最简单和直接的；最后一种就是自己探索学习，婴儿会通过触碰外界的事物，甚至咬一些东西来获得对外界事物属性的认知，通常它只能得到一个稀疏的反馈，称为回报。这种方式最费时，但是需要的先验也最少。这样一种通过稀疏回报数据进行学习的方式称为强化学习。本章和第 19 章的内容将讲述一些经典的强化学习算法。目的是让读者了解强化学习这个领域，同时掌握一些基本的算法。对于想进一步探索，如值函数近似、策略搜索、策略梯度及深度强化学习等的读者，可以阅读书中的参考文献，或者搜集网络资料学习[1]。

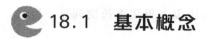

18.1 基本概念

18.1.1 强化学习的基本模型

所谓强化学习，是指智能体通过不断地与环境交互，利用环境反馈的奖励信号（强化信号），学习到一个从环境状态到行为的映射关系（策略的概念）的过程。基于这个映射关系的决策可以最大化奖励信号。强化学习不同于连接主义学习中的监督学习，主要表现在教师信号上，强化学习中由环境提供的强化信号是对产生动作的好坏做一种评价（通常为标量信号），而不是告诉强化学习系统（Reinforcement Learning System，RLS）如何去产生正确的动作。由于外部环境提供的信息很少，RLS 必须靠自身的经历进行学习。通过这种方式，RLS 在行动-评价的环境中获得知识，改进行动方案以适应环境。整个强化学习的框架如图 18.2 所示。

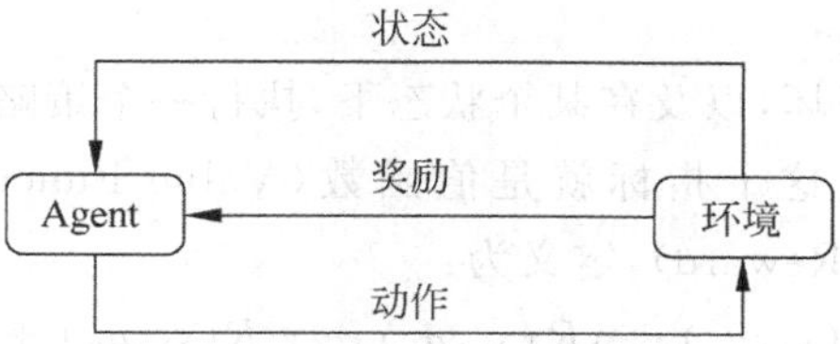

图 18.2 强化学习框架

18.1.2 马尔可夫决策过程

为了对强化学习的这种机制进行描述，需要借助一定的数学工具，这就是马尔可夫决策过程（Markov Decision Process，MDP）。一个 MDP 由五元组构成（$\boldsymbol{S},\boldsymbol{A},\{\boldsymbol{P}_{sa}\},\gamma,R$）。

（1）$\boldsymbol{S}$ 表示状态集合（States）。例如，对于无人机来说，无人机当前的位置及速度值组成的状态集。

笔记

(2) **A** 表示一组动作(Actions)。例如,使用控制杆操纵的直升机飞行方向,让其向前、向后等。

(3) $\boldsymbol{P}_{sa}$ 是状态转移概率。**S** 中的一个状态到另一个状态的转变,需要 **A** 来参与。$\boldsymbol{P}_{sa}$ 表示的是在当前 $s \in \boldsymbol{S}$ 状态下,经过 $a \in \boldsymbol{A}$ 作用后,转移到其他状态的概率分布(当前状态执行 a 后可能跳转到很多状态)。通常 $\boldsymbol{P}_{sa}$ 由对象的模型决定,知道了被控对象的模型,也就得到了状态转移的分布。一般情况下根据 $\boldsymbol{P}_{sa}$ 是否已知,把强化学习方法分为 Model Based 和 Model Free 两大类。

(4) $\gamma \in [0,1)$ 是折扣系数(Discount Factor)。计算累积回报的参数,反映了未来时刻回报对于当前时刻影响的大小。γ 越大表示影响越大,决策者更注重长期利益。反之,γ 越小表示决策者更注重当前利益。

(5) 回报函数 $R(s,a,s')$ 表示在状态 s 执行动作 a 转移到下一个状态 s' 获得的立即回报。

18.1.3 策略

已知智能体处于某个状态 s 时,要解决的问题是如何决定下一步的动作 a,然后转换到另一个状态 s'。这个产生动作的依据就称为策略 π(Policy),每一个策略其实就是一个状态到动作的映射 $\pi: s \to a$。策略包括整个决策过程,给定 π 也就给定了 $a=\pi(s)$,也就是说,知道了策略 π 就知道了任何一个状态下应该怎么行动。[2,3]

18.1.4 值函数

为了区分不同 π 的好坏,以及在某个状态下,执行一个策略 π 后,出现的结果的好坏,需要定义一个指标函数,这个指标就是值函数(Value Function),也称折算累积回报(Discounted Cumulative Reward),定义为:

$$V^{\pi}(s) = E[R(s_0,a_0) + \gamma R(s_1,a_1) + \gamma^2 R(s_2,a_2) + \cdots \mid s_0 = s, \pi]$$

式中 r 表示每一步的回报。可以看到,在当前状态 s 下,选择好策略后,值函数是回报加权和的期望。这个其实很容易理解,给定 π 也就给定了一条未来的行动方案,这个行动方案会经过一个个的状态,而到达每个状态都会有一定回报值,距离越近的两个状态关联越大,权重越高。这和下象棋类似,在当前棋局 s_0 下,不同的走子方案是 π,评价每个方案依靠对未来局势($R(s_1)$,$R(s_2)$,…)的判断。一般情况下,智能体会在头脑中多考虑几步,但是会更看重下一步的局势。看重下一步的思维方式反映在数学上就是给它一个更大的权重。实际上值函数刻画了当前策略下某个状态的好坏。

记笔记

所有的强化学习算法都在解决一个问题，那就是如何求得一个最优策略 π，以最大化期望回报。

18.1.5 贝尔曼方程

前面介绍了值函数的定义 $V^{\pi}(s)$，即在状态 s 下采用策略 π 获得的累积期望回报。为了简化书写，用 R_i 表示第 i 步的回报，s' 表示下一步状态。并且把值函数的表达式展开，则有：

$$\begin{aligned} V^{\pi}(s) &= E_{\pi}[R_0 + \gamma R_1 + \gamma^2 R_2 + \cdots \mid s_0 = s, \pi] \\ &= E_{\pi}[R_0 + \gamma E[R_1 + \gamma R_2 + \cdots] \mid s_0 = s, \pi] \\ &= E_{\pi}[R(s' \mid s, \pi(s)) + \gamma V^{\pi}(s') \mid s_0 = s, \pi] \end{aligned}$$

给定策略 π 和初始状态 s，则动作 $a=\pi(s)$，下个时刻将以概率 $p(s' \mid s,a)$ 转移到状态 s'，那么上式的期望可以拆开，重写为：

$$V^{\pi}(s) = \sum_{s' \in S} P(s' \mid s, \pi(s))[R(s' \mid s, \pi(s)) + \gamma V^{\pi}(s') \mid s_0 = s, \pi] \quad (18.1)$$

这就是迭代形式的状态值函数。相应地，也可以定义动作值函数（Action Value Function）Q 为：

$$Q^{\pi}(s,a) = E\left[\sum_{i=0}^{\infty} \gamma^i R_i \mid s_0 = s, a_0 = a\right]$$

同样地，把动作值函数的定义式展开，得到如下的表达式：

$$Q^{\pi}(s,a) = \sum_{s' \in S} P(s' \mid s,a)[R(s' \mid s,a) + \gamma V^{\pi}(s')] \quad (18.2)$$

式(18.1)和式(18.2)中的表达式揭示了当前状态的值函数和下一个状态值函数的关系。在动态规划中，称它们为贝尔曼方程。如果用 π^* 表示最优策略，对应的状态值函数和行为值函数分别表示为 $V^*(s)$ 和 $Q^*(s,a)$。那么此时的状态值函数和行为值函数满足如下的方程：

$$V^*(s) = \max_a E_{\pi}[R(s' \mid s,a) + \gamma V^*(s') \mid s_0 = s]$$

$$Q^*(s,a) = E_{\pi}[R(s' \mid s,a) + \gamma \max_{a'} Q^*(s',a') \mid s_0 = s, a_0 = a]$$

上面两个方程称为贝尔曼最优方程。

贝尔曼方程的迭代过程是一个压缩映射，根据不巴拿赫动点定理，非完备度量空间上的每一个压缩映射必然存在这样一个不动点。这也是为什么我们可以用迭代方法求解值函数的理论基础。在计算机科学中，经常会使用迭代算法。这个时候为了保证收敛，可以考虑证明设计的算法的迭代过程是一个压缩映射。对于感兴趣的读者可以研究相关理论。

笔记

18.2 策略迭代算法原理

有了上面的概念，就可以来研究一些具体的强化学习算法了。本节和18.3节分别介绍两个很相似的算法，它们都适用于处理有限离散状态的问题。并且需要知道模型信息，也就是状态转移概率和回报函数。本节介绍策略迭代算法。

所谓策略迭代，就是有一个策略的更新过程。它的大概思想是：首先给定一个任意策略，迭代贝尔曼方程能够求得当前策略下的值函数。然后根据值函数更新策略，如ε-greedy策略。ε-greedy策略是指以ε的概率选择能够获得最大回报的行为，1－ε的概率随机选择动作。调整后的策略又可以计算值函数。这样循环往复，直到策略收敛。理论证明这种迭代最终会收敛到一个最优的值函数 $V^*(s)$ 和策略 π^*。整个最优策略的求解过程如图18.3所示，算法分两个大的过程。

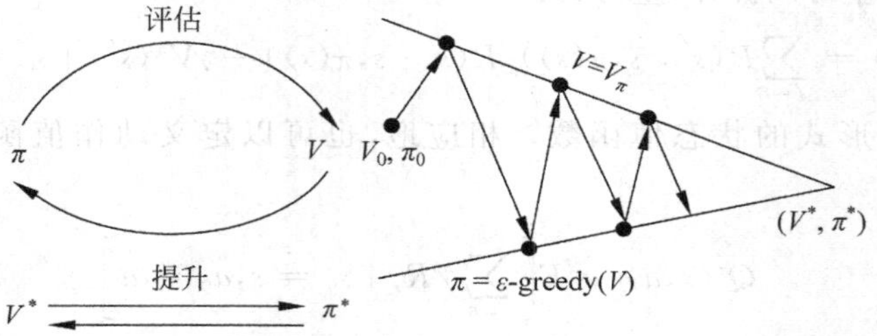

图18.3　GPI收敛示意图

(1) 策略的评估，就是值函数的计算。

(2) 策略提升，基于上一步的值函数估计一个更好的策略。

策略迭代算法的具体实施步骤如下。

(1) 初始化所有状态的值函数和一个任意的初始策略 π_0。

(2) 通过贝尔曼方程，求出当前策略下的值函数，包含以下子步骤。

① 设定一个阈值，表示前后两次迭代值函数的差距。

② 把上一轮的迭代结果（值函数的值）保存下来，对每个状态执行下面的更新。

$$V(s)=\sum_{s',R}p(s',R\mid s,\pi(s))[R+\gamma V(s')]$$

③ 计算当前每个状态的值函数和上一轮的差值，如果差值小于步骤①中设定的阈值，停止迭代，转到步骤(3)，否则重复执行步骤②；

(3) 更新策略。利用步骤(2)计算的值函数更新策略。更新的原则是在 s 上选择 a，然后能够使得 $V(s)$ 最大。

(4) 比较更新后的策略和更新前的策略，如果是一样的，说明策略已经稳定了（收

笔记

敛)，则停止迭代，算法结束。如果不一样，重复步骤(2)和步骤(3)。

上面步骤(2)是一个迭代的过程。也就是说不断地根据式(18.1)更新所有状态的 V 值。直到这些值前后两次变化小于一个阈值，说明求得了当前策略的最优值函数。然后再更新策略。观察式(18.1)，其中 P、R、γ 都是已知的，因此这是一个线性方程组。利用任何的线性方程组求解工具，都可以解析计算 V。当然通过迭代的方法也会收敛到相同的值。

18.3 值迭代算法原理

值迭代算法和策略迭代有两个大不相同的地方。一是值迭代没有策略更新的过程；二是值函数的更新不再是对所有可能的动作求一个期望，而是比较各个不同动作在当前状态下的期望回报，然后选择期望回报最大的动作更新 V。也就是

$$V(s)=\max_a\sum_{s',R}p(s',R\mid s,a)[R+\gamma V(s')] \tag{18.3}$$

值迭代算法的步骤可以归纳如下。

(1) 初始化值函数 V。

(2) 对于每一个状态 s，根据式(18.3)更新状态值函数。

(3) 比较步骤(2)中前后两次的更新，差值小于某一个值时，转步骤(4)，否则转步骤(2)。

(4) 根据值函数，产生最优策略 $a=\pi^*(s)=\text{argmax}_a V^*(s)$。

通过上面的讲述可以知道，策略迭代和值迭代算法都依赖于值函数的更新。这个更新过程会覆盖之前的值函数。就好像备份一样，问题就是该如何备份，用怎样的计算方式来覆盖原来的值。在强化学习中用备份图(Backup Diagram)来表示不同算法的备份形式。对比策略迭代和值迭代的备份如图 18.4 所示。

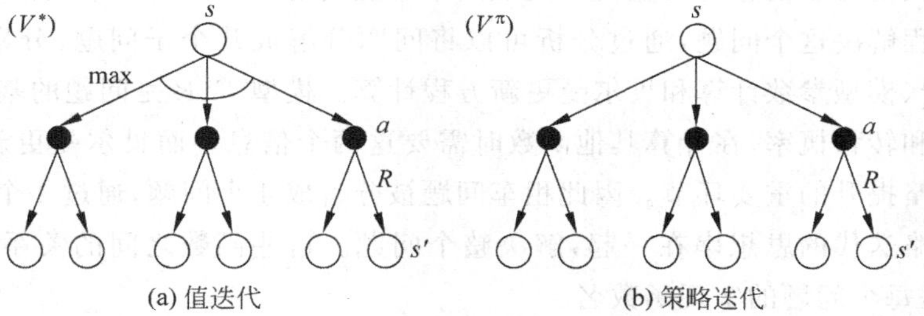

图 18.4 值迭代和策略迭代的迭代策略图

图 18.4(a)对应于值迭代的更新，可以看出它是在 3 个支路中选择一个最大的，图 18.4(b)对应于策略迭代的备份图。如果策略是一个确定性策略，则只选择一个分支，

记笔记

对该分支下的下一个所有可能的状态求期望。本章中默认是确定性策略。如果策略是一个随机策略,则对当前所有可能的行为和下一时刻所有可能的状态求期望。总之迭代是一个最大化操作,而策略迭代是求期望。

另外,值迭代就只能通过迭代的方法逼近最优。因为在式(18.3)中,多了一个最大化操作,这使得式(18.3)变成了非线性方程。目前尚没有这种非线性方程的解析解法。相比策略迭代,这也是另一个不同之处。

18.4 策略迭代和值迭代算法的MATLAB实践

本节将举例说明如何用本章介绍的算法解决实际问题。为了便于读者理解算法,同时了解如何使用算法,下面以出租车问题为例进行分析,然后讲解实现代码。

假设一个老板在某城市有两个租车公司A和B。每天都会有一些顾客分别到这两个公司租车。如果顾客去了当中的一个公司,并且公司有车,那么出租成功,老板获得10美元的收入。相反,如果顾客去的公司没车,就失去了这笔交易。租出去的车再归还之后,又可以重新出租。老板面临的问题是如何规划两个公司的车辆数从而使收益最大。其中,在两个公司地点之间调度一辆车的花费是2美元。假设每个公司车辆的需求数和归还的数量都服从泊松分布,也就是说需求量为n的概率是$\frac{\lambda^n}{n!}e^{-\lambda}$,平均需求量是$\lambda$。假设公司A和B车辆的平均需求量分别是3和4,相应地平均每天归还的车辆数是3和2。为了简化问题,假设每个地方的车辆数不多于20辆,并且每天调度的车辆数不多于5辆。取系数$\gamma=0.9$。求:在不同的情况下,应该如何调度车辆使得收益最大化?

分析一下这个问题,可以构造为一个马尔可夫决策过程(Markov Decision Process, MDP)问题。状态是两个公司一天结束时的车辆数,决策的行为是两个公司之间调度的车辆数。回报值可以设置为收益值。现在用策略迭代的方法求解一个最佳的策略。

为了编程解决这个问题,通过分析可以将问题分解成几个子问题,分别是值函数计算、策略提升、模型参数计算和贝尔曼更新方程计算。模型P、R是问题的基础,代表模型的回报函数和转移概率,在计算其他函数时需要这两个信息。而贝尔曼更新方程是值函数计算和策略提升的重要环节。因此租车问题被分解成4个问题,通过4个子函数实现。然后按照策略迭代的思想串在一起,解决整个问题。这些函数之间的关系如图18.5所示,云朵中是每个问题的实现函数名。

在代码中将逐步讲解每个子函数的功能和实现形式。读者在运行的时候应该把每个子函数放在单独的脚本中,然后将每个脚本都放在同一文件夹下,之后运行car_prob.m脚本。下面首先介绍整个代码的主体程序(car_prob.m文件)。

记笔记

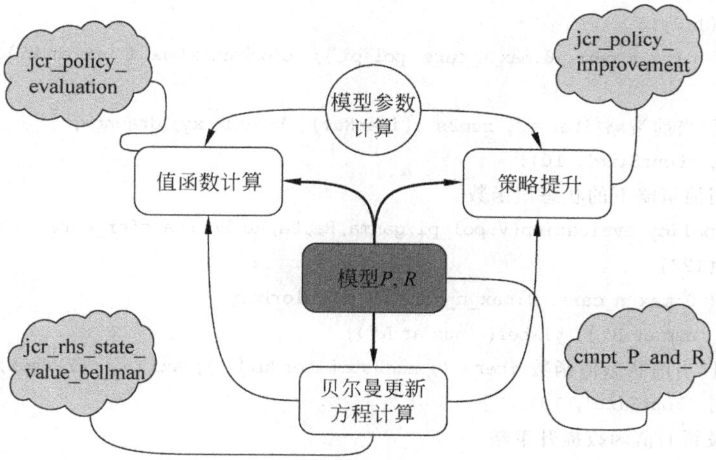

图 18.5 租车问题实现过程的分解图

```
%% 策略迭代方法求解租车问题
clc; clear;
close all;
% 参数设置
max_n_cars = 20;                    % 最大租车数
gamma = 0.9;                        % 折扣系数
transfer_car = 5;                   % 每天最大的转移车辆数
lambda_A_return = 3;                % A 公司平均每天归还的车辆数
lambda_A_rental = 3;                % A 公司每天车辆的平均需求量
lambda_B_return = 2;                % B 公司平均每天归还的车辆数
lambda_B_rental = 4;                % B 公司每天车辆的平均需求量
% 计算回报和转移概率
[Ra,Pa] = cmpt_P_and_R(lambda_A_rental,lambda_A_return,max_n_cars,transfer_car);
[Rb,Pb] = cmpt_P_and_R(lambda_B_rental,lambda_B_return,max_n_cars,transfer_car);
% 初始化值函数
V = zeros(max_n_cars + 1,max_n_cars + 1);
% 初始策略
pol_pi = zeros(max_n_cars + 1,max_n_cars + 1);
policyStable = 0; iterNum = 0;
% 开始策略迭代,策略更新稳定后,停止运行
while( ~policyStable )
  % plot the current policy:
  figure('Position', [200 100 + 200 * iterNum 580 200]);  % 如果迭代次数过多,应调整图的位置
```

```
    subplot(1,2,1)
    imagesc( 0:max_n_cars, 0:max_n_cars, pol_pi ); colorbar; xlabel( 'num at B' ); ylabel( 'num at
A' );
    title( ['当前策略 iter = ', num2str(iterNum)] ); axis xy; drawnow;
    set(gca, 'FontSize', 10);
    % 估计当前策略下的状态值函数
    V = jcr_policy_evaluation(V,pol_pi,gamma,Ra,Pa,Rb,Pb,transfer_car);
    subplot(122)
    imagesc( 0:max_n_cars, 0:max_n_cars, V ); colorbar;
    xlabel( 'num at B' ); ylabel( 'num at A' );
    title( ['当前状态值函数 iter = ', num2str(iterNum)] ); axis xy; drawnow;
    set(gca, 'FontSize', 10);
    % 利用最新的值函数提升策略
    [pol_pi,policyStable] = jcr_policy_improvement(pol_pi,V,gamma,Ra,Pa,Rb,Pb,transfer_car);
    % 下一次迭代
    iterNum = iterNum + 1;
end
```

在这段程序中，首先定义了问题的一些参数。通过 cmpt_P_and_R 函数得到了每个状态的回报值和状态转移概率。在策略迭代的循环内部，调用了 jcr_policy_evaluation 来计算当前策略下的值函数，然后又调用了 jcr_policy_improvement 函数更新策略，直到策略稳定。下面分别介绍这些子函数的功能和实现。首先是 cmpt_P_and_R 函数(cmpt_P_and_R.m 文件)。

```
function [R,P] = cmpt_P_and_R
(lambdaRequests,lambdaReturns,max_n_cars,max_num_cars_can_transfer)
 % 用于计算回报和转移概率
if( nargin == 0 )
  lambdaRequests = 4;
  lambdaReturns = 2;
  max_n_cars = 20;
  max_n_cars_can_transfer = 5;
end
PLOT_FIGS = 0;                    % 是否画图
 % 每个公司当天早上可能的车辆数目
nCM = 0:(max_n_cars + max_num_cars_can_transfer);
 % 返回平均回报
R = zeros(1,length(nCM));
```

记笔记

```
% 每个地方的收益和当地的车辆数有关,而每个地方早上的车辆数不超过 25 辆,26 个状态,对
% 于每个状态有一个期望回报
for n = nCM,
    tmp = 0.0;
      % 当地车辆的需求数实际上可以是任何自然数,但是当需求偏离平均需求太大时,概率基
      % 本为 0,因此这里取到 30
for nreq = 0:(10 * lambdaRequests),
      for nret = 0:(10 * lambdaReturns), %<- a value where the probability of returns is
very small.
% 计算当地每天可以租出去车辆的概率
tmp = tmp + 10 * min(n + nret, nreq) * poisspdf( nreq, lambdaRequests ) * poisspdf( nret,
lambdaReturns );
      end
    end
    R(n + 1) = tmp;
end
if( PLOT_FIGS )
  figure; plot( nCM, R, 'x - '); grid on; axis tight;
  xlabel(''); ylabel(''); drawnow;
end
%P 表示转移概率
P = zeros(length(nCM),max_n_cars + 1);
for nreq = 0:(10 * lambdaRequests),
  reqP = poisspdf( nreq, lambdaRequests );
  % 所有归还车辆的可能情况:
  for nret = 0:(10 * lambdaReturns),
    retP = poisspdf( nret, lambdaReturns );
% 每日早晨可能出现车辆数的情况
for n = nCM,
      sat_requests = min(n,nreq);
      new_n = max( 0, min(max_n_cars,n + nret - sat_requests) );
      P(n + 1,new_n + 1) = P(n + 1,new_n + 1) + reqP * retP;
    end
  end
end
if( PLOT_FIGS )
  figure; imagesc( 0:max_n_cars, nCM, P ); colorbar;
  xlabel('num at the end of the day'); ylabel('num in morning'); axis xy; drawnow;
end
```

笔记

这段程序中，通过估计每天车辆的需求数，考虑每天早上初始的车辆数和当天归还的车辆数计算回报值。由于每个地方每天早上拥有车辆的数目为 0～20，加上最大的转移车辆数目 5，因此总共可能出现的状态有 26 个，回报 R 是一个 26×1 的矩阵。$\boldsymbol{P}$ 表示状态转移矩阵，对于本问题来说就是早上车辆数转移到晚上可能出现的情况，已知早上有 26 种情况，晚上车辆数不能超过 20，所以有 0～20 共 21 种情况，相应地返回 $\boldsymbol{P}$ 是一个 26×21 的矩阵。下面介绍 jcr_policy_evaluation 函数(jcr_policy_evaluation.m)。

```
function [V] = jcr_policy_evaluation(V,pol_pi,gamma,Ra,Pa,Rb,Pb,max_num_cars_can_transfer)
if( nargin < 3 ) gamma = 0.9; end
 % 每个地方的最大车辆数
max_n_cars = size(V,1) - 1;
 % 所有的状态,拉伸成一维的情况
nStates = (max_n_cars + 1)^2;
 % 收敛参数设定,主要是迭代误差和迭代次数
MAX_N_ITERS = 100; iterCnt = 0;
CONV_TOL = 1e - 6;  delta = + inf;  tm = NaN;
fprintf('beginning policy evaluation ... \n');
 % 如果两次迭代值函数的插值大于阈值且迭代次数没有超过上限,则一直迭代
while((delta > CONV_TOL) &&(iterCnt <= MAX_N_ITERS) )
  delta = 0;
  % 计算每一个状态 s \in {S}单步的更新值
  for si = 1:nStates,
    % ind2sub 函数将一维的索引值转化为二维的,并返回对应的二维索引下标,这里就是返回
    % a、b 的车辆数
    [na1,nb1] = ind2sub( [ max_n_cars + 1, max_n_cars + 1 ], si );
na = na1 - 1; nb = nb1 - 1; % (从 0 开始)
    % 更新前的值
    v = V(na1,nb1);
    % 根据当前策略和状态确定转移的车辆数(即行为)
ntrans = pol_pi(na1,nb1);
 % 根据贝尔曼方程计算当前的更新值,关键的一步
V(na1,nb1) = jcr_rhs_state_value_bellman
(na,nb,ntrans,V,gamma,Ra,Pa,Rb,Pb,max_num_cars_can_transfer);
    delta = max( [ delta, abs( v - V(na1,nb1) ) ] );
  end % end state loop
  iterCnt = iterCnt + 1;
  % 打印当前的 step 和相应的误差 delta
  if( 1 && mod(iterCnt,1) == 0 )
    fprintf( 'iterCnt = %5d; delta = %15.8f\n', iterCnt, delta );
  end
end
fprintf('ended policy evaluation ... \n');
```

记笔记

在策略迭代中，已知一个初始策略，首先要做的就是计算当前策略下的值函数。jcr_policy_evaluation 函数就实现这个功能。在这个函数的循环体中，不断地迭代得到 V 的更新值，直到前后两次 V 的变化小于一个阈值，或者是超出了最大迭代次数时，返回当前 V 的值。在更新 V 的过程中，使用了下面的计算公式：

$$V(s) = \sum_{s',R} p(s',R \mid s,\pi(s))[R+\gamma V(s')]$$

这个计算在代码通过 jcr_rhs_state_value_bellman 函数实现。该函数的代码如下(jcr_rhs_state_value_bellman.m 文件)。

```
function [v_tmp] = jcr_rhs_state_value_bellman
(na,nb,ntrans,V,gamma,Ra,Pa,Rb,Pb,max_num_cars_can_transfer)
max_n_cars = size(V,1) - 1;
 % restrict this action:
ntrans = max( - nb,min(ntrans,na));
ntrans = max( - max_num_cars_can_transfer,min( + max_num_cars_can_transfer,ntrans));
 %转移费用
v_tmp = - 2 * abs(ntrans);
 %早上执行策略后出现的状态
na_morn = na - ntrans;
nb_morn = nb + ntrans;
for nna = 0:max_n_cars,
  for nnb = 0:max_n_cars,
     pa = Pa(na_morn + 1,nna + 1);
     pb = Pb(nb_morn + 1,nnb + 1);
     %贝尔曼方程
     v_tmp = v_tmp + pa * pb * ( Ra(na_morn + 1) + Rb(nb_morn + 1) + gamma * V(nna + 1,nnb + 1) );
  end
end
```

经过策略评估之后，最后一步就是策略提升。在 car_prob 中通过 jcr_policy_improvement 实现。代码如下(jcr_policy_improvement.m 文件)。

```
function [pol_pi,policyStable] = jcr_policy_improvement
(pol_pi,V,gamma,Ra,Pa,Rb,Pb,max_num_cars_can_transfer)
if( nargin < 3 ) gamma = 0.9; end
 %最大车辆数
max_n_cars = size(V,1) - 1;
 %总共的状态数,包括 0 的情况
nStates = (max_n_cars + 1)^2;
 % assume the policy is stable (until we learn otherwise below):
```

记笔记

```
policyStable = 1; tm = NaN;
%对于 S 中的每个状态,循环
fprintf('开始策略提升...\n');
for si = 1:nStates,
    %得到每个场所的车辆数
    [na1,nb1] = ind2sub( [ max_n_cars + 1, max_n_cars + 1 ], si );
    na = na1 - 1; nb = nb1 - 1; % (zeros based)
    %原始的策略
    b = pol_pi(na1,nb1);
    %当前的行为空间,受限于当地的车辆数和最大的可移动的车辆数
    posA = min([na,max_num_cars_can_transfer]);
    posB = min([nb,max_num_cars_can_transfer]);
    %posActionsInState 表示从 A 转移到 B 的所有可能的情况,也就是行为空间
    posActionsInState = [ - posB:posA ]; npa = length(posActionsInState);
    Q = - Inf * ones(1,npa);                                   %行为值函数
    tic;
    for ti = 1:npa,
      ntrans = posActionsInState(ti);
      %计算所有行为的期望回报
      Q(ti) = jcr_rhs_state_value_bellman
(na,nb,ntrans,V,gamma,Ra,Pa,Rb,Pb,max_num_cars_can_transfer);
    end %end ntrans
    tm = toc;
    %更新策略
    [dum,imax] = max( Q );                                     %得到最佳策略的索引和对应的 Q 值
    maxPosAct = posActionsInState(imax);                       %最佳行为
    if( maxPosAct ~= b )                                       %检查原始策略是否最优…
      policyStable = 0;
      pol_pi(na1,nb1) = maxPosAct;                             %<-更新策略
    end
end %end state loop
fprintf('结束策略提升...\n');
```

在这段代码中,对于每个状态,计算所有可能的行为。然后通过计算每个状态的 V 值,选择最佳的行为。最后利用这个最佳行为更新当前的策略。

至此,介绍了整个策略迭代算法的所有实现过程和细节。为了观测算法是否有效,画出每次迭代时的策略和对应的值函数,如图 18.6(详见文前彩插)所示。

记笔记

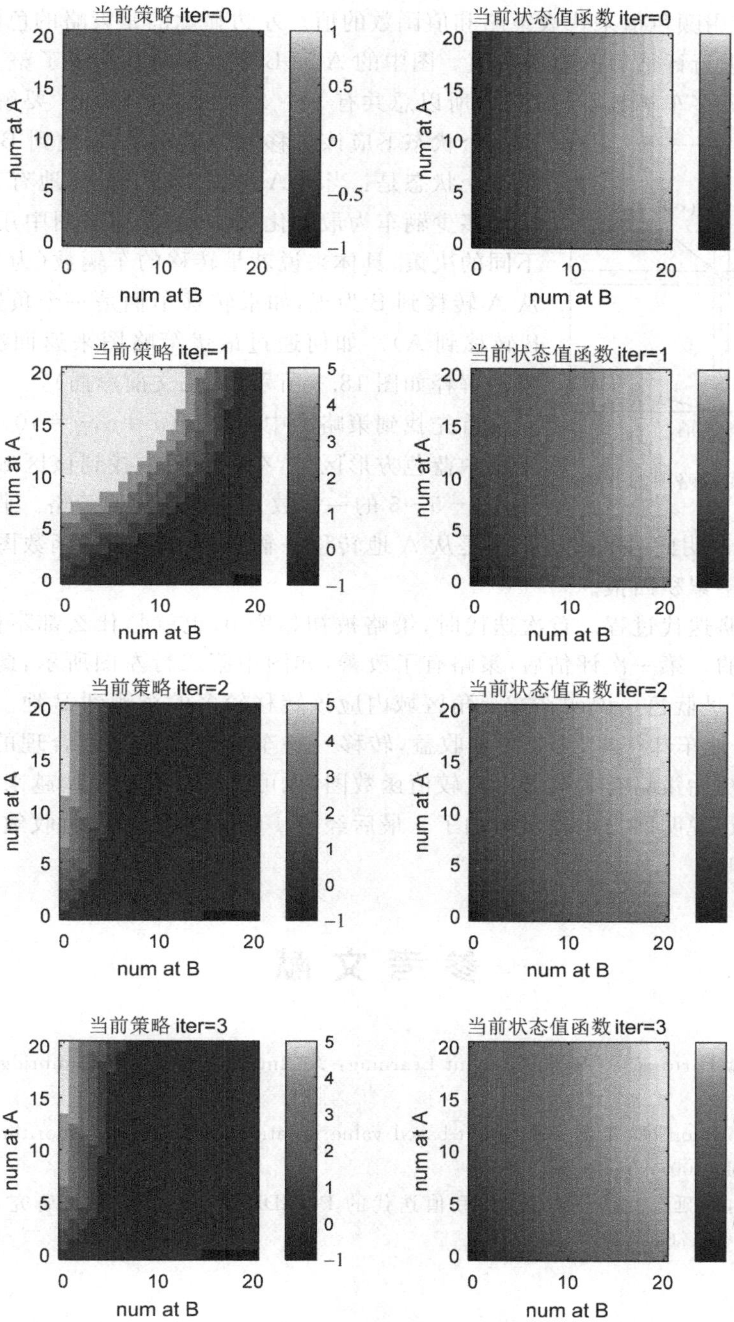

图 18.6 每次迭代时的策略和对应的值函数

图 18.6 中用颜色值来代表策略和值函数的值。左边显示的是策略的色阶图,右边是对应左边策略进行评估后的值函数数值。图中的 A 和 B 地的车辆数构成了整个状态空间。因为每个地方最多车辆数不超过 20,所以总共有 21×21=441 个状态。要解决的问题是在每个状态下应该转移多少辆车从 A 地到 B 地(例如,遇到一个状态是:当前 A 地有 10 辆车,B 地有 8 辆车,应该转移多少辆车为最大化收益)。在策略图中用颜色来代表不同的决策,具体来说就是转移的车辆数(为−5~5,默认从 A 转移到 B 为正,如果转移车辆是一个负数,则表示从 B 转移到 A)。如何通过最优策略图来返回决策,这个过程的解释如图 18.7 所示(详见文前彩插)。

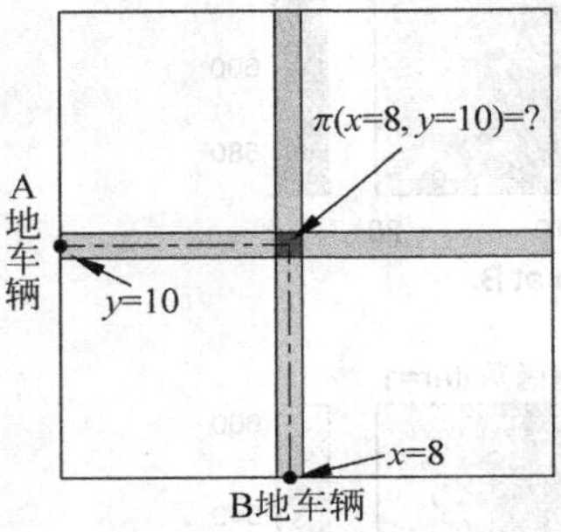

图 18.7　最优策略图的解释

首先找到策略图中对应 $\pi(x=8, y=10)$ 的状态 s,位于图中蓝色方形区域,在色阶图中找到该区域颜色对应的数值(−5~5 的一个数),就是最优的策略。假设上例中对应的数值为 1,说明此时的最优策略是从 A 地转移一辆车到 B 地。值函数图则显示当前状态获得的期望累积回报。

其次看策略迭代过程。首次迭代时,策略被初始为 0,也就是什么都不做,此时的色阶图是纯绿色的。第一次评估后,策略有了改善,如图中第二行左图所示,此时左上角图形呈黄色,右下呈蓝色。说明在左上角区域内应该转移较多的车辆到 B 地。此时状态是 A 地车很多,B 地车却很少,为了增加收益,转移一些车辆到 B 地是很合理的。这说明更新后的策略比初始策略有了改善。比较值函数图,也可以发现图的色调越来越亮,对应较高的回报值。这说明回报也确实增加了。最后经过 4 轮迭代后,策略就收敛了,此时的策略就是最优策略。

参 考 文 献

[1] Sutton R S, Barto A G. Reinforcement Learning: An Introduction[M]. Cambridge: MIT Press, 1998.

[2] Pineau J, Gordon G, Thrun S. Point-based value iteration: An anytime algorithm for POMDPs [C]//IJCAI. 2003, 3: 1025-1032.

[3] 孙湧,仵博,冯延蓬. 基于策略迭代和值迭代的 POMDP 算法[J]. 计算机研究与发展, 2008, 45(10): 1763-1768.

记笔记

第19章

SARSA算法和Q学习算法

源码

值迭代算法和策略迭代算法是强化学习中最基本的算法，理解这两个算法有助于理解马尔可夫决策过程和强化学习的框架。但是这两个算法有很多局限性，首先它们是表格型的(Table Based)算法，也就是很难扩展到高维或连续状态的任务，其次它们都依赖于已知的环境模型，也就是基于模型(Model Based)的算法。实际上强化学习有很多独特的地方，也有很多算法来解决前面提到的缺点。本章再介绍两个算法：SARSA 算法(SARSA)和 Q 学习算法(Q-learning)。这两个算法都不依赖于环境模型，另外它们有很多的应用和拓展，掌握它们也能加深对强化学习中在线策略(on-policy)和离线策略(off-policy)概念的理解[1,2]。

19.1 SARSA 算法原理

说到 Q 学习算法和 SARSA 算法，不得不先说时间差分学习(Temporal-Difference, TD)。TD 学习可以说是强化学习领域一个比较独有而又新颖的方法。与其说是方法，不如说它是一种思想。基于这个思想衍生出了很多算法，Q 学习算法只是其中一个典型的代表。时间差分是怎样产生的呢？这源于强化学习不可避免的一个问题，这就是信用分配问题。因为强化学习总是试图与环境交互，然后从交互的经验中学习。那么如何评估智能体在交互过程中每一步决策的优劣呢？这是一个比较困难的问题，因为并不是每一步决策都会立即得到一个反馈。例如，下象棋很容易定义一个指标来衡量一盘棋的输赢，但是很难评估一盘棋中某一步的贡献。另一个方面，即使可以获得一个立即反馈，但是如何评估当前决策对未来决策的影响，这也比较困难。然而一般来说对于每一步的评估都是必需的，所谓“一着不慎满盘皆输”说明了这种评估的重要性。对于一个序列决策

笔记

问题，如何评估序列中每一步决策优劣的问题就称为信用分配问题。而 TD 方法的思想就是利用当前时刻 t 往后 n 步回报的采样加上 $t+n$ 步的估计值 $\hat{V}_\pi(s_{t+n})$ 来评估当前的决策的[3,4]。

$$\begin{aligned} v_\pi(s) &= E_\pi[G_t \mid S_t = s] = E_\pi\left[\sum_{k=0}^{\infty}\gamma^k R_{t+k+1} \mid S_t = s\right] \\ &= E_\pi\left[R_{t+1} + \gamma\sum_{k=0}^{\infty}\gamma^k R_{t+k+2} \mid S_t = s\right] \\ &= E_\pi[R_{t+1} + \gamma v_\pi(S_{t+1}) \mid S_t = s] \end{aligned}$$

上式说明了时间差分方法、蒙特卡洛方法（Monte Carlo，MC）和动态规划方法（Dynamic Programming，DP）的关系。概括地讲，MC 方法是采样到一个完整的 episode，然后利用采样值来更新值函数；DP 方法由于已知了状态转移概率和回报，直接可以计算任意状态、任意时刻累积回报的期望，用它来更新值函数；而 TD 方法则综合二者，它既包括采样的值，也利用已知的估计来更新当前状态值函数，这称为自举（bootstraping）。一个最简单的 TD 算法，也就是 TD(0) 为：

$$V(s_t) \leftarrow V(s_t) + \alpha[R_{t+1} + \gamma V(s_{t+1}) - V(s_t)]$$

对于 SARSA 算法来说，状态行为值函数表示为 $Q^\pi(s,a)$。回想一个包含状态和行为的马尔可夫序列，如图 19.1 所示。

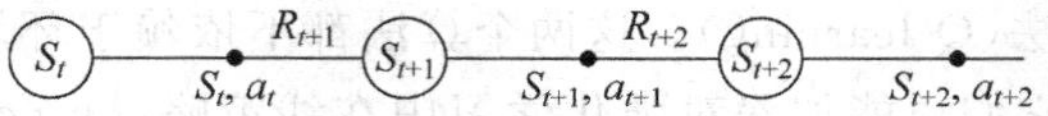

图 19.1 MDP 序列

为了计算行为值函数，即图 19.1 中黑点的值。考虑计算一次状态转移涉及的元素有 $(s_t, a_t, R_{t+1}, s_{t+1}, a_{t+1})$，这也就是 SARSA 算法名称的由来。那么核心问题是如何更新行为值函数呢？前面讲了 TD 算法，它的更新表达式为：

$$V(s_t) \leftarrow V(s_t) + \alpha[R_{t+1} + \gamma V(s_{t+1}) - V(s_t)]$$

那么对应地，SARSA 的更新表达式为：

$$Q(s_t, a_t) \leftarrow Q(s_t, a_t) + \alpha[R_{t+1} + \gamma Q(s_{t+1}, a_{t+1}) - Q(s_t, a_t)]$$

可以看到，SARSA 算法仅仅是时间差分算法的一种特殊情况，它的核心还是利用 $R_{t+1} + \gamma Q(s_{t+1}, a_{t+1})$ 作为当前行为值函数的目标。

其中 R_{t+1} 是一次实验中实际采样的回报值，这是 MC 方法的做法。而 $Q(s_{t+1}, a_{t+1})$ 是上一轮估计的值。更新后的 Q 值则综合这两种信息。所以比较一下 SARSA 算法和上一章节的迭代算法，二者的更新形式相似，但有两点不同。第一，由于不知道状态转移矩阵 $\boldsymbol{P}$，所以无法显式地计算期望，取而代之的方法是利用采样的方法估计期望；第二，没有执行最大化的操作，类似于策略迭代中值函数的更新方式。

总结起来一个完整的 SARSA 算法的步骤如下。

记笔记

(1) 以任意的方式初始化所有的 $Q(s,a)$。

(2) 对于每个 episode,初始化一个初始状态 s。

(3) 重复以下步骤。

① 利用当前的 Q 值,得到更新的策略 π。有了策略,就可以根据策略和状态 s 选择 a。

② 执行当前的行为 a,观察回报 R 和下一个状态 s'。

③ 用推导的策略选择 s' 对应的行为 a'。

④ 更新,$Q(s,a) \leftarrow Q(s,a) + \alpha[R + \gamma Q(s',a') - Q(s,a)]$。

⑤ 把当前的状态替换为 s'、a',也就是 $s \leftarrow s'$,$a \leftarrow a'$。

(4) 当 s 是终止状态时(对应于 episode 形式的任务),终止。

其实对于大多数的强化学习算法来说,主要要做两件事。第一产生(sample)训练样本,第二根据训练样本更新值函数或策略(update)。循环地执行上面算法的步骤①～③和步骤⑤,实际上是得到一个样本序列,对应于第一步。而步骤④定义如何根据样本更新值函数,合在一起就构成了整个学习算法。SARSA 是一种在线策略(on-policy)的方法,后面 Q 学习算法是离线策略(off-policy)的,这也是它们最大的区别,虽然形式上很相似。关于在线策略和离线策略的主要区别可以参考博客[①]。

19.2 SARSA 算法的 MATLAB 实践

同样通过一个实例来介绍 SARSA 算法。这个实例是悬崖行走问题,如图 19.2 所示,也是网格世界问题,S、G 分别代表起始点和目标,因此这是一个标准的 episode 任务。图中共有 48 个格子,因而有 48 个状态。相应地对应每个状态的行为 $A(s)=$ {上,下,左,右}。普通的行为会产生相应的上下左右的移动。每次移动都获得 -1 的回

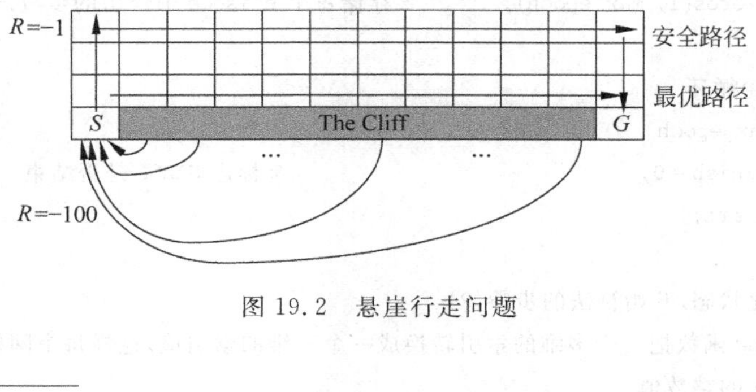

图 19.2 悬崖行走问题

① http://blog.csdn.net/mmc2015/article/details/58021482.

记笔记

报。但是一旦进入图中标记为悬崖的区域，会获得－100的回报，同时将状态重置为起始点 s。现在的问题是如何通过学习算法学习到一个从 S 到 G 的最优策略，也就是一个最佳路径。

为了解决这个问题，编写以下函数(SARSA_CW.m 文件)：

```
%这个 script 将展示如何利用 SARSA 算法求解悬崖行走问题
%Note: 这本来可以写成一个脚本文件,但是为了在一个函数中定义所有的子函数,写成函数的形式
%(matlab 脚本文件中无法定义子函数)
%初始化参数,通用参数
close all
clear
alpha = 1e-1                                        %学习步长
row = 4; col = 12                                   %网格大小
CF = ones(row, col); CF(row, 2:(col-1)) = 0         %网格中为 0 的地方表示悬崖
s_start = [4, 1];                                   %初始状态
s_end = [4, 12];                                    %目标
max_epoch = 3000;                                   %最多学习多少轮,一个 episode 是一轮

%SARSA 中的参数
gamma = 1;                                          %折扣系数
epsilon = 0.1;                                      %epsilon-greedy 策略的概率阈值
nStates = row * col;                                %所有的状态数
nActions = 4;                                       %每个状态的行为

Q = zeros(nStates, nActions);                       %行为值函数矩阵,SARSA 的更新目标
ret_epi = zeros(1, max_epoch);                      %存储每一个 episode 的累积回报 R
n_sarsa = zeros(nStates, nActions);                 %存储每个(s,a)访问的次数
steps_epi = zeros(1, max_epoch);        %存储每个 episode 中经历的步数,越小说明学习越快

%进行每一轮循环
for ei = 1:max_epoch
    sarsa_finish = 0;                               %标志 SARSA 是否结束
    st = s_start;

    %初始化状态,开始算法的步骤(2)
    %sub2ind 函数把一个多维的索引转换成一个一维的索引值,这样每个网格坐标被映射成一
    %个唯一的整数值
```

记笔记

```
st_index = sub2ind([row, col], s_start(1), s_start(2));

%选择一个行为,对应算法步骤(2)后半句
    [value, action] = max(Q(st_index, :))        %这里分别用 1、2、3、4 代表上下左右 4 个行为

    %以 epsilon 的概率选择一个随机策略
    if( rand < epsilon )
        tmp = randperm(nActions); action = tmp(1);          %产生一个随机策略
    end
    %开始一个 episode,对应算法步骤(3)
    R = 0;
    while(1)
        %根据当前状态和行为,返回下一个(s',a')和回报,对应算法步骤①
[reward, next_state] = transition(st, action, CF, s_start,s_end);
        R = R + reward;
        next_ind = sub2ind( [row, col], next_state(1), next_state(2));
%如果下一个状态不是终止态,则执行
if (~sarsa_finish)
            steps_epi(1, ei) = steps_epi(1, ei) + 1;
%选择下一个状态的行为,对应算法步骤②
[value, next_action] = max(Q(next_ind, :));
            if( rand < epsilon )
                tmp = randperm(nActions); next_action = tmp(1);
            end
            n_sarsa(st_index,action) = n_sarsa(st_index,action) + 1;   %状态的出现次数
            if( ~((next_state(1) == s_end(1)) &&(next_state(2) == s_end(2)) ) )
                                                          %下一个状态不是终止态
                Q(st_index,action) = Q(st_index,action) + alpha * ( reward + gamma * Q
(next_ind,next_action) - Q(st_index,action) );             %值函数更新
            else
Q(st_index,action) = Q(st_index,action) + alpha * ( reward - Q(st_index,action) );
                sarsa_finish = 1;
            end
            %更新状态,对应算法步骤④
            st = next_state; action = next_action; st_index = next_ind;
        end
        if (sarsa_finish)
            break;
        end
```

笔记

```
        end                                  %结束一个 episode 的循环

        ret_epi(1,ei) = R;

    end
    %获得策略
    sideII = 4; sideJJ = 12;
    %初始化 pol_pi_sarsa 表示策略,V_sarsa 是值函数,n_g_sarsa 是当前状态采取最优策略的次数
    pol_pi_sarsa = zeros(sideII,sideJJ); V_sarsa = zeros(sideII,sideJJ); n_g_sarsa = zeros
    (sideII,sideJJ);
    for ii = 1:sideII,
      for jj = 1:sideJJ,
        sti = sub2ind( [sideII,sideJJ], ii, jj );
        [V_sarsa(ii,jj),pol_pi_sarsa(ii,jj)] = max( Q(sti,:) );
        n_g_sarsa(ii,jj) = n_sarsa(sti,pol_pi_sarsa(ii,jj));
      end
    end
    %绘图
    plot_cw_policy(pol_pi_sarsa,CF,s_start,s_end);
    title( 'SARSA 算法策略' );

    figure('Position', [100 100 400 200]);
    imagesc( V_sarsa ); colormap(flipud(jet)); colorbar;
    title( 'SARSA 状态行为值' );
    set(gca, 'Ytick', [1 2 3 4 ], 'Xtick', [1:12], 'FontSize', 9);
    figure('Position', [100 100 400 200]);
    imagesc( n_g_sarsa ); colorbar;
    title( 'SARSA:最优策略的步数' );
    set(gca, 'Ytick', [1 2 3 4 ], 'Xtick', [1:12], 'FontSize', 9);
    %每一个 episode 的平均回报
    rpe_sarsa = cumsum(ret_epi)./cumsum(1:length(ret_epi));
    ph = figure; ph_sarsa = plot( rpe_sarsa, '-x' ); axis([0, 1000, -5 0]); grid on; hold on;
```

在上面的程序中,定义了悬崖行走问题的环境,主要包含了一个主函数和一个子函数。主程序中就以 S 为起始状态,根据策略产生了 3000 个样本序列,对于这些序列中的每一次转移,利用公式

$$Q(s,a) \leftarrow Q(s,a) + \alpha[R + \gamma Q(s',a') - Q(s,a)]$$

更新 Q 函数。利用更新的 Q 函数产生新的贪婪策略,再继续根据策略产生下一个状态。最终会得到最优的行为值函数。子函数 transition 用于计算转移到的下一个状态行

记笔记

为对(s',a')和单步转移的回报，等价于模型中的转移概率和回报。实现代码如下(transition.m文件)：

```
function [reward, next_state] = transition(st, act, CF, s_start, s_end)
%函数用于计算当前转移到下一个状态,返回(s',a')和R
[row, col] = size(CF);
ii = st(1); jj = st(2);
switch act
    case 1,
        % action = UP
        next_state = [ii - 1,jj];
    case 2,
        % action = DOWN
        next_state = [ii + 1,jj];
    case 3,
        % action = RIGHT
        next_state = [ii,jj + 1];
    case 4
        % action = LEFT
        next_state = [ii,jj - 1];
    otherwise
        error(sprintf('未定义的行为 = %d',act));
end
%边界处理
if( next_state(1)<1        ) next_state(1) = 1;      end
if( next_state(1)> row ) next_state(1) = row;    end
if( next_state(2)<1        ) next_state(2) = 1;      end
if( next_state(2)> col ) next_state(2) = col;    end
%回报计算
if((ii == s_end(1)) &&(jj == s_end(2)) )             %结束
  reward = 0;
elseif( CF(next_state(1),next_state(2)) == 0 )       %在悬崖区域
  reward = - 100;
  next_state = s_start;
else
  reward = - 1;
end
end
```

记笔记

最终得到的结果如图 19.3～图 19.5 所示。

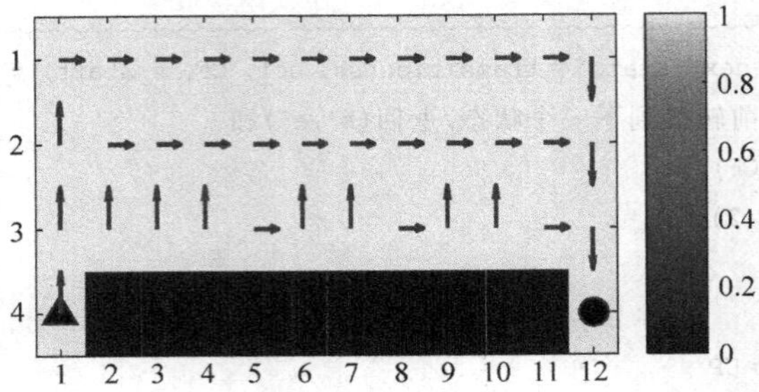

图 19.3　SARSA 算法得到的策略

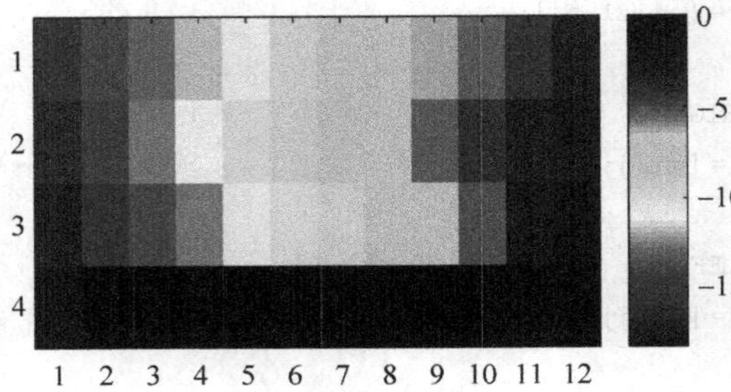

图 19.4　SARSA 算法得到最优 Q 值

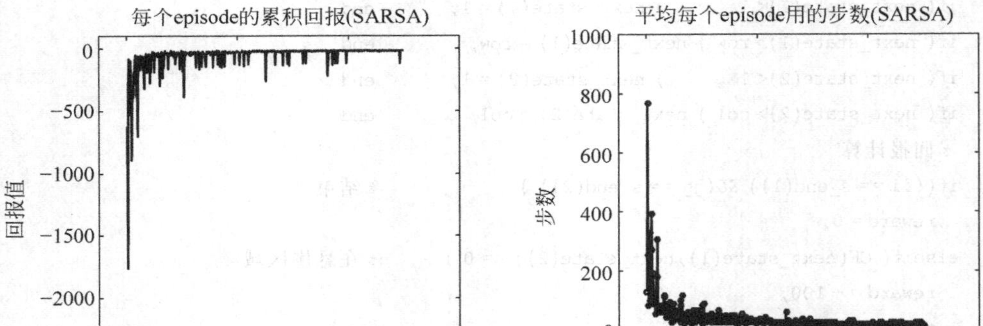

图 19.5　SARSA 学习中回报和搜索步数的变化

图 19.3 所示(详见文前彩插)为利用 SARSA 算法得到的策略。图中蓝色区域代表悬崖,黄色区域是可行区域;黑色三角形代表起点,圆圈代表终点;红色箭头代表每个状态的策略。可以看出算法得到的策略能够成功地避开悬崖,到达目的地。但是经历的路径略长,最优步长约为 15 步。图 19.4 以图片的形式展示了最优策略对应的 Q 函数。可以看出,随着越来越接近终点,各个状态的 Q 值也在增大,这符合实际的情况。最后为了证明随着学习的进行,策略确实有了改善。图 19.5 给出每个 episode 的累积回报随时间的变化情况,以及完成每个 episode 需要的步数随时间的变化情况。图中只展示了前 600 个 episode 的情况,可以看出回报值迅速地增大,并收敛到一个稳定值。并且完成一次任务,需要的步数也越来越少,这说明 SARSA 算法能够通过学习不断地改善策略。

19.3 Q 学习算法原理

Q 学习的出现是强化学习领域一个突破性的成就,最早由 Watkins[5] 在 1989 年提出。它最简单的方式也就是单步 Q 学习,定义为:

$$Q(s_t,a_t) \leftarrow Q(s_t,a_t) + \alpha[R_{t+1} + \gamma \max_a Q(s_{t+1},a) - Q(s_t,a_t)]$$

观察上式,与 SARSA 相比最大的变化就是括号里多了一个最大化的操作。表达式上虽然变化不大,但是算法的原理上却大相径庭。因为这个最大化的操作,所有下一个状态的行为并不关心执行哪个行为,而是关心所有行为中使得 $Q(s_{t+1},a)$ 最大的最大行为[5]。具体的 Q 学习算法步骤如下。

(1) 以任意的方式初始化所有的 $Q(s,a)$。

(2) 对于每个 episode,初始化一个初始状态 s。

(3) 重复以下步骤。

① 利用当前的 Q 值,得到策略 π。根据策略 π,就可以根据策略和状态 s 选择 a。

② 执行当前的行为 a,观察回报 R 和下一个状态 s'。

③ 更新,$Q(s,a) \leftarrow Q(s,a) + \alpha[R + \gamma \max_{a'} Q(s',a') - Q(s,a)]$。

④ 更新当前的状态为 s',也就是 $s \leftarrow s'$。

(4) 当 s 是终止状态时(对应于 episode 形式的任务),终止。

对比 SARSA 算法和 Q 学习算法的步骤,最大的区别在于 Q 值的更新表达式不一样,但它们仍然都满足 TD 算法的框架。另外,关于 SARSA 和 Q 学习算法 Q 值的更新可以进行清晰地分辨,如图 19.6 所示。

由图 19.6 可知,SARSA 算法只是选择了一条支路,而 Q 学习算法需要综合考虑所有的行为分支。下面仍然以悬崖行走问题为例,介绍 Q 学习算法的 MATLAB 实现。

记笔记

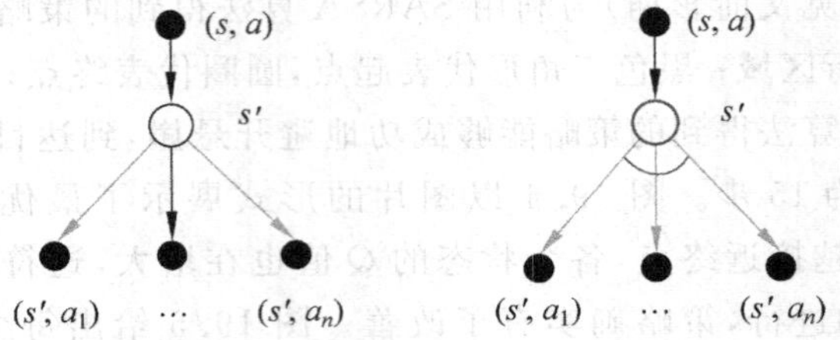

(a) SARSA算法　　(b) Q学习算法

图 19.6 SARSA 算法和 Q 学习算法的备份图

19.4 Q 学习算法的 MATLAB 实践

由于 Q 学习算法和 SARSA 算法仅仅在更新上略微有所不同，因此在代码实现上也基本相同，只有更新的部分不一样。下面的函数仅仅展示和凸显出 Q 学习算法进行 Q 值更新部分的实现过程，整个 Q 学习算法，读者可以依据 19.3 节的代码自己完成（q_learn.m 文件）。

```
%Q 值更新的部分实现
for ei = 1:max_episodes
    q_finish = 0;
    %设置初始状态,以及初始状态对应的一维索引号
    st = s_start; sti_qlearn = sub2ind( [sideII,sideJJ], st(1), st(2) );
%根据初始状态,产生一个行为
[value,action] = max(Q_qlearn(sti_qlearn,:));
    if( rand < epsilon )          % explore ... with a random action
        tmp = randperm(nActions); action = tmp(1);
    end

    %开始一个 episode
    R = 0;
    while(1)
        %根据当前状态和行为,返回下一个(s',a')和回报,对应算法步骤①
        [reward, next_state] = transition(st, action, CF, s_start,s_end);
        R = R + reward;
        nextindex = sub2ind( [sideII,sideJJ], next_state(1), next_state(2) );

        if ~q_finish
            steps_epi(1, ei) = steps_epi(1, ei) + 1;
            [value, next_action] = max(Q(nextindex, :));
            if( rand < epsilon )
                tmp = randperm(nActions); next_action = tmp(1);
```

```
            end
            if( ~((next_state(1) == s_end(1)) &&(next_state(2) == s_end(2)) ) )
 % 下一个状态不是终止态
                Q(st, action) = Q(st, action) + alpha * ( reward + gamma * max (Q
(nextindex,:)) - Q(st,action) ); % 值函数更新,对应算法步骤③
            else
                Q(st,action) = Q(st,action) + alpha * ( reward - Q(st,action) );
                q_finish = 1;
            end
            % 更新状态,对应算法步骤④
            st = next_state; action = next_action; st_index = nextindex;
        end
        if (sarsa_finish)
            break;
        end
    end                              % 结束一个 episode 的循环
    ret_epi(ei) = R;
end
```

可以看到,基本的步骤与 SARSA 算法是一样的,就是在 Q 值更新上有所差别,多了一个最大化的操作。实际上如果 SARSA 算法采用的是贪婪策略,而且 Q 学习算法采样也使用贪婪策略,这两种算法获得的效果一样,这两个条件缺一不可。但是即使 SARSA 算法采用的是贪婪策略,但是 Q 学习算法用于采样产生序列的策略不是贪婪的,结果也会不相同。因为此时 SARSA 算法和 Q 学习算法都用 $\max\limits_{a'} Q(s',a')$ 来更新 Q 值,但是样本不同。Q 学习算法的效果,如图 19.7～图 19.10 所示。

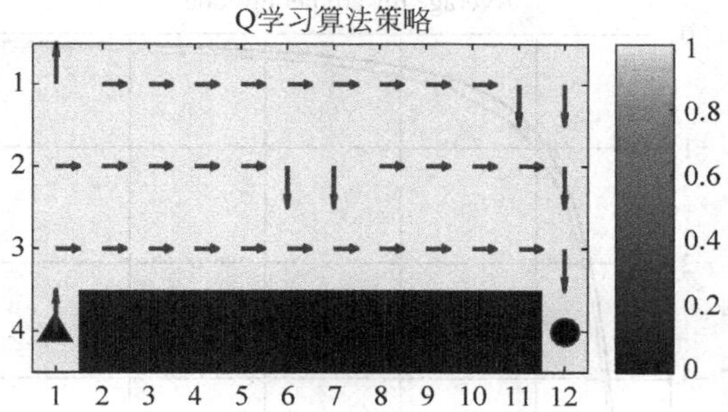

图 19.7 Q 学习算法得到的策略

图 19.10 中各个图的含义与 SARSA 算法介绍的相同,不再赘述。这里对比一下 SARSA 算法和 Q 学习算法,从策略上来看,SARSA 算法倾向于寻找一条安全的路径,Q 学习算法倾向于找到一条最优路径。从学习的过程来看,Q 学习算法的回报值的波动似乎更大。但是每个 episode 的平均回报很接近。

记笔记

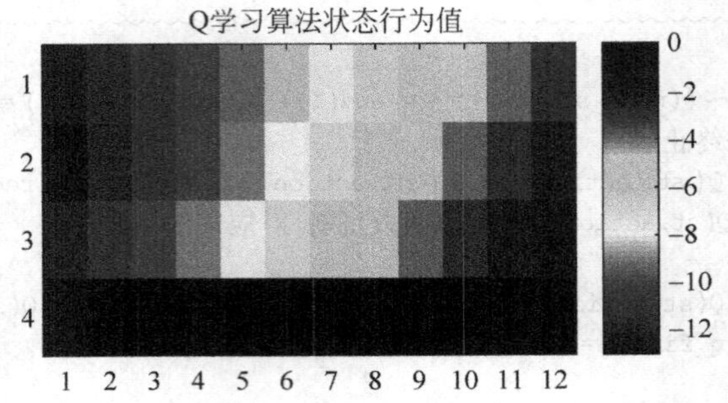

图 19.8 Q 学习算法的 Q 值函数

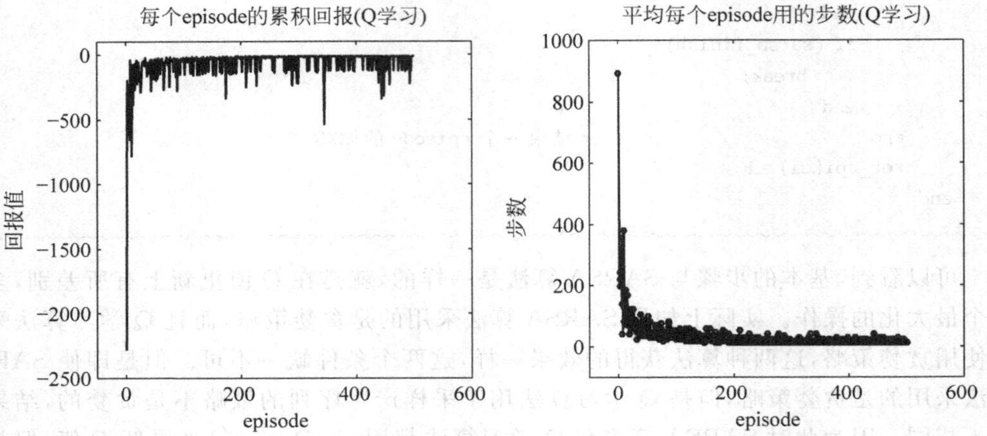

图 19.9 Q 学习算法的策略提升过程

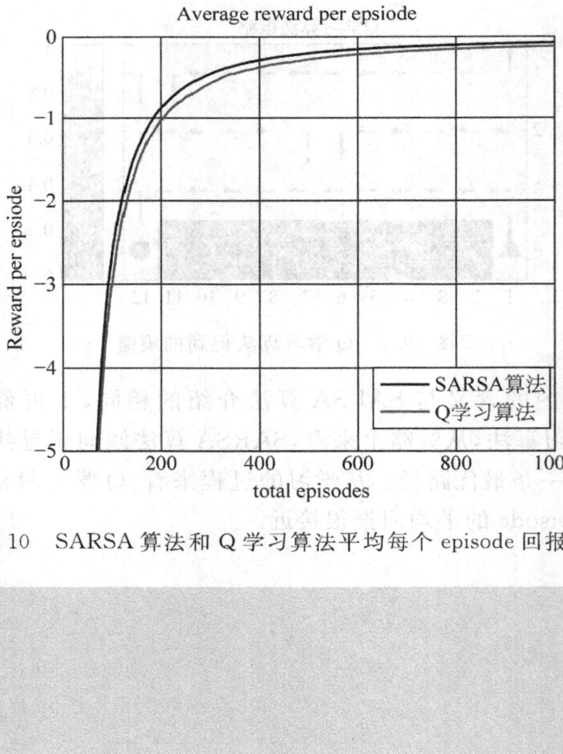

图 19.10 SARSA 算法和 Q 学习算法平均每个 episode 回报的对比

记笔记

参考文献

[1] Sutton R S, Barto A G. Reinforcement Learning: An Introduction[M]. Cambridge: MIT Press, 1998.

[2] Sutton R S. Generalization in reinforcement learning: Successful examples using sparse coarse coding[C]//Advances in neural information processing systems. 1996: 1038-1044.

[3] 战忠丽,王强,陈显亭.强化学习的模型、算法及应用[J].电子科技, 2011, 24(1): 47-49.

[4] 林联明,王浩,王一雄.基于神经网络的SARSA强化学习算法[J].计算机技术与发展, 2006, 16(1): 30-32.

[5] Watkins C J C H, Dayan P. Q-learning[J]. Machine Learning, 1992, 8(3-4): 279-292.